超高层建筑结构地震作用输入与响应

安东亚 著

上海科学技术出版社

图书在版编目（CIP）数据

超高层建筑结构地震作用输入与响应 / 安东亚著
. -- 上海：上海科学技术出版社，2024.6
ISBN 978-7-5478-6641-2

Ⅰ．①超… Ⅱ．①安… Ⅲ．①超高层建筑－建筑结构
－研究 Ⅳ．①TU97

中国国家版本馆CIP数据核字(2024)第096024号

封面照片由 Avery 提供。

超高层建筑结构地震作用输入与响应

安东亚 著

上海世纪出版（集团）有限公司 出版、发行
上 海 科 学 技 术 出 版 社
（上海市闵行区号景路 159 弄 A 座 9F - 10F）
邮政编码 201101 www.sstp.cn
上海光扬印务有限公司印刷
开本 787×1092 1/16 印张 21.25
字数 460 千字
2024 年 6 月第 1 版 2024 年 6 月第 1 次印刷
ISBN 978 - 7 - 5478 - 6641 - 2/TU・351
定价：168.00 元

内容提要

本书以华东建筑设计研究院有限公司(以下简称"华东院")在超高层建筑结构领域的工程实绩为主要素材来源,对作者承担的上海市自然科学基金项目及多个企业重点项目的专题研究成果进行系统总结,主要聚焦超高层结构抗震设计中的两个重要方面:一是地震作用输入的相关问题,二是结构地震响应的相关规律。书中涉及的三十余个问题大多是目前行业内关注的热点、痛点,以及设计人员存在疑问比较多或有不同看法的问题。作者通过系统深入的研究,提出了一些新的控制措施、设计方法、观点或建议,以及为工程设计人员提供一些思考问题的新思路。

本书适合工程设计人员阅读,也可为技术审查人员提供参考,同时也适用于建筑结构专业研究生参考阅读。

作者简介

安东亚,正高级工程师,华东建筑设计研究院有限公司专业院结构副总工程师、周建龙大师工作室核心成员、结构研发团队负责人,同济大学工学博士。主要从事复杂高层建筑结构技术研究和设计咨询工作。负责和参与40余项国家、省部级和企业重大科研项目;负责和参与重大工程设计咨询项目逾100项,代表项目有天津周大福中心、南京金鹰天地广场、苏州中南中心、南京禄口机场、杭州萧山机场、乌兹别克斯坦塔什干三座银行大厦等。

曾获上海市科技进步一等奖、华夏科学技术二等奖等各类奖项30余项,并获上海市优秀技术带头人、上海优秀青年工程勘察设计师、上海市青年拔尖人才、上海土木工程学会70周年英才奖等多项科技人才荣誉,兼任重庆大学博士生导师、同济大学/上海交通大学校外导师、上海市超限高层建筑工程抗震设防审查专家委员、全国性能化抗震设计专家组委员、中国建筑学会高层建筑人居环境学术委员会理事等,担任国际期刊 *Earthquake Engineering and Resilience* 青年编委、中文核心期刊《建筑结构学报》《建筑结构》审稿专家。

参编出版《动力弹塑性时程分析技术在建筑结构抗震设计中的应用》《经典回眸 华东建筑设计研究院有限公司篇》等著作。

序　一

　　去年下半年，小安告诉我他在整理一本关于超高层建筑结构技术的书稿，说里面有不少问题曾经和我讨论过，想在书里进一步讲明白。今年春节假期过后他就把书稿送过来，我是有些意外的，没想到竟是这么厚厚的一本；同时也感到欣慰，他能沉下心来认认真真做一件很不容易也很有意义的事，这种精神是难能可贵的。小安对钻研技术充满热情，一如既往地像十七年前他刚进华东院的样子。

　　改革开放以来，我国经济高速发展，由此而形成的经济实力和技术积累，是超高层建筑发展的基础；另外，城市化进程加剧了建设用地的紧缺性，给超高层建筑发展带来了客观需求。在这种大背景下，中国高层建筑实现了飞跃发展，也给华东院的发展带来了极好的机遇。华东院有机会独立或合作设计了一大批地标性超高层建筑项目，也培养了一批优秀的工程师。超高层建筑的结构设计经常会遇到很多具有挑战性的技术问题，需要工程师们既要敢于创新突破，也要严谨求证，确保安全，最终呈现高品质的设计成果。

　　小安的这本书稿，让我耳目一新。他选择了一个非常适合切入的主题——超高层建筑结构的地震作用输入和响应，题目虽然不大，但这是超高层建筑结构设计中基础性的内容，里面涉及的几十个问题多数是行业内关注度比较高甚至是有争议的问题。据我了解，小安在这些问题上已经与其团队成员一起做了长期、大量的研究工作，有些问题甚至十多年前就和我讨论过，并且到目前也仍在持续钻研。在这个过程里，他参与了很多和超高层结构相关的科研项目，尤其是正在牵头一项上海市自然科学基金项目，这对于设计院的青年人而言是非常难得的。另外，在众多重大超高层工程项目的设计过程中，他都做了一些深入思考，把工程问题提炼成科学问题，通过研究解决后再回到工程实践中，探索出一条很好的路。

　　如今，小安把这些研究成果梳理成书，希望与行业分享一些见解。可能有些问题研究得还不是很完善，但这些在不同视角下对问题的思考和解决路径的深入探索，可以说是为推动行业发展注入了一股清流。如果能引起一些讨论，让更多人回到对问题本源的思考，或许可以鞭策今后的年轻人更好地开展工作。

汪大绥

全国工程勘察设计大师

华东建筑设计研究院有限公司顾问总工程师

2024 年 3 月于上海

超高层建筑结构地震作用输入与响应

世界高层建筑与都市人居学会(CTBUH)的统计资料显示,截至2021年,中国超过150 m的建筑已经有2 964幢,其中,超过200 m的有964幢、超过300 m的有102幢。全球最高的前100幢摩天大楼中,中国有49幢,在高度前20幢建筑中,中国有11幢——中国已经当之无愧地成为世界超高层建筑第一大国。2021年我国出台了相关政策,超高层建设已经不再把建筑高度作为主要的追求目标,而是更多地追求以人为本、适用经济、绿色与可持续发展,建筑高度总体上出现一定下降。在此环境下,如何从结构专业角度更加科学合理地进行设计,是摆在工程师面前的一个重要课题。

在过去几十年,华东院设计完成了一大批重要的超高层工程项目,代表项目包括天津高银117大厦、天津周大福金融中心、上海环球金融中心、中央电视台新台址大楼、南京金鹰天地广场、武汉中心、武汉绿地中心、天津津塔和深湾汇云中心等,正在设计的代表项目有上海北外滩中心(480项目)、苏州中海超塔和苏州中南中心等。华东院在推进重大项目实施的同时,也非常注重超高层结构设计专项技术的研究,重视技术积累,鼓励青年人员创新突破。安东亚博士结合多项超高层工程,对一系列基础性问题进行了深入思考和研究,形成了不少很有价值的成果,这些成果对于凝聚设计共识,让设计回归到以受力为基础的本质具有积极的推进作用。

本次整理的书稿主要汇聚了超高层结构抗震设计中的两个重要方面:一是地震作用输入的相关问题,二是结构地震响应的相关规律。每个方面又都包含了一系列的子问题,这些内容中很大一部分是目前行业内非常关注的热点、痛点,以及设计人员存在疑问比较多或有不同看法的问题。通过系统深入的研究,提出了不少新的观点和思考问题的新思路。该书逻辑清晰,提出问题后开展多种形式的研究,并通过工程实践案例进行分析验证,最终形成具有创新性的研究成果。同时,作者针对很多问题通过建立基本理论模型的方式进行研究,具有一定的理论高度,形成的结论和措施清晰简单,符合工程师的思维习惯。书中有大量数据做支撑,内容简明扼要,没有冗长的赘述,说服力强,非常适合工程设计人员研读,也可为审查、审图等管理人员提供参考。

这本书很有特色,也具有创新性,体现了安东亚博士等华东院年轻一代工程师的活力和求真务实的精神,以及他们愿意为土木工程技术进步矢志不渝地发挥作用的行业责任感。希望本书对于促进我国超高层建筑结构设计的技术进步真正发挥作用。

周建龙

全国工程勘察设计大师

华东建筑设计研究院有限公司首席总工程师

2024 年 3 月于上海

前　言

　　毕业参加工作已十七载,有幸跟随汪大绥大师、周建龙大师和包联进总工等多位前辈在超高层建筑结构领域做了一点工作,偶有心得,今虽整理成书,但仍诚惶诚恐。华东院在超高层建筑结构领域的工程实绩是本书最大的基础素材来源,有幸参与部分重大工程的设计咨询工作,并在多位前辈总师的指引下,开展了系列专项技术研究。秉承华东院务实求真的优良传统,对行业内关注度较高的超高层结构设计相关技术问题进行探索,希望获得更加接近真理的认知,从而为工程项目的科学推进、高质量发展,以及行业的技术进步发挥绵薄之力。

　　超高层建筑在中国已经发展了几十年,近年来国家提出了更高的要求,目前超高层建筑的建设进入高质量发展阶段。尽管技术在不断发展,但从结构设计的角度看,仍有很多问题尚未得到很好的解决,依然存在诸多争论,当前的设计也存在很多不尽合理的方面。本书重点关注超高层建筑结构抗震设计中的两大基本问题,即地震作用合理输入和地震响应规律。全书共分8个章节展开论述,其中第1章为绪论,介绍了相关背景并对全书内容进行提炼,以方便读者快速了解主要成果。第2~8章,分7个章节对超高层结构地震输入和响应规律的各个专题分别展开论述,其中,第2章为地震作用输入的综合内容、第3章为弹性响应规律的综合内容、第4章为弹塑性响应规律的综合内容,这3章均包括相关的多个子专题内容;第5~8章则每章为一个单一专题的论述,分别涉及超高层结构的二道防线、核心筒偏置、矩形平面扭转和地震动沿结构竖向波动效应,后四个小专题也可以归为超高层结构的地震响应规律。各个章节通过概念分析、理论推导、数值分析等手段对三十多个问题开展研究,最终形成一些新结论或新的设计应对措施,以及为工程设计人员提供一些新的思考维度。本书适合工程设计人员阅读,也可为技术审查人员提供参考,同时适合建筑结构专业研究生在论文选题和研究中参阅。

　　感谢汪大绥大师、周建龙大师、包联进总工和周健总工等数位前辈多年以来的悉心指导，他们为本书的研究方向和实施方案给予了诸多宝贵意见。

感谢王洪军、童骏、钱鹏、陈建兴、刘明国、黄永强、江晓峰、王荣、严从志、崔家春、徐自然和巫燕贞等人，他们为本书不同章节提供了重要工程素材和研究内容。

感谢团队成员李莹辉、邱介尧等为部分章节提供的创新智慧和付出的辛勤汗水。特别感谢邹雯洁对书稿全文所做的全面细心校对，并为专著的顺利出版进行了精心策划。

本书的研究工作和出版得到了上海市自然科学基金项目（21ZR1415300）的资助，在此表示衷心感谢。

由于作者水平和时间有限，对于部分问题的理解和研究可能并非十分深入，书中难免存在不足、疏漏甚至错误之处，希望广大读者批评指正。

安东亚

2024 年 3 月于上海

目　录

第 1 章

绪 论

1.1 中国超高层建筑的发展

中国是世界人口大国,虽然疆域辽阔,但可供建设的土地面积有限。在城市化进程中,上亿农村人口涌入城市,更加重了建设用地的紧缺性。因此,在我国适度发展高层与超高层建筑,是一种不可替代的选择。改革开放带来的经济高速发展,以及由此而形成的经济实力和技术积累,是高层建筑发展的基础。正是在这种条件下,出现了中国高层建筑的飞跃发展。世界高层建筑与都市人居学会(CTBUH)的统计资料显示,截至 2021 年,中国超过 150 m 的建筑已经有 2 964 幢,其中,超过 200 m 的有 964 幢,超过 300 m 的有 102 幢。全球最高的前 100 幢摩天大楼中,中国有 49 幢,前 20 幢中,中国有 11 幢,中国已经当之无愧地成为世界超高层建筑第一大国。

经过几十年发展,在 2021 年国家出台相关政策以后,中国超高层建筑已经不再把追求高度作为重要目标,而是更多追求以人为本、科学设计、绿色与可持续发展,建筑高度总体上开始出现回落,图 1-1 和图 1-2 分别为国内前 20 幢已建成和在建的最高超高层建筑,可以明显看到高度的降低。

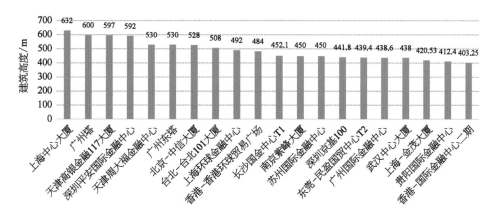

图 1-1 国内前 20 幢已建成最高超高层建筑

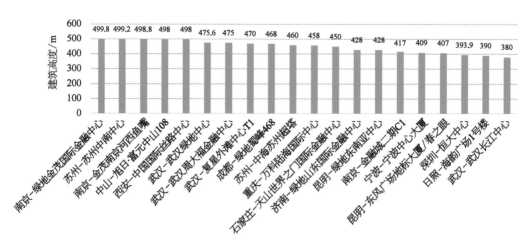

图 1-2 国内前 20 幢在建最高超高层建筑

1.2 超高层结构抗震设计理论发展

中国地处地震多发区,自 20 世纪以来,全球 7 级以上的内陆地震有 35% 发生在我国,地震导致的房屋倒塌给中国带来巨大的人员伤亡和经济损失。超高层建筑中人员密度和经济集中度高,一旦发生地震倒塌或严重破坏,带来的后果将更为深重,因此超高层建筑的抗震安全一直备受关注。随着破坏性地震的不断发生和人们对震害认识的不断加深,结构抗震设计理论与方法逐步发展和完善。19 世纪末至 20 世纪初,全球若干次破坏性地震极大地推动了现代结构抗震设计理论的发展,经过百余年的不懈努力,已逐步形成了静力理论、反应谱理论、动力理论、性态理论和韧性理念等现代抗震设计理论,为指导不同时期的结构抗震设计发挥了重要作用[1]。

20 世纪 90 年代初,美国工程界提出基于结构性能的抗震设计理论,其特点是:使抗震设计从宏观定性的目标向具体量化的多重目标过渡,业主和设计者可选择所需要的性能目标;抗震设计中更强调实施性能目标的深入分析和论证,通过论证可以采用现行规范或标准中还未明确规定的新结构体系、新技术和新材料等;有利于针对不同的抗震设防要求、场地条件及建筑的重要性采用不同的性能目标和抗震措施。在该领域领先的主要有美国、日本,新西兰和欧洲等国家和地区,其抗震规范正逐步由传统方法向该方法过渡。我国《建筑抗震设计规范》(GB 50011—2010)新增了建筑抗震性能化设计的原则要求和参考标准,如地震动水准、预期破坏目标、构件承载力要求和变形控制指标、结构分析模型和基本方法、层间位移角和破坏状态的对应关系等。超高层建筑设计因其独特的重要性和敏感性,是抗震性能化设计思想和设计应用的最初落脚点,并在抗震性能化设计的具体应用上起到引领性作用[2]。十多年来性能化设计方法在国内超高层建筑抗震设计中发挥了重要作用。

2011 年,日本"3·11"地震和新西兰南岛的克赖斯特彻奇地震后,人们发现城市遭遇强烈地震后,不仅破坏性大,而且恢复难度大、修复费用高,社会影响严重,由此,抗震韧性开始受到关注。研究表明,现代高层建筑由于其功能复杂,非结构构件和设备的造价显著增加,这些非结构构件和设备在地震作用下破坏造成的经济损失往往占到建筑震害总损失的50%以上[3]。2012年,美国联邦紧急事务委员会(FEMA)给出了新一代建筑抗震性态评价方法FEMAP-58(FEMA,2012),提出了基于韧性的抗震设计理念,其韧性指标采用兼顾结构安全性和功能韧性的修复费用、修复时间、人员伤亡、震后危险等级,建立了计算建筑结构韧性指标的系统方法,是建筑结构抗震韧性评价理论的重要突破[4]。2013年,奥雅纳公司(Arup)提出了REDi(resilience-based earthquake design initiative for the next generation of buildings)建筑韧性评价体系。该体系改进了FEMAP-58的修复时间计算方法,并将震害调查、筹备资金、方案设计、施工组织、施工准许等计入停工时间,提出了较为全面地反映结构功能损失时间的计算策略[5]。我国于2020年3月31日发布了国家标准《建筑抗震韧性评价标准》(GB/T 38591—2020),明确了建筑抗震韧性的概念——建筑在设定水准地震作用后,维持与恢复原有建筑功能的性能,提出了适应我国建筑实情的韧性指标计算方法,建立了与我国抗震设防标准体系相适应的韧性指标评价体系,提出三星制韧性分级标准,引导社会相关行业主动提高建筑抗震韧性,逐步建立推广机制[6]。基于性能的抗震设计已经具有相对完整的体系,目前的韧性理念以评价体系主导,尚未形成完整的设计方法,需要以性能设计为基础,辅以韧性评价。

1.3 超高层地震响应规律和破坏机制的研究

无论是基于性能的抗震设计还是韧性评价,对超高层结构地震响应和破坏规律的深入理解都是科学合理设计的重要前提。国内外历次地震震害调查结果显示,地震中发生倒塌的多为低矮房屋;普通高层建筑出现倒塌的情况也有发生[7-10],但其数量和比例远小于低矮建筑;超高层建筑发生倒塌或严重破坏的案例尚未看到相关报道。一个方面是由于目前的超高层建筑普遍尚未经历过强震考验;另外工程设计人员对于超高层的抗震设计更为重视,通常采取了相对严格的抗震措施;除此之外,当结构高度到达一定程度后,其地震响应相对减弱也是值得考虑的一个重要方面。尽管如此,人们对于超高层结构的抗震安全仍然给予了重视,因为超高层建筑地震损坏后导致的后果比低矮建筑和普通高层建筑要严重得多。由于缺乏震害资料,工程人员主要借助试验以及理论和数值分析来研究超高层结构的抗震性能,并很大程度上借鉴普通高层建筑的震害分析结果。模型振动台试验和动力弹塑性分析被认为是研究超高层抗震性能的两个重要手段。

近20年来,国内相关科研院所进行了数百幢实际工程的模型振动台试验研究,部分振动台试验模型见图1-3。中国建筑科学研究院对28幢不同地震烈度、建筑高度及结构体系的超高层建筑振动台试验进行了统计分析[11]。华东院对上百个超高层结构进行了动力弹塑性时程分析,典型案例如图1-4。

图 1-3　华东院设计超高层项目振动台试验模型(部分)

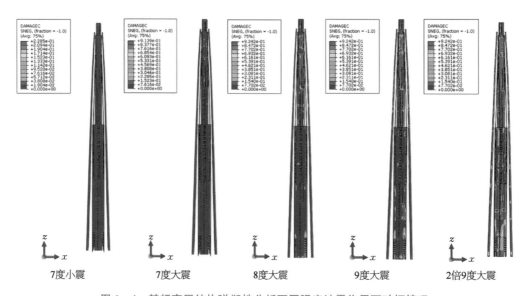

图 1-4　某超高层结构弹塑性分析不同强度地震作用下破坏情况

1.4　存在的主要问题

　　目前超高层结构当高度较大时最常采用的是将巨型框架和核心筒结合起来,形成巨型框架-核心筒结构,同时经常设置一定数量的伸臂,有时也会在立面布置巨型斜撑,形成复杂的多重抗侧力体系,以满足更合理的使用功能、超高层结构在地震和风荷载作用下的刚度需求。从当前国内已经完成的和正在设计或建设过程中的超过 400 m 的超高层来看,很大比例采用的是巨型框架-核心筒结构。该体系与普通高层结构的受力特征存在显著区别。现行的《建筑抗震设计规范》与《高层建筑混凝土结构技术规程》等规范主要是基于常规结构体系的设计经验进行编制的,部分条款未能充分考虑巨型结构的特有受力特征,用于巨型结构设计时实际操作性较差。另外,现有振动台试验由于设备限制和加载能力不足,不能充分反映巨型结构全过程的破坏模式,弹塑性分析也往往只做到预期的罕遇地震水平。设计人员对巨型结构体系的受力机制和灾变模式尚缺乏深入了解。在主要依据现有规范体系和专家超限审查的模式进行超高层巨型框架-核心筒结构设计时,在一些基本控制原则和控制指标的确定上国内南北专家之间经常存在较大分歧,比如对于外框刚度指标的控制、最小剪力系数的控制,以及一些关键构件和部位性能指标的制定等。设计人员进行体系选型和优化时,也多基于弹性小震或常规大震的分析结果。一些在常规地震下发挥效果不大的措施,很可能在超强地震下发挥更大的作用;而原来认为的关键构件在失效后是否一定导致较大的倒塌风险也不能完全确定。另外,设计人员对超高层结构在一些复杂情况下的地震响应规律尚缺乏深入理解,比如核心筒偏置、竖向收进、伸臂突变、连梁退化、楼板复杂开洞等,导致采取的抗震措施针对性不强。上述问题导致目前超高层结构的抗震设计并非真正基于结构的破坏倒塌模式,而通常是根据已完成项目的设计、审查经验并进行层层加码。在没有真正把握结构薄弱环节和关键控制性破坏因素情况下的加强,将导致结构成本越来越高,实际的倒塌破坏性能却仍不明确。

因此,对超高层结构地震作用下的受力机制和响应规律的充分理解,是进行科学设计的重要前提。

1.5 本书主要内容

本书重点关注超高层结构抗震设计中的两大基本问题,即地震动合理输入和地震响应规律。共分 8 个章节展开论述,其中第 1 章为绪论,从第 2 章到第 8 章,分 7 个章节对超高层结构地震作用输入和响应规律的各个专题分别展开论述,其中第 2 章为地震作用输入的综合内容,第 3 章为弹性响应规律的综合内容,第 4 章为弹塑性响应规律的综合内容,这 3 章均包括相关的多个子专题内容;第 5~8 章则每章为一个单一专题的论述,分别涉及超高层结构的二道防线、核心筒偏置、矩形平面扭转和地震动沿结构竖向波动效应,后四个小专题也可以归为超高层结构的地震响应规律。各个章节通过概念分析、理论推导、数值分析等手段开展研究,最终形成一些新结论或新的设计应对措施,重要的是给工程设计人员提供一些新的思考维度。

1.5.1 地震作用与输入

本书第 2 章结合工程实际需求,就设计中关于地震作用及其输入容易混淆和争论较多的问题开展讨论,并提出了一些新的见解。主要涉及反应谱曲线和时程分析选波的若干基本问题,以及地震动输入的有效峰值、输入方向、输入符号以及地震作用效应的合理组合等。

为了便于对反应谱相关特征和现象的理解,首先对不同反应谱的基本概念进行梳理,包括真实反应谱、拟反应谱和伪反应谱等,对相关概念进行剖析。分别从数学表达形式和力学概念两个维度对不同谱的差异性进行解读,明确国内外规范反应谱的采用情况,重点指出我国抗震规范中的反应谱实际上是采用绝对加速度反应谱来标定地震影响系数,并且做了小阻尼假定和引入拟谱关系,这种做法带来两种现象:即加速速度谱不同阻尼比在长周期段存在反超和位移谱在长周期不归一为地面运动峰值位移。同时指出对于消能减震结构,采用目前反应谱往往会低估减震效果,需要借助其他手段进行考虑,给出三种可供选择的方法,目前容易实施的是时程分析评估法。

指出国家《建筑抗震设计规范》谱应该理解为一种"工程谱",而非理论谱,是考虑了多种因素进行取舍或调整后的结果,不可避免地导致了部分违反理论谱特征的现象,这绝非简单的数学错误。简单回到纯理论谱的做法需要慎重,其带来的影响也需要全面考虑。广东省性能规范对反应谱曲线进行了较大调整,通过长、短周期两类结构的计算,在不同场地和地震分组情况下与国家规范谱结果进行对比分析,结果显示,对于短周期结构,通常广东谱的结果大于国家规范谱;而对于长周期结构,则广东谱的结果明显小于国家规范谱,尤其位移响应降低幅度较大,部分情况下比值不足三分之一。目前阶段,在原有指标体系下,采用该位移结果进行结构的刚度评估和长周期地震动响应特征的评价可能会得出完全不同的结论,其合理性需要进一步探讨。规范中规定地震输入时有必要考虑和相应的评价指标体系之间的匹配,以避免给设计人员带来误解。该论述主要是对比反应谱曲线下降段不同衰减形式带来的差别,提醒工程设计人员注意,无关某种衰减形式的对错判定。建议今后国家规范根据最新研究成果对反应谱曲线的下降形式做出明确规定,并充分论证带来的综合影响,确立与之相匹配的刚度评价体系。

研究了阻尼取值对高层结构地震响应的基本影响规律特征,在此基础上讨论了计算方法的合理选用以及消能减震设计的相关问题:① 对比了时程分析与反应谱分析两种方法,结果显示,两种方法反映出的阻尼比对地震响应的影响呈现较大差异性,总体上时程分析法能获得更加显著的地震响应降低效果。并且这种差异性与结构的基本周期(高度)密切相关,当高度越大时,差异程度越大。② 分析了阻尼对不同地震动能量输入与耗散的影响,结果表明,地震总输入能随阻尼的变化呈现多样性特征,但提高阻尼时瞬时能量输入一般呈降低趋势,从而实现结构响应降低。③ 讨论了脉冲型地震动对阻尼的敏感性,结果表明提高阻尼对脉冲型地震动的"削峰"作用不明显,阻尼作用更多体现在对后续振动衰减速度的影响上。④ 对减震分析方法、减震目标设定以及总体减震方案进行了探讨,提出一种新的计算分析流程,并建议了以位移为减震目标时的设计应对策略。

梳理了美国、日本和欧洲等不同国家和地区规范关于地震波选择的相关规定,并与我国抗震规范的相关规定进行比较,重点指出其差异性和共同遵循的一些原则。分析了选波时时程分析结果要向反应谱结果"靠拢"匹配的必要性和意义,指出保证地震波"有效持续时间"和"有效计算时间"在实际工程中的必要性,讨论了如何执行与反应谱

"在统计意义上相符"的原则进行选波和注重高阶振型带来的影响,提出一种合理判断"大能量"地震波的方法。

从地震动有效峰值加速度 EPA 提出的缘由、国内外规范对 EPA 的不同计算表达形式及案例对比、影响 EPA 调整系数大小的原因分析、采用 EPA 选波及计算带来对结构性能评估的影响等多个角度,对 EPA 相关问题进行了梳理和讨论,并提出一种相对更为合理的 EPA 计算表达式。同时指出"选波"是按照场地类别(以 T_g 为表征)进行,与 EPA/GPA 无关,EPA 和 PGA 选波在地震波与反应谱的匹配程度上不具有明显的优劣性,最终确定的可用地震波组可能并不一致;对于同一组地震波,若采用 EPA 和 PGA 都能满足选波的各项要求时,两者所确定的最不利地震波也可能不同,所反应的结构破坏程度和破坏机制也有所差别,但两者并无优劣之分。建议今后规范中进一步明确采用的是 EPA 还是 GPA,并且给出明确的 EPA 计算方法,避免工程设计人员根据自己的理解给出不同的地震波输入峰值,重要的是做好统一,简化操作。

明确了在不同地震方向输入时,调整水平作用夹角、旋转模型,以及补充附加方向角,三种操作方法对于所得构件内力没有区别,用于构件承载力设计时,可根据习惯选用,当需要明确给出楼层总内力时,须选用前两种方法。次向地震内力的存在主要由于平动振型与主输入方向不一致所致,且通常时程分析所得次方向内力比例比反应谱结果更低。采用双向输入的内力结果进行设计,将有助于减小漏掉实际不利作用方向的风险。

讨论了时程分析中双向地震输入的符号问题,采用传统仅交换主输入方向的双向输入法,有时并不能包络单向输入的结果,尤其是倾覆效应明显时角柱(或靠近角部构件)的轴力差别较大,有可能低估设计内力需求,导致不安全。在不增加计算输入工况数量的情况下,建议每一组波在第二个双向输入交换主输入方向的同时,调整主波的符号,由此得到的结果覆盖性更强,设计更加偏于安全。

通过数值分析研究认为,尽管 SRSS(square root of the sum of the squares,平方和开平方根)组合方式在一些情况下存在低估结构扭转响应的风险,但低估的程度并不严重,采用"完全相关组合"的方式的夸大程度更大,因此并不建议直接采用这种完全组合的方式。为了弥补 SRSS 的潜在风险,可对现阶段的时程补充分析做适当改进,即弹性时程分析时采用双向输入,并考虑两个方向地震动分量的实际相关性,设计时取反应谱与时程包络值即可。

1.5.2 超高层结构的弹性响应规律

第 3 章从分析超高层结构的振型特征出发,讨论高阶振型的基本规律、连体高层结构的振型参与变化、总地震力的响应规律、内力与变形的相关性以及竖向地震响应规律等超高层结构地震响应的若干基本问题,为进一步理解更为复杂的非线性响应机理奠定基础。

对超高层结构振型参与贡献的基本规律进行探讨,主要基于基本振动方程和假定振型法从振型本源上进行推演,获得较为通用的规律认识,理论结论能够合理解释实际工程中的现象,并能够对常规来自工程项目的海量数据中真正影响基本规律的因素加以区分,同时有助于形成定量性的认识。进入超高层的高度范围,高阶振型的贡献随高度增加的原因更主要是来自刚度和质量随高度的增加而逐渐减小,而非高度增加本身;当刚度、质量上下较为均匀时,一阶振型参与质量系数 60% 是个大致的数字,与结构高度关系不大。

多塔连体结构水平偶联振动的机理比较复杂,与各塔楼本身的刚度、质量分布密切相关,塔楼的相对刚度直接影响塔楼间的帮扶作用,通过基础理论和若干简化案例以及实际工程的研究和讨论,得到以下基本结论和应用建议:① 理论分析表明,连接体的存在一方面会增加连体结构的侧向刚度,另一方面会改变各振型的参与系数,即各振型在总地震响应中的贡献比例会发生变化,一般表现为一阶振型的参与贡献提高,高振型的参与贡献降低。② 连体结构与独立塔楼相比,尽管总体刚度提高,但总的地震力可能会降低;总体位移一般呈减小趋势。③ 设计中可根据主体塔楼基本周期所在反应谱的不同区段,综合考虑连体周期变化及振型质量参与系数变化的双重影响,确定连接方式及连体的刚度。一般认为,短周期结构塔楼连体采用刚接方式对总体地震力增加较多,长周期结构塔楼采用刚接连体方式对结构总体地震力提高较少,当设计恰当时,可使得总体地震响应降低。

讨论了实际工程中遇到的最小剪力系数较难满足规范要求的现实问题,梳理了最小剪力系数规定的原因、本质和影响最小剪力系数的相关因素,通过理想算例给出刚度和质量分布对剪力系数的量化影响规律:① 通常质量分布特征与刚度分布特征对剪重比具有相反的影响规律,对于质量上小下大时更容易满足,而刚度则相反。常规体型收进结构的最终影响结果与两者分布的变化率相关。提高一阶振型的参数系数,高阶影响降低,会导致地震力下降,剪力系数更不易满足要求。② 通常质量上小下大的结构更容易满足剪重比的要求,但场地特征周期与质量分布相互影响,有可能改变质量分布的影响规律。坚硬场地上的体型收进结构可能更不容易满足。梳理了行业中对该问题的不同观点和争论。在此基础上提出最小剪力系数不满足时的应对建议。

对通常杂乱无章的时程分析结果进行统计分析,获得不同响应指标之间的相关性,包括对内力和变形特征进行了多个角度的深入对比,有助于对结构非线性破坏规律的理解和对结构抗震性能的全面把握。对超高层结构竖向地震响应特征进行深入分析,重点提出竖向地震影响沿结构高度的变化规律,以及受结构总高度、刚度突变等因素的影响。

1.5.3 超高层结构弹塑性响应规律

第 4 章主要针对动力弹塑性分析结果用于指导结构性能设计中的若干问题展开研究讨论,同时结合概念和理论推导研究超高层结构的非线性地震响应规律。

将高层结构在地震中发生损伤破坏后的塑性耗能等效为阻尼耗能,给出附加阻尼比与刚度退化系数的相关公式。借助反应谱思想，以单自由度为基础，推导结构发生刚度退化后，地震力响应以及位移响应的变化系数公式。根据给出的公式分析相关参数的影响规律，结果显示：在地震中发生相同的刚度退化程度时，高度较大（周期长）的结构，地震力降低幅度较小；场地特征周期越长，地震力降低的幅度相对更为明显；相同情况下钢结构比混凝土结构地震力降低更为显著。在结构发生破坏的初期，塑性耗能对地震力降低的贡献率较大，随着损坏程度的提高，刚度贡献逐渐增加。对于位移响应的变化，理论公式显示，在结构损伤程度不大时，经常出现弹塑性位移小于相同情况下的弹性位移。并且高度越小（周期短）、特征周期越长，初始阻尼比越小时，越容易出现上述情况。

选择 10 个复杂超高层工程案例，其中包含巨型框架-核心筒结构 6 个、普通钢筋混凝土框架-核心筒 1 个、钢管混凝土框架-钢筋混凝土核心筒 1 个、复合框架-钢筋混凝土核心筒 1 个、三塔连体巨型结构 1 个，以形成与巨型框架-核心筒的性能对照。主要借助动力弹塑性分析的手段，首先在设计罕遇地震下选择多组地震波对设计结果进行充分论证，针对发现的薄弱环节采取一定的加强措施，使之能够较好满足规范要求以及设计预期的各项性能。在此基础上选择典型地震波，进行全过程的破坏模式研究，借助增量动力弹塑性分析方法的思路，进行类似于批量振动台试验的数值试验研究，结合刚度退化、周期延长、外框剪力变化、耗能以及构件破坏顺序多角度分析，重点研究结构的一般破坏特征，和直到倒塌或接近倒塌的全过程破坏规律，并基于研究结果总结超高层结构在超强地震作用下的破坏倒塌规律特征。结果表明，经过严格设计和论证的超高层结构，其抗震性能可以满足规范规定的不同设计地震强度下的性能目标，且普遍具有一定的安全冗余度，能够达到在超罕遇地震下不发生倒塌。超高层结构的主体抗侧力构件发生的破坏经常集中在刚度突变或其他不规则引起的局部区域；底部加强区的破坏通常晚于加强层集中破坏和鞭梢效应引起的上部墙体破坏；外框柱的破坏晚于核心筒剪力墙的破坏。提出巨型框架-核心筒结构在地震中的三种典型破坏模式：特殊层集中破坏、基于加载方式的上下颠倒破坏次序、底部集中破坏的隔震层效应，并阐明导致各种破坏模式的主要原因。为制定科学合理的设计对策提供依据。

结合实际工程分析结果、概念和理论分析、理想弹性算例验证等从多个方面对结构在地震损伤后的响应周期进行综合论证，结果表明：① 在罕遇地震作用下，结构刚度退化后，位移响应的振动曲线所反映出的周期通常是"延长"的，但也有可能出现"缩短"的现象；② 位移响应振动周期是伴生自由振动和稳态振动叠加的结果，不纯粹是自振周期的反映；③ 当输入地震动所包含的频率周期成分在结构自由振动周期附近比例较低时，开始阶段较难直接激发以自由振动周期为主的共振响应，此时结构将主要以输入激励的其他频率（周期）进行受迫振动，瞬态响应的成分随地震进程发生变化。若结构发生非线性耗能导致阻尼增加后，瞬态响应衰减较快，两种振动叠加后的响应周期受到影响，若原自振周期较长而强迫激励周期较短时，则较容易发生响应周期"缩短"的现象；④ 通过弹塑性和弹性位移响应对比曲线反映的周期变化情况来判断结构总体刚度退化水平,并非完全科学合理,有可能会出现"误判",建议结合构件的实际损伤破坏水平进行综合评判;⑤ 通过震后模态分析可以获得结构发生部分损伤后的自振周期,但数值受到应力水平、拉压刚度取法的影响,稳定性需进一步研究。

论证了巨型框架-核心筒结构设置伸臂对抗震性能带来的影响,综合比较了小震下减小位移的效率、罕遇地震下刚度突变带来的集中破坏以及超罕遇地震下伸臂对后续破坏的影响,首次提出伸臂影响集中破坏与整体性能的非一致性机理。明确当结构遭遇的地震水平不足以引起严重的结构破坏时,伸臂带来的刚度突变通常给核心筒带来较为不利的局部破坏;在超罕遇地震作用下,结构严重破坏后,伸臂也出现屈服,但伸臂的存在可延缓结构破坏的程度。建立基于不同设防水平的合理伸臂刚度控制策略。

对巨型框架-核心筒结构体系中核心筒收进刚度突变带来的不利影响进行了详细论证,剖析了核心筒收进导致内力增大的基本规律和内在原因,给出了减小内力的若干措施;论证了刚度突变和承载力减小的不协调矛盾是导致强震下的收进相关区域集中破坏的主要原因,给出了适度提高承载能力减小集中破坏的工程操作原则:① 直接通过对相关区域加强配筋或增配型钢/钢板抵抗内力突变;② 可以适当增加核心筒收进上方楼层的楼面梁的刚度,减缓与其相连的柱轴力下降程度,从而一定程度增大外框倾覆弯矩的分担比例,减轻收进后墙体的抗弯负担;③ 当普通楼层楼面梁与墙体采用铰接时,可在芯筒收进的上方部分楼层做刚接处理,可能的话,墙体内型钢做对穿处理,从而增大楼面梁在协调内外弯矩时的作用。

通过案例对比分析,研究了核心筒内、外楼板开洞对巨型框架-核心筒结构的抗震性能的影响,结论与对策如下:① 巨型结构在小震作用下,核心筒内有无楼板对结构响应影响不大。② 在大震作用下,巨型结构中的核心筒内楼板可以在一定程度上提高结构刚度,减小结构位移;当地震作用达到一定程度后,继续增大地震力时楼板对结构性能发挥的作用开始减小。③ 核心筒内楼板开洞对巨型结构的性能影响并不显著,特别是结构发生严重破坏以后。④ 芯筒外楼板对结构影响较大,且对于普通框架-核心筒结构的影响明显大于对巨型结构的影响。综合以上可认为,当巨型框架-核心筒结构存在多道伸臂和环带桁架时,楼板对整体结构抗震性能的贡献相对较小,尤其核心筒内局部楼层开洞一般不会对水平抗震能力带来明显的不利影响,可适当放松开洞后的加强措施;对于普通稀柱框架-核心筒的楼板大开洞则需要严格构造措施。

通过案例研究,对连梁刚度退化带来的影响进行了讨论,主要结论与对策如下:① 连梁刚度退化对不同高度结构的动力特性产生影响不同,随结构高度增加,连梁刚度退化对平动周期的影响逐渐减弱,但对扭转周期的影响呈增大趋势。连梁过早破坏可能引起扭转不利,建议设计中增加验算不同连梁刚度折减系数下的扭转效应。② 连梁对不同阶次周期的贡献是不同的,对于平动周期通常存在某一阶次(定义为奇点周期),在该阶次时连梁刚度退化影响最大,并且高度越大,该奇点周期出现的阶次越高。而对于扭转周期则通常随着阶次的增大连梁刚度退化的影响逐渐减弱。③ 随着结构高度的增加,连梁刚度退化对总地震力的影响呈降低趋势。相比内力,连梁刚度退化对位移影响较大,说明结构的刚度退化程度大于地震力的降低程度。④ 对于高度较大的巨型框架-核心筒结构,当局部区段的连梁发生刚度退化后,尽管总地震内力略有降低,但相关影响范围内的墙肢内力可能增加,并且通常主要表现为局部弯矩增加,轴力较大幅度提高。在实际地震中,如果连梁较早发生破坏,有可能导致墙体更易发生压弯或拉弯破坏。因此当局部高度区域连梁过早发生破坏时需采取必要的加强措施。⑤ 连梁刚度退化对总地震力和局部墙体内力的影响经常并非一致,这与结构高度和体系形式有较大关系,并非连梁较早耗能就能对墙肢形成保护。

工程案例分析结果表明,不同地震波的结果不仅整体指标离散性大,而且对结构破坏机制和薄弱环节的反映也有较大差别;为全面评价结构的抗震性能,发现潜在的薄弱环节,有必要选择不同频谱特征的地震波,并结合结构的前三阶自振周期;结构刚度突变容易引起集中破坏,宜避开在振型反弯点附近产生突变。

1.5.4 框架-核心筒结构外框二道防线

第5章对框架-核心筒结构外框二道防线问题进行了专题论述,主要进行了概念分析、基本理论推导、数值案例对比,并提出了两种新的外框刚度评估方法和一种外框承载力设计方法。

(1)从满足抗震安全的角度,框架-核心筒结构体系既可以设计为核心筒与外框架组成的双重抗侧力体系,也可以设计为仅核心筒承担水平地震作用的单重抗侧力体系。两者的设计方法和控制指标不同,结构成本也存在差异,哪种设计方法更加经济需结合具体情况而定。通常双重体系更加符合抗震概念,但在现有规范体系和审查制度下,满足双重体系的设计经常存在不经济的现象。

(2)要实现外框架起到第二道防线的作用,需要外框同时具备足够的承载能力和刚度,外框刚度越大,其对减轻、减缓核心筒地震破坏能够发挥的作用就更大。目前对外框承载力和刚度的控制均转化为对框剪比的控制是欠妥的,此时承载力条件比较容易实现,但是刚度条件在结构高度较大时特别对于巨型框架-核心筒结构一般较难实现。

(3)根据框架-核心筒结构协同受力关系的理论推导和数值案例分析得出的框剪比的一般规律为:框剪比曲线形状通常呈现中间大两头小的规律,即中间高度范围的框剪比较大,上下两侧区域相对较低;设置环带或伸臂加强层后,除了加强层及附近楼层框剪比例提高外,普通楼层的框剪比反而更低;采用巨柱框架后,普通楼层的框剪比进一步降低;楼面梁采用刚接相对铰接上部区域的框剪比进一步降低。

(4)外框刚度的大小应通过框剪比和框倾比两个指标共同反映,从两者对整体结构抗震性能的影响程度看,当高度较大时框倾比的影响更为显著。过度强调框剪比是片面的。

(5)提出了两种合理评估外框刚度贡献的实用方法,一种为直接贡献率计算法,一种为二阶平动周期增量间接评估法。在地震作用下,通过规范要求的外框柱承载能力调整并采用提出的两种方法进行刚度评估,可实现更加合理的框架-核心筒结构双重防线设计。

(6)针对外框防线的承载能力设计,提出一种基于伪弹塑性分析的新方法,给出了具体设计流程,并通过案例证明了方法的有效性。

1.5.5　核心筒偏置结构的响应规律

超高层结构采用框架-核心筒结构时,经常由于建筑功能的需要,核心筒会出现偏置现象,由此引起结构在地震作用下的扭转效应。第 6 章通过简化力学模型,推导由于核心筒偏置导致的地震作用下的扭转效应,研究影响扭转效应的相关因素及规律,并提出合理的设计应对措施。

(1)核心筒偏置结构在竖向荷载作用下,由于上部结构竖向荷载作用点与楼层中和轴不重合,将导致楼层受到附加倾覆弯矩作用,结构产生一定的整体弯曲变形,对应位置的柱与墙肢轴力也会有一些增加,总体影响不大。

(2)在竖向荷载作用下,远离偏置方向的墙柱轴力增加主要是由于受荷面积增加引起的,可通过设置中柱等措施得到改善。

(3)核心筒的偏置将导致刚心与质心的偏心率增大,在垂直于偏心的方向,质心所在位置处的有效平动刚度降低,平动周期增大,并伴随一定扭转;同时整体扭转刚度增大,扭转周期变短,扭转周期比降低。

(4)芯筒偏置导致的偏心率增加和周期比降低对结构最终扭转效应产生的影响是不同的,前者使得扭转效应增加,后者使得扭转效应降低,综合两种因素,结构的最终扭转效应呈增大趋势。

(5)在水平荷载作用下,结构扭转位移比明显提高,并使核心筒墙肢与外框柱的所受剪力有一定量的增加;偏置结构与不偏置结构相比,结构周期、剪重比、刚重比、地震层间位移角等常规整体指标变化不明显。

(6)在水平荷载作用下,随着偏置程度的增加,靠近边缘一侧的墙肢承担竖向荷载较少,地震作用下非常容易受拉,当拉力较大时可能出现严重破坏,需重点关注。

(7)高宽比越大,相同偏置率引起的扭转效应越弱,当高宽比大于 4 以后,芯筒偏置引起的总体扭转效应将比较微弱。因此当结构高宽比较大时,通常偏置引起的扭转并不明显;当结构高宽比不大时,如 2 以下的结构,应严格控制偏移量。

(8)当核心筒出现偏置时,导致扭转不利的楼层将主要出现在下部五分之一高度,随着楼层高度的增加,扭转效应逐渐减弱。

(9)从结构和构件两个层面提出了针对核心筒偏置不利的一系列设计应对措施。

1.5.6　矩形平面结构扭转响应规律

第 7 章通过部分超高层结构动力特性数据统计分析、理论推导和工程案例研究,讨论了一种常见情况下结构方案控制的基本策略,即结构平面两个主轴方向尺寸存在较大差异时如何合理控制两向抗侧刚度,使得整体结构在地震作用下的扭转效应最小。指出规范相关条款在实际执行中存在的问题,提出一种新的观点:控制两个平动方向动力特性存在一定差异性在某些情况下是更有利的。具体研究结论如下:

(1)两个主轴方向动力特性相近,主要是基于控制弱轴方向的绝对刚度和承载力不要太小,避免导致地震中提前破坏,而非从两向刚度差异大可能导致的扭转不利出发考虑。

(2)当结构平面两个主轴方向尺寸差异较大时,通常会导致地震沿短边方向作用时扭转效应较大,沿长边作用时扭转效应较小。而两个方向的刚度差异性使得最终的包络扭转效应变化存在两种不同的情况。

(3)两个方向刚度有一定差异且长向抗侧刚度大于短向抗侧刚度时,理论上对两个方向的最大扭转效应有改善作用,最优平动周期比与长宽比的乘积为 1.0。应避免出现短向抗侧刚度大于长向抗侧刚度的不利情况。

(4)对于正方形平面结构,两个方向刚度不一致时会增大扭转效应。

1.5.7 地震波沿超高层结构竖向传播的响应规律

第 8 章对地震波在超高层结构中的波动效应开展了理论、数值分析以及试验研究,总体结论如下。

(1)地震波在高层结构中存在波动效应,当高度较大时,波动效应较为显著。

(2)地震波在高层建筑中传播速度从宏观来看受两个因素影响,即结构的高度和自振周期,而顶部的时间滞后程度仅与自振周期相关。本文基于弯曲杆理论推导给出了具体的计算公式。

(3)同一个激励输入在高层结构中向上传播时,也可能具有不同的传播速度,具体和各阶自振周期对应,振型越高,传播速度越快,不同周期的波动依次传递。高振型到达顶部速度很快。

(4)波动和振动是同一个方程的不同表现形式,用目前的振动方程进行求解时,隐含自动考虑了波动效应。

(5)现有计算程序能够考虑地震波的波动效应,且采用整体输入和基底输入模式对波动效应的反映上没有差别。

(6)通过悬臂弯曲杆的数值测试,软件计算结果和理论计算结果基本一致。

(7)对一个实际高层项目进行模型振动台试验,实测波动效应数据,同时进行软件计算对比,发现两者所得波动效应数据吻合较好。

(8)不同地震波在结构中的传播速度不同,具体和结构的响应振动周期相关,通常响应周期越长,传播速度越慢。

(9)采用纯弯曲简化模型时,可能会夸大地震波的传播速度,带来非保守结果。采用符合实际情况的精细化模型,所得结果较为合理。

综合以上认为,地震波在高层结构中存在波动效应,在合理使用现有软件、建模足够精细的情况下，能够合理反映波动效应带来的不利影响，无须在软件计算结果上再次叠加波动效应。

参考文献

［1］ 薄景山,张毅毅,郭晓云,等.结构抗震设计理论与方法的沿革和比较[J].震灾防御技术,2021,16(3)：566-572.

［2］ 汪大绥,包联进.我国超高层建筑结构发展与展望[J].建筑结构,2019,49(19)：11-24.

［3］ 刘小娟,蒋欢军.非结构构件基于性能的抗震研究进展[J].地震工程与工程振动,2013,33(6)：53-62.

［4］ FEM A. Seismic performance assessment of buildings volume 1：methodology：FEMA P-58-1[S].Washington DC：Federal Emergency Management Agency，2012.

［5］ ALMUFTI I, WILLFORD M. REDi rating system：resilience-based earthquake design initiative for the next generation of buildings[R]. London, UK：Arup Group, 2013.

［6］ 建筑抗震韧性评价标准：GB/T 38591—2020[S].北京：中国标准出版社,2020.

［7］ 徐培福,黄吉锋,陈富盛.近50年剪力墙结构震害及其对抗震设计的启示[J].建筑结构学报,2017,38(3)：1-13.

［8］ 周颖,吕西林.智利地震钢筋混凝土高层建筑震害对我国高层结构设计的启示[J].建筑结构学报,2011,32(5)：17-23.

［9］ 陈纯森.台湾集集大地震高层建筑倒塌破坏与混凝土施工之探讨[J].建筑结构,2002,32(1)：41-45.

［10］ 王锡财,王斌,周光全,等.高层建筑震害研究[J].自然灾害学报,2004,13(1)：100-104.

［11］ 陈才华,王翠坤,张宏,等.振动台试验对高层建筑结构设计的启示[J].建筑结构学报,2020,41(7)：1-14.

第 2 章

地震作用与输入相关问题

2.1 概述

在影响建筑结构抗震设计与性能分析结果的众多因素中,地震作用输入的不确定性普遍被认为是影响程度较大的因素之一。如何更加科学合理地选择地震波和进行地震作用输入一直是众多学者致力研究的重要课题。本章结合工程实际需求就设计中容易混淆和业界争论较多的问题开展讨论,并提出一些新的见解,供设计人员及相关研究者参考。主要涉及反应谱曲线和时程分析选波的若干基本问题,地震作用输入的有效峰值、输入方向、输入符号以及地震作用效应的合理组合等。

2.2 反应谱的几个基本问题

2.2.1 不同反应谱的概念解读

2.2.1.1 基本概念

为了便于对反应谱相关特征和现象的理解,本部分首先对不同反应谱的基本概念进行简要分析,包括真实反应谱、拟反应谱和伪反应谱等。

对于线性单自由度体系,考虑黏滞阻尼,遭受地震动时程 $\ddot{u}_g(t)$ 的平衡微分方程为:

$$m\ddot{u}(t) + c\dot{u}(t) + ku(t) = -m\ddot{u}_g(t) \tag{2-1}$$

令 $c = c_r\xi = 2m\omega_n\xi$,其中 c_r 为临界阻尼系数,$c_r = 2m\omega_n$,ω_n 为无阻尼频率,则式(2-1)可以写成:

$$\ddot{u}(t) + 2\omega_n\xi\dot{u}(t) + \omega_n^2 u(t) = -\ddot{u}_g(t) \tag{2-2}$$

其中,$u(t)$、$\dot{u}(t)$、$\ddot{u}(t)$ 和 $\ddot{u}^t(t) = \ddot{u}(t) + \ddot{u}_g(t)$ 分别为相对位移、相对速度、相对加速度和绝对加速度[1]。

1) 真实反应谱

定义 $S_d = |u(t)|_{max}$、$S_v = |\dot{u}(t)|_{max}$、$S_a = |\ddot{u}^t(t)|_{max}$ 分别为相对位移谱、相对速

度谱、绝对加速度谱[1-3]。

通过杜哈梅积分，可得到相对位移、相对速度和绝对加速度的表达式为：

$$u(t) = -(1/\omega_D)A(t) \tag{2-3}$$

$$\dot{u}(t) = -\omega_n \xi u(t) - B(t) \tag{2-4}$$

$$\ddot{u}^t(t) = \ddot{u}(t) + \ddot{u}_g(t) = -\omega_n^2 u(t) - 2\omega_n \xi \dot{u}(t) \tag{2-5}$$

对相对位移 $u(t)$ 求导，可得到相对速度和绝对加速度的表达式为：

$$\dot{u}(t) = -(\omega_n/\omega_D)C(t) \tag{2-6}$$

$$\ddot{u}^t(t) = -(\omega_n^2/\omega_D)D(t) \tag{2-7}$$

式中，ω_D 为有阻尼自振频率，$\omega_D = \omega_n\sqrt{1-\xi^2}$，$A(t) = \int_0^t \ddot{u}_g(\tau)e^{-\xi\omega_n(t-\tau)}\sin[\omega_D(t-\tau)]d\tau$，$B(t) = \int_0^t \ddot{u}_g(\tau)e^{-\xi\omega_n(t-\tau)}\cos[\omega_D(t-\tau)]d\tau$，$C(t) = \int_0^t \ddot{u}_g(\tau)e^{-\xi\omega_n(t-\tau)}\cos[\omega_D(t-\tau)+\alpha]d\tau$，$D(t) = \int_0^t \ddot{u}_g(\tau)e^{-\xi\omega_n(t-\tau)}\sin[\omega_D(t-\tau)+2\alpha]d\tau$，$\alpha = \arctan\dfrac{\xi}{\sqrt{1-\xi^2}}$。

故相对位移谱（relative displacement spectra）、相对速度谱（relative velocity spectra）和绝对加速度谱（absolute acceleration spectra）精确的定义如下。

相对位移谱为：

$$S_d = (1/\omega_D) \mid A(t) \mid_{max} \tag{2-8}$$

相对速度谱为：

$$S_v = \frac{\omega_n}{\omega_D} \mid C(t) \mid_{max} \tag{2-9}$$

绝对加速度谱为：

$$S_a = (\omega_n^2/\omega_D) \mid D(t) \mid_{max} \tag{2-10}$$

由前面真实谱的推导过程看出，真实谱是根据杜哈梅积分精确得到的。但式（2-8）、（2-9）、（2-10）之间不具有简单的倍数换算关系，这也是真实谱不方便直接使用的原因。

2）拟反应谱

为方便使用，可对式（2-8）、（2-9）、（2-10）做如下近似处理：

（1）阻尼比 ξ 很小时（如 $\xi \leqslant 0.05$），$\arctan\dfrac{\xi}{\sqrt{1-\xi^2}} \approx \arctan\xi \approx 0$，近似取 $\alpha = 0$，$2\alpha = 0$；

（2）ξ 较小，令 $\omega_D = \omega_n$；

（3）用 $\sin[\omega_D(t-\tau)]$ 取代 $\cos[\omega_D(t-\tau)]$，这样处理并不影响这两式的最大值，只是相位上差 $\pi/2$。

做了如上处理后，可得 S_d、S_v 和 S_a 简化表达式，即拟谱 S_{pd}、S_{pv} 和 S_{pa} 分别如下。

拟相对位移谱（quasi-relative displacement spectra）为：

$$S_{pd} = \frac{1}{\omega_n} \left| \int_0^t \ddot{u}_g(\tau) e^{-\xi\omega_n(t-\tau)} \sin[\omega_n(t-\tau)] d\tau \right|_{max} \qquad (2-11)$$

拟相对速度谱（quasi-relative velocity spectra）为：

$$S_{pv} = \omega_n S_{pd} \qquad (2-12)$$

拟绝对加速度谱（quasi-absolute acceleration spectra）为：

$$S_{pa} = \omega_n^2 S_{pd} \qquad (2-13)$$

3）伪反应谱

定义 $P_{Sv} = \omega_n S_d$ 为伪速度反应谱（pseudo velocity spectra），$P_{Sa} = \omega_n^2 S_d$ 为伪加速度谱（pseudo acceleration spectra），其表达式分别为：

$$P_{Sv} = \omega_n S_d = \frac{\omega_n}{\omega_D} \left| A(t) \right|_{max} \qquad (2-14)$$

$$P_{Sa} = \omega_n^2 S_d = (\omega_n^2/\omega_D) \left| A(t) \right|_{max} \qquad (2-15)$$

2.2.1.2　概念剖析

1）数学表达差异分析

从以上推导可知，真实谱为一种精确表达，"位移谱""速度谱""加速度谱"（加引号表示模糊概念上的一般叫法）分别用式(2-8)～式(2-10)表示，三者之间没有简单的倍数关系，因为 $A(t)$、$C(t)$、$D(t)$ 三个表达式并不相同。

拟谱为对真实谱精确表达式经过近似处理后的简化结果，是小阻尼比（5%以内）情况下对真实谱的数值替代。"位移谱""速度谱""加速度谱"分别用式(2-11)、(2-12)、(2-13)表示，此三式与式(2-8)～式(2-10)三式均不相等，由于拟谱表达式中常数后的积分项被转化为同一个表达式[见式(2-11)]，因此具有位移：速度：加速度＝$1：\omega_n：\omega_n^2$ 的关系，该关系便于三者之间进行转换。但是当阻尼比较大时，真实谱三者之间将不再近似满足 $1：\omega_n：\omega_n^2$ 的关系，此时拟谱的强制转换关系所得出的相关规律则会偏离真实谱的客观规律。

伪谱是基于相对位移谱定义的，伪谱只有"伪速度谱"和"伪加速度谱"，位移谱仍用的是"相对位移谱"的真实谱，即分别用式(2-8)～式(2-15)来表示。"伪速度谱"和"伪加速度谱"都是一种人为的数学定义，并非真实的推导，而这种定义在物理上也是有意义的（见后面分析），由于三个式子常数后的积分项均为 $A(t)$，因此精确满足位移：速度：加速度 ＝$1：\omega_n：\omega_n^2$ 的关系，不再限于"5%小阻尼比"的近似假定。

2）力学概念差异分析

在前述数学表达差异分析的基础上，进一步从力学概念上对三种谱进行区分。

从式(2-5) $\ddot{u}^{\mathrm{t}}(t)=\ddot{u}(t)+\ddot{u}_{\mathrm{g}}(t)=-\omega_{\mathrm{n}}^2 u(t)-2\omega_{\mathrm{n}}\xi\dot{u}(t)$ 可知,由绝对加速度计算得到的惯性力代表总的外部地震作用,其与弹性力和阻尼力两部分之和相平衡,式(2-10)表征的也是这个含义: $S_{\mathrm{a}}=(\omega_{\mathrm{n}}^2/\omega_{\mathrm{D}})\mid D(t)\mid_{\max}$ 。

拟谱是基于小阻尼比的简化处理,从力学概念上看,由拟加速度计算得到的力仍为弹性力和阻尼力之和。

对于伪加速度谱,将式(2-15)略做变化得到式(2-16)如下:

$$mP_{S_{\mathrm{a}}}=m\omega_{\mathrm{n}}^2 S_{\mathrm{d}}=kS_{\mathrm{d}} \tag{2-16}$$

式(2-16)的最左边一项代表由伪加速度计算所得地震力,最右边一项为与最大位移相对应的弹性恢复力,由此可见,伪加速度谱与结构的弹性内力直接相关,这在结构抗震设计中对于获得构件内力来说是最方便的。另外,伪加速度和相对位移之间具有不依赖阻尼大小的严格换算关系。而由绝对加速度获得的"弹性力和阻尼力之和"对于结构内力设计是没有意义的,当将其近似为弹性内力时也会偏于保守。

3) 规范采用及影响差异分析

我国抗震规范中的反应谱实际上是采用绝对加速度反应谱来标定地震影响系数的,并且做了小阻尼假定,引入拟谱关系 $(1:\omega_{\mathrm{n}}:\omega_{\mathrm{n}}^2)$ 。 这种做法带来两种不合理现象:① 加速速度谱不同阻尼比在长周期段存在反超现象;② 位移谱在长周期不归一为地面运动峰值位移。前者是绝对加速度谱的固有属性,后者则为拟位移谱特征以及强制引入 $1:\omega_{\mathrm{n}}:\omega_{\mathrm{n}}^2$ 关系的误差共同所致。以上是基于力学概念分析对两种现象的解释,从规范反应谱的数学表达上也可以解释此两种现象,即反应谱下降段的衰减指数以及阻尼调整系数导致(图2-1)。

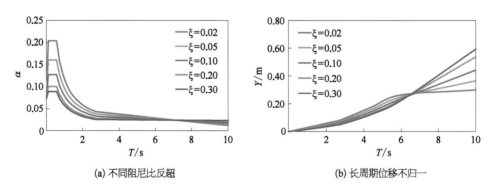

(a) 不同阻尼比反超　　　　　　　(b) 长周期位移不归一

图2-1　绝对加速度谱及拟位移谱的不合理现象

美国和其他一些国家规范使用的是伪加速度谱。从前面的理论可知,伪加速度谱直接和结构弹性内力相关,在加速度谱曲线上不存在"不同阻尼比加速度反超"和"位移谱长周期不归一"现象[4](图2-2,图2-3)。

关于绝对加速度谱不同阻尼的反超可进一步理解为:总惯性力(弹性力与阻尼力之和)的反超,而非弹性力的反超。

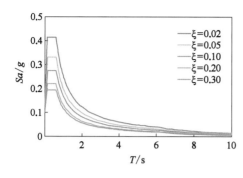

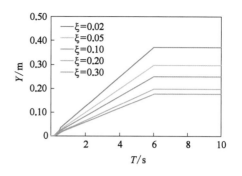

图 2‐2　ASCE/SEI 7‐10 中的加速度谱(伪谱)　　　　图 2‐3　相对位移谱

4) 对消能减震设计的影响

《建筑抗震设计规范》(GB 50011)提供了地震影响系数曲线,它的性质相当于绝对加速度反应谱,可以求得作用于质点上的地震力,这个地震力相当于结构受到的惯性力。当阻尼比较小时,可以通过惯性力计算得到结构的内力和位移,误差能够满足要求。但当阻尼比较大时,比如对于消能减震结构,当减震器提供的阻尼比较大时,误差就会增大。研究表明,只有当阻尼比较小时(小于 0.1),结构内力与惯性力才可以近似人为相等,随着阻尼比增大,结构内力总是小于惯性力,而且两者差值越来越大。尽管规范反应谱曲线在确定参数时,考虑了大阻尼比的影响,但它所代表的仍然是质点在地震作用下的惯性力,并未包括阻尼力在内。在《建筑抗震设计规范》(GB 50011—2010)中提到,为了有利于消能减震技术的推广运用,适当降低了大阻尼(20%~30%)的地震影响系数,长周期最大降幅 10%,但仍不能从根本上解决问题。通过时程分析和反应谱分析不同阻尼比的影响对比数据可以得出,反应谱分析得到的阻尼影响的程度通常显著低于时程分析的降低程度。说明在采用绝对加速度反应谱时,会低估消能减震结构的减震效果。解决方案有以下三个思路:

(1) 采用伪加速度谱;

(2) 分别建立绝对加速度谱、相对位移谱和相对速度谱,分别计算惯性力、弹性内力和阻尼力;

(3) 借助时程分析的减震效果进行评估。

2.2.1.3　小结

对真实谱、拟谱和伪谱的概念和特点总结如下。

(1) 真实谱:基于动力微分方程,通过杜哈梅积分精确得到的谱——相对位移谱、相对速度谱和绝对加速度谱,三者之间不具有简单的倍数换算关系。

(2) 拟谱:对真实谱进行小阻尼比假定,并对积分表达形式进行适当处理得到——拟相对位移谱、拟相对速度谱、拟绝对加速度谱,引入拟谱关系 $1 : \omega_n : \omega_n^2$,该关系在大阻尼比时不成立。

(3) 伪谱:在相对位移谱的基础上,人为定义——伪速度谱、伪加速度谱。伪谱关系 $1 : \omega_n : \omega_n^2$ 自然存在,并非简化引入,不依赖阻尼比大小(伪谱的表达形式是人为定义的,所以称为"伪谱",不是真实的谱)。

(4)(拟)绝对加速度与结构总惯性力相对应,伪加速度与结构弹性力相对应。小阻尼情况下,三种谱的数值差别不大,大阻尼时差别逐渐增大。

(5)我国规范反应谱基于绝对加速度标定,并引入拟谱关系,导致谱曲线存在两种"不合理现象":"不同阻尼比加速度反超"和"位移谱长周期不归一"现象。国外规范多采用伪谱概念,不存在此两种现象。

(6)采用目前规范反应谱方法,对于消能减震结构,往往会低估减震效果,需要借助其他手段进行考虑,有三种方法可供选择,目前容易实施的是时程分析评估法。

2.2.2 曲线下降段衰减形式问题

2.2.2.1 国家规范谱长周期下降段衰减形式特征

我国《建筑抗震设计规范》给出的加速度反应谱在周期大于 $5T_g$ 时按直线下降,下降斜率为 $\eta_1 = 0.02$,欧美规范对反应谱的位移控制段则是按二次曲线的规律下降。《建筑抗震设计规范》实际上提高了地震作用,这样调整的原因一是由于我国缺乏真实有效的长周期地震记录,按已有的地震记录构建的设计反应谱长周期成分缺失严重,谱值偏小;二是出于结构抗震安全的考虑,避免加速度反应谱在长周期段下降过大,从而导致长周期结构的地震反应太小,对结构的抗震设计不起控制作用,同时通过最小剪力系数保证结构承担的最低限度地震作用。

人为调整过的反应谱长周期段会存在两个问题:第一,不同阻尼比对应的设计反应谱在长周期段若按直线下降,6 s 后会重新出现"分叉"现象,即阻尼比越大,对应的加速度反应谱在长周期段衰减速率越小;第二,《建筑抗震设计规范》加速度反应谱对应的功率谱密度函数在长周期段存在随周期增大而增大的异常现象,不符合"随自振周期增加,输入能量应逐渐衰减"的物理规律,2.2.1 小节已从不同反应谱的基本概念角度对上述问题进行了初步分析。反应谱存在的上述问题也是部分学者对国家《建筑抗震设计规范》反应谱诟病的主要原因。笔者认为,国家《建筑抗震设计规范》谱应该理解为一种"工程谱",而非理论谱,是考虑了多种因素进行取舍或调整后的结果,这也导致了出现部分违反"理论谱"特征的现象,绝非简单的数学错误。简单回到纯理论谱的做法需要慎重,其带来的影响也需要全面考虑。

2.2.2.2 广东省性能规程[5] 反应谱曲线的调整及影响

广东省性能规程率先对反应谱曲线进行了较大调整修改,尤其在长周期段曲线下降衰减形式和国家规范谱有较大不同。这种调整给结构的抗震计算结果究竟带来何种影响,尚未看到系统的数据分析。本小节通过两个典型的案例,针对不同场地条件和地震分组进行深入探讨,从地震力和层间位移两个角度分别进行比较,形成定量化的判断,并提出设计应用建议(图 2-4、图 2-5、表 2-1、表 2-2)。

广东省性能规程对反应谱曲线进行的调整修改主要包括以下几点:

(1)地震影响系数最大值与场地类别建立联系,Ⅱ类场地和国家规范谱相同。

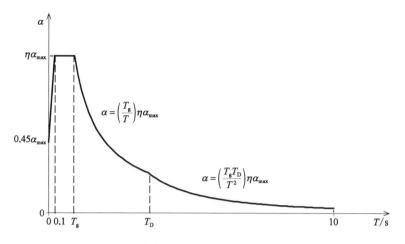

图 2-4 广东省性能规程反应谱曲线及表达形式

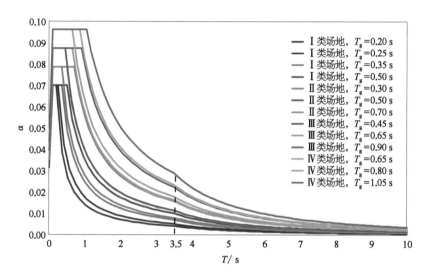

图 2-5 广东省性能规程不同特征周期反应谱曲线

表 2-1 地震影响系数最大值

场地类别	地震水准	设 防 烈 度		
		6 度	7 度	8 度
I 类	多遇地震	0.04	0.07(0.11)	0.14
	设防地震	0.11	0.20(0.31)	0.41
	罕遇地震	0.26	0.45(0.63)	0.82
II 类	多遇地震	0.04	0.08(0.12)	0.16
	设防地震	0.12	0.23(0.34)	0.45
	罕遇地震	0.28	0.50(0.72)	0.90

场地类别	地震水准	设 防 烈 度		
		6 度	7 度	8 度
Ⅲ类	多遇地震	0.05	0.09(0.14)	0.18
	设防地震	0.13	0.26(0.38)	0.51
	罕遇地震	0.32	0.56(0.79)	1.02
Ⅳ类	多遇地震	0.05	0.10(0.15)	0.20
	设防地震	0.14	0.28(0.42)	0.56
	罕遇地震	0.35	0.62(0.87)	1.12

表 2-2　特 征 周 期

设计地震分组	场 地 类 别				
	Ⅰ₀	Ⅰ₁	Ⅱ	Ⅲ	Ⅳ
第一组	0.20	0.25	0.35	0.45	0.65
第二组	0.25	0.35	0.50	0.65	0.85
第三组	0.35	0.50	0.70	0.90	1.10

（2）重新给定了不同场地的特征周期。

（3）调整第二下降段的衰减指数为 $1/T^2$，和理论下降形式相符。

图 2-6 给出了 Ⅱ～Ⅳ 类不同场地和地震分组情况下，广东谱和国家谱的对比曲线。不难看出，在短周期范围，广东谱普遍高于国家谱，而在长周期段广东谱则明显低于国家谱。在这种情况下，对于长周期结构会不会不安全呢？有相关学者给出的观点为：长周期结构除了基本振型外，高阶振型也有较大参与贡献，其对应的谱值较高，综合结果不会低于国家规范计算结果。实际情况是否如此，需要通过案例计算给出定量说明。

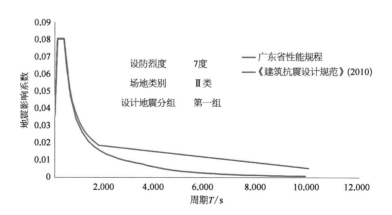

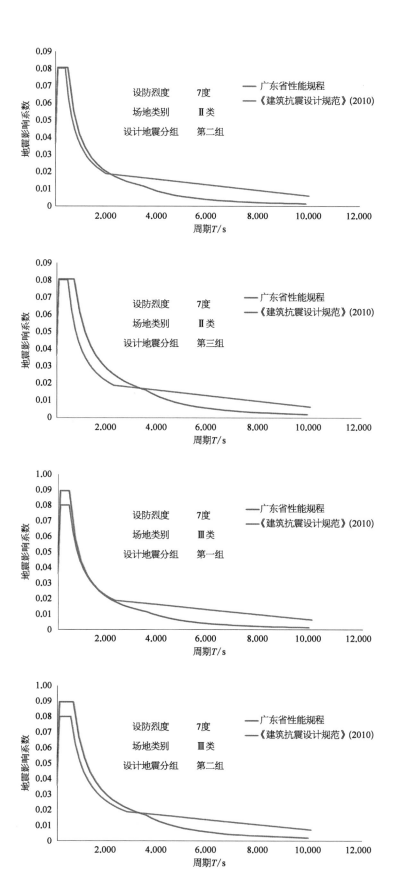

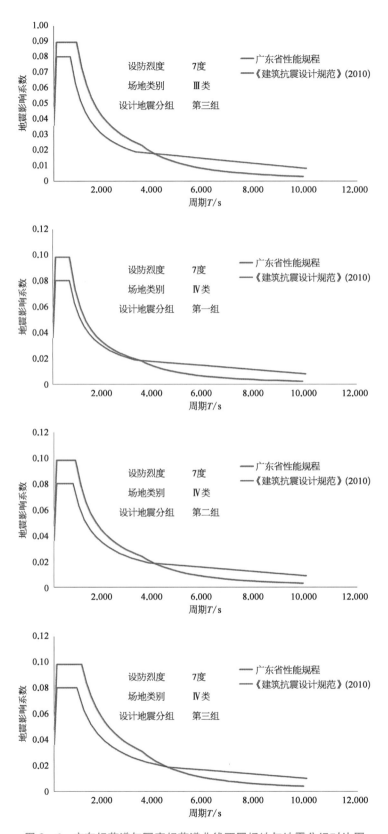

图 2-6　广东规范谱与国家规范谱曲线不同场地与地震分组对比图

2.2.2.3 案例对比研究

1) 案例介绍

设计一个框架-核心筒结构,取出一榀结构如图 2-7、图 2-8 所示,分别为 10 层和 30 层,10 层模型代表短周期结构,前三阶 X 向平动周期分别为 1.11 s、0.26 s 和 0.13 s;30 层模型代表长周期结构,前三阶 X 向平动周期分别为 5.36 s、1.41 s 和 0.64 s。单向输入国家规范反应谱和广东规范谱,并分别在不同场地条件和地震分组情况下进行对比。共计 9 种工况:

(1) 7 度,Ⅱ类场地,地震分组为一组(GB7-2-1、GD7-2-1)。

(2) 7 度,Ⅱ类场地,地震分组为二组(GB7-2-2、GD7-2-2)。

(3) 7 度,Ⅱ类场地,地震分组为三组(GB7-2-3、GD7-2-3)。

(4) 7 度,Ⅲ类场地,地震分组为一组(GB7-3-1、GD7-3-1)。

(5) 7 度,Ⅲ类场地,地震分组为二组(GB7-3-2、GD7-3-2)。

(6) 7 度,Ⅲ类场地,地震分组为三组(GB7-3-3、GD7-3-3)。

(7) 7 度,Ⅳ类场地,地震分组为一组(GB7-4-1、GD7-4-1)。

(8) 7 度,Ⅳ类场地,地震分组为二组(GB7-4-2、GD7-4-2)。

(9) 7 度,Ⅳ类场地,地震分组为三组(GB7-4-3、GD7-4-3)。

2) 计算结果对比分析

对于短周期结构,除了Ⅱ类场地一组外,其他情况下,采用广东规范谱的地震力与位移响应结果均大于国家规范谱结果,且地震力和位移放大的比例基本一致,均随地震分组的提高,放大系数呈增大趋势,放大系数处于 1.0~1.4 之间(图 2-9)。

对于长周期结构,则有相反的结果。采用广东规范谱的结果普遍小于国家规范谱(Ⅳ类三组略大于),并且地震力和位移降低的程度不同,地震力比例系数

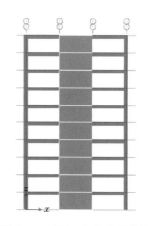

图 2-7 案例 1 短周期模型图
($T_1 = 1.11, T_2 = 0.26, T_3 = 0.13$)

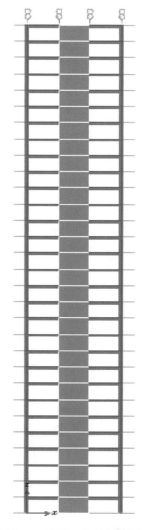

图 2-8 案例 2 长周期模型图
($T_1 = 5.36, T_2 = 1.41, T_3 = 0.64$)

在 0.55～1.0 之间,位移角降低程度较大,比例系数在 0.29～0.81 之间,且不少情况低于 0.5。同样,随着地震分组的提高,比例系数呈增大趋势(图 2 - 10)。

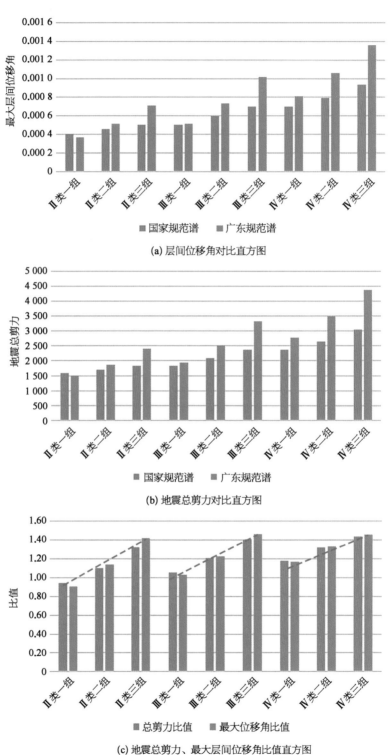

(a) 层间位移角对比直方图

(b) 地震总剪力对比直方图

(c) 地震总剪力、最大层间位移角比值直方图

图 2 - 9　短周期结构响应对比图

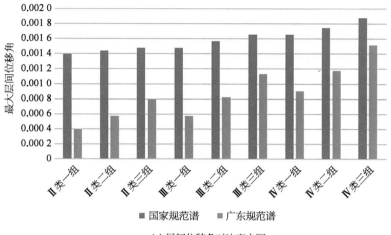

(a) 层间位移角对比直方图

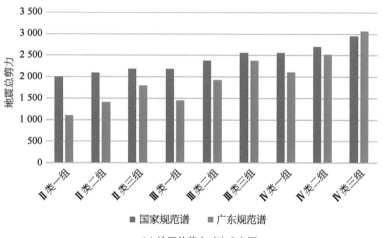

(b) 地震总剪力对比直方图

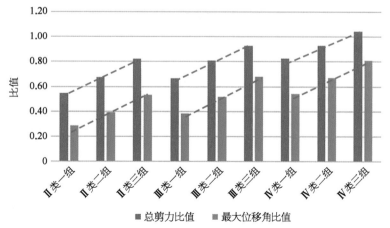

(c) 地震总剪力、最大层间位移角比值直方图

图 2 - 10   长周期结构响应对比图

由此可见,对于高度较大的长周期结构,尽管其地震响应包含了多个振型的共同贡献,但广东规范谱在长周期段数值明显小于国家规范谱的特点决定了其地震响应大幅度小于国家规范结果,尤其位移响应受基本周期的影响更大,降低程度严重,部分情况下位移响应结果不到国家规范谱结果的三分之一。这种情况下,根据位移结果对结构刚度合理性进行判断将和国家规范存在较大出入。在长周期地震动尚不能精确评估的情况下,按此设计的结构安全度有可能显著低于国家规范谱的设计结果。

广东省性能规范对反应谱曲线进行了较大调整,本节通过长、短周期两类结构的计算,在不同场地和地震分组情况下与国家规范谱结果进行对比分析,结果显示,对于短周期结构,通常广东谱的结果大于国家规范谱,而对于长周期结构,广东谱的结果则明显小于国家规范谱,尤其位移响应降低幅度较大,部分情况下比值不足三分之一。目前阶段,在原有指标体系下,采用该位移结果进行结构的刚度评估和长周期地震动响应特征的评价可能会得出完全不同的结论,其合理性需要进一步探讨。规范中规定地震输入时有必要考虑和相应评价指标体系之间的匹配,避免给设计人员带来误解(图 2-11～图 2-14)。

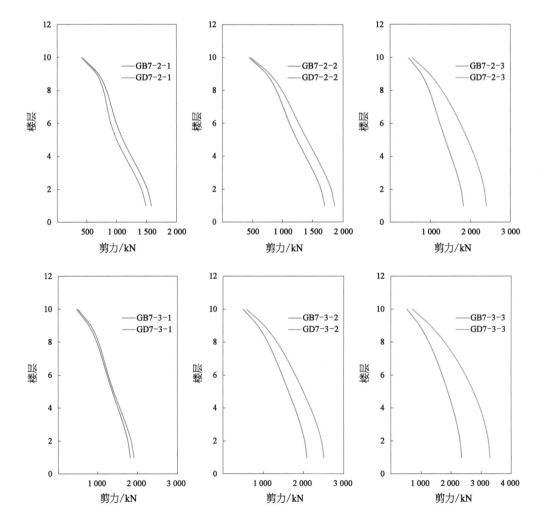

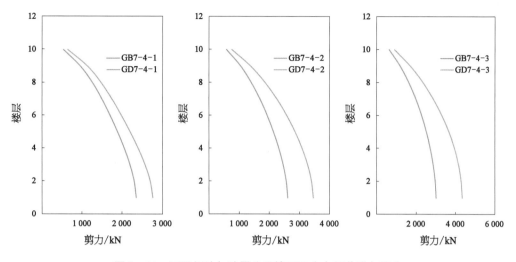

图 2-11 不同场地与地震分组情况下广东规范谱与国家
规范谱的楼层剪力对比曲线(短周期结构)

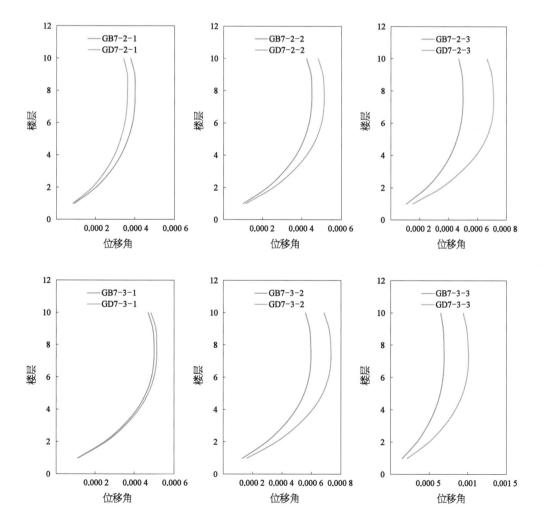

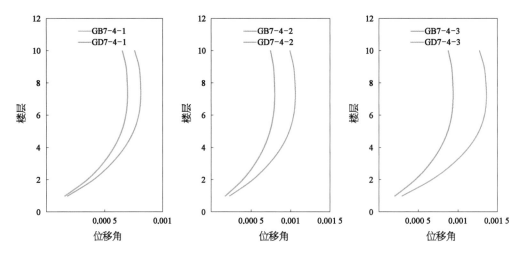

图 2-12 不同场地与地震分组情况下广东规范谱与国家
规范谱的层间位移角对比曲线(短周期结构)

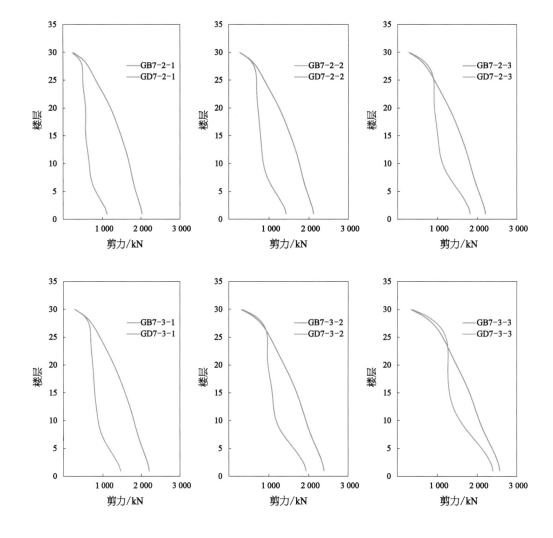

超高层建筑结构地震作用输入与响应

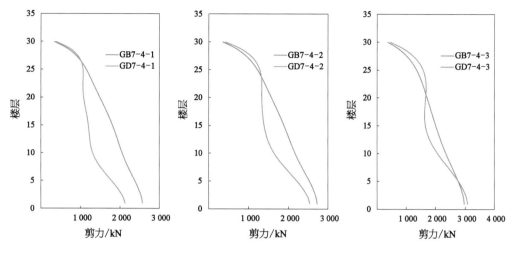

图 2-13 不同场地与地震分组情况下广东规范谱与国家
规范谱的楼层剪力对比曲线(长周期结构)

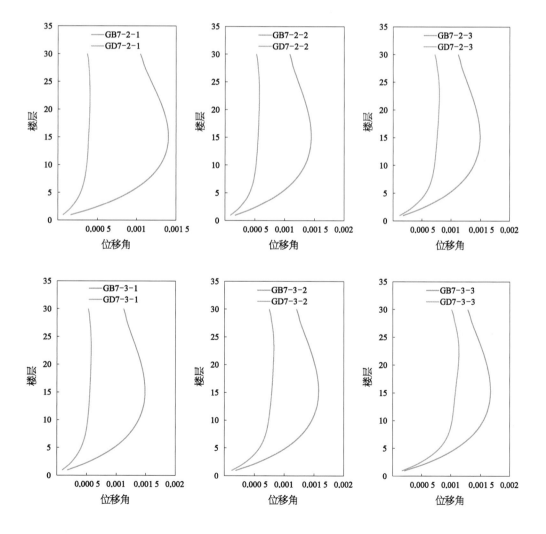

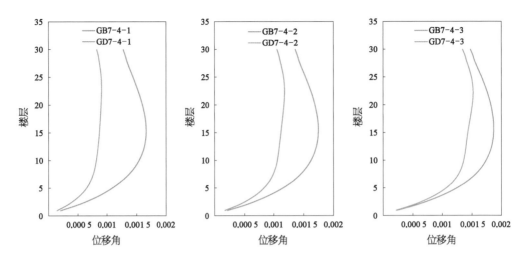

图 2‑14   不同场地与地震分组情况下广东规范谱与国家
规范谱的层间位移角对比（长周期结构）

2.2.3   阻尼的影响问题

2.2.3.1   问题描述

阻尼是建筑结构设计中需要考虑的重要参数之一，阻尼取值直接影响动力方程的求解结果。阻尼产生的机理复杂，并且影响因素较多。通常认为引起能量耗散的原因有以下几种：材料的内摩擦、周围介质对振动的阻尼、节点和支座连接间的摩擦阻力、通过支座基础耗散能量等[6]，目前越来越多采用的消能减震技术，也经常将减震器的耗能作用考虑为一种等效的阻尼[7]，即通过提高结构的阻尼实现降低结构地震响应被认为是一种可行的途径。

由于目前的抗震设计仍然主要是以反应谱分析为基础，时程分析主要是用来对反应谱分析结果的校验，或进行反应谱分析无法完成的一些分析内容，如弹塑性分析、消能减震或隔震的非线性分析。对于消能减震分析，也通常是将反应谱法和时程分析法结合使用。实际工程中经常发现在采用两种方法时，存在对提高阻尼比带来的地震响应降低程度有较大偏差，这为消能减震技术的推广使用带来一定阻碍。

另外针对消能减震设计，通常需要预先设定减震目标，其中《云南省建筑消能减震设计与审查技术导则》规定：应通过设置消能减震装置有效消耗地震能量，使建筑抗震性能明显提高，罕遇地震作用下减震结构与非减震结构的水平位移之比应小于0.75[8]。实际工程的经验表明，单纯增加阻尼比很难实现这一减震目标。

因此，从阻尼对结构的地震响应影响规律方面做进一步研究，有助于在抗震设计中更加合理地采用提高阻尼比的手段来降低结构地震响应，同时为合理制定减震目标和减震方案提供参考。

本节通过一个实际超高层工程案例，构造不同高度和周期的计算模型，对阻尼带来的影响进行多角度综合比较分析，讨论阻尼比取值对高层结构地震作用输入响应的影响规律,在此基础上对减震设计的相关问题进行探讨。

2.2.3.2 工程案例及分析说明

1) 案例说明

某工程塔楼地上 120 层、地下 5 层,建筑高度 588 m,结构高度 555.6 m。采用巨型框架-核心筒+伸臂桁架结构体系,核心筒位于平面中心,无偏置,采用钢筋混凝土剪力墙。巨型框架由巨型型钢混凝土柱和环带桁架组成,8 根巨柱位于结构侧面,每侧 2 根。环带桁架设置于设备层,共 7 道。为提高结构的整体抗侧刚度,在核心筒和巨型框架之间一共设置了 4 道伸臂桁架,同时也在巨型框架间设置了次框架。构件详细截面尺寸和材料信息详见文献[9]。图 2-15 为结构的典型平面图。本项目基本抗震设防烈度为 7 度,设计地震分组为第一组,Ⅲ类场地,场地特征周期 0.45 s。

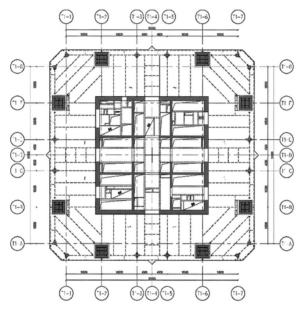

图 2-15 典型平面图

2) 计算说明

在 120 层原结构模型的基础上,分别截断上部若干楼层,得到不同高度和层数的 4 个模型,见图 2-16,用以研究不同基本周期结构的地震响应对阻尼的敏感性。各结构的层数和基本周期见表 2-3,基本周期的范围覆盖了反应谱曲线的不同区段:平台段、曲线下降段、直线下降段和 6 s 以后的延伸段,具有一定的广泛性和代表性。

表 2-3 不同结构模型层数和基本周期

模型	A	B	C	D
层数	120	66	32	8
周期/s	9.72	4.56	1.73	0.32

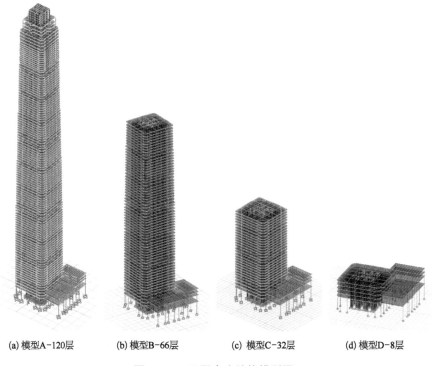

(a) 模型A-120层   (b) 模型B-66层   (c) 模型C-32层   (d) 模型D-8层

图 2‑16　不同高度结构模型图

本次研究选择 7 条地震波,加速度峰值按照 7 度罕遇地震取为 220 cm/s²,各条波的加速度时程曲线见图 2‑17。为排除复杂因素干扰,只考虑沿 X 向单向输入,进行弹性时程分析。同时与反应谱分析结果进行对比。阻尼比分别取 7 种不同的数值,如表 2‑4,最小取 0.035 模拟混合结构的一般取值,最大取 0.10,考虑一般减震结构能达到的较高数值。将阻尼比为 0.035 的结果作为基本结果,其他阻尼比的结果与其进行比较,考察阻尼比增加后对结构响应的影响程度。

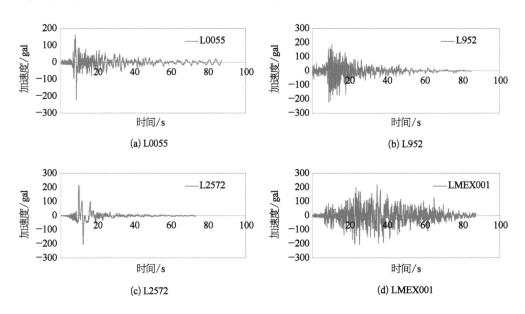

(a) L0055

(b) L952

(c) L2572

(d) LMEX001

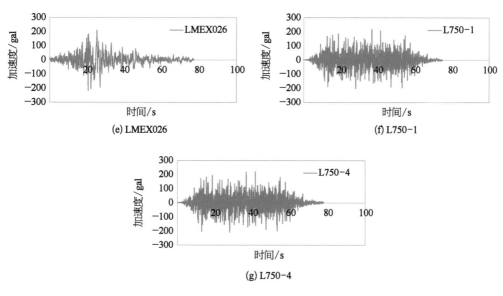

(e) LMEX026

(f) L750-1

(g) L750-4

图 2-17　地震波时程曲线

表 2-4　不同工程的阻尼比取值

工　况	1	2	3	4	5	6	7
阻尼比 ξ	0.035	0.05	0.06	0.07	0.08	0.09	0.10

2.2.3.3　阻尼比对时程分析与反应谱分析结果的影响差异性规律

本部分主要对比研究阻尼比对反应谱分析结果的影响程度和对时程分析结果的影响程度有何不同。为了对不同结构的数据形成综合比较,将绝对响应结果转化为相对结果,即均以 0.035 阻尼比的结果为参照,其他阻尼比的结果与其相比,得到响应降低比例,再对不同情况下的响应降低比例进行比较。

图 2-18 为每个模型在不同地震波输入情况下,不同阻尼比对结构响应的降低程度对比曲线,同时给出 7 组波的均值以及反应谱计算曲线。对比研究的响应指标为结构的总地震力以及顶部位移响应。由图 2-18 的对比曲线得到以下几点规律。

(1) 阻尼比对不同地震波分析结果的影响程度离散性较大。

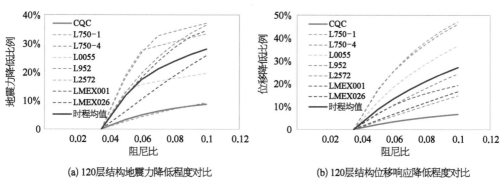

(a) 120层结构地震力降低程度对比　　　　　(b) 120层结构位移响应降低程度对比

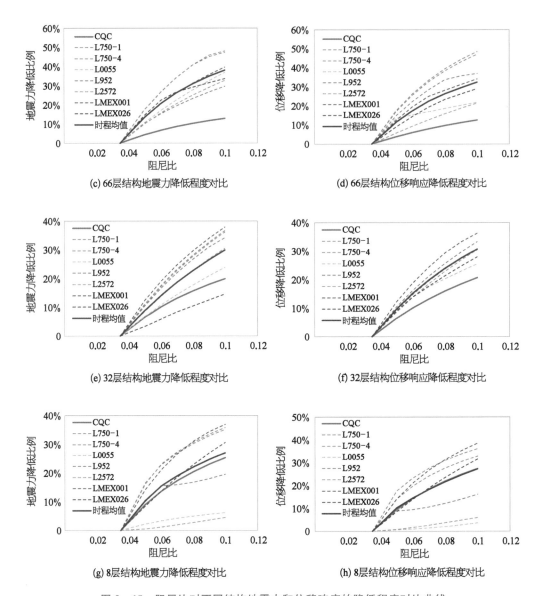

图 2-18　阻尼比对不同结构地震力和位移响应的降低程度对比曲线

（2）从平均数据来看，时程分析结果受阻尼比的影响程度比反应谱分析结果要大，而且这种差距对于长周期结构更加显著；对周期处于反应谱平台段的短周期结构，时程分析和反应谱分析受阻尼比的影响基本一致。

（3）从 7 条波平均值来看，阻尼比对地震力和位移的影响具有基本一致的规律，但对于具体某条波，阻尼比对地震力和位移的影响可能有较大差别。

表 2-5、表 2-6 分别列出了反应谱分析得到不同阻尼比对地震力和位移响应的降低程度针对不同结构的具体数据，表 2-7、表 2-8 为时程分析得到的 7 条波的均值结果，图 2-19、图 2-20 为相应的曲线对比图。可以清晰地看出，采用反应谱分析，对于不同周期的结构阻尼比的影响程度差别很大，随着周期的增大，阻尼比影响逐渐降

低,大致呈线性关系;短周期结构和长周期结构的阻尼比响应程度差别可达 3～4 倍以上。而当采用时程分析时,尽管不同周期的结构也有差别,但其差别程度显著降低,最大影响程度和最小影响程度相差在 30％以内。另外采用时程分析法时,随着结构周期的增加,阻尼比的影响程度并未显示出一致增加的趋势,而是对最短周期、最长周期结构的影响程度较小,对两个中间周期的结构影响程度较大,在所选的 4 个结构中,66 层结构的地震响应受阻尼比影响最大。除此之外,无论反应谱分析还是时程分析,均反映出一个相同的特征:随着阻尼比增大,所增加的阻尼比带来结构地震响应降低的程度逐渐降低,即增加相同的阻尼比对于混凝土结构的影响相较于对钢结构的影响更低。

表 2-5　不同阻尼比反应谱分析地震力降低对比

阻尼比	A-120 层	B-66 层	C-32 层	D-8 层
0.035	0	0	0	0
0.05	3.2％	4.3％	6.5％	9.0％
0.06	4.9％	6.7％	10.1％	13.6％
0.07	6.2％	8.6％	13.1％	17.3％
0.08	7.2％	10.2％	15.7％	20.4％
0.09	8.0％	11.6％	17.9％	23.0％
0.1	8.6％	12.8％	19.9％	25.2％

表 2-6　不同阻尼比反应谱分析位移响应降低对比

阻尼比	A-120 层	B-66 层	C-32 层	D-8 层
0.035	0	0	0	0
0.05	2.1％	3.8％	6.4％	9.5％
0.06	3.3％	6.0％	10.0％	14.4％
0.07	4.3％	7.9％	13.2％	18.5％
0.08	5.2％	9.6％	16.0％	21.9％
0.09	5.9％	11.1％	18.4％	24.8％
0.1	6.6％	12.4％	20.6％	27.4％

阻尼比	A‑120 层	B‑66 层	C‑32 层	D‑8 层
0.035	0	0	0	0
0.05	11.8%	13.5%	8.9%	10.4%
0.06	17.4%	20.7%	14.0%	15.4%
0.07	21.1%	26.4%	18.7%	19.0%
0.08	23.7%	31.0%	22.8%	22.0%
0.09	26.1%	34.9%	26.5%	24.7%
0.1	28.1%	38.0%	29.9%	27.0%

表 2‑8　不同阻尼比时程分析均值位移响应降低对比

阻尼比	A‑120 层	B‑66 层	C‑32 层	D‑8 层
0.035	0	0	0	0
0.05	8.7%	11.5%	9.7%	10.3%
0.06	13.4%	17.4%	15.2%	14.6%
0.07	17.4%	22.5%	19.8%	18.4%
0.08	21.0%	26.4%	23.9%	21.7%
0.09	24.2%	29.6%	27.6%	24.6%
0.1	27.1%	32.5%	30.7%	27.3%

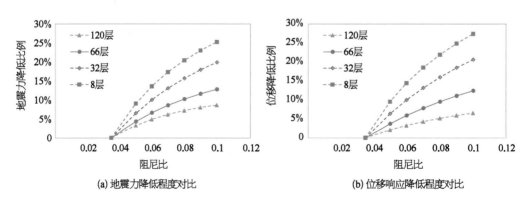

(a) 地震力降低程度对比　　　　(b) 位移响应降低程度对比

图 2‑19　不同阻尼比反应谱分析响应降低对比

超高层建筑结构地震作用输入与响应

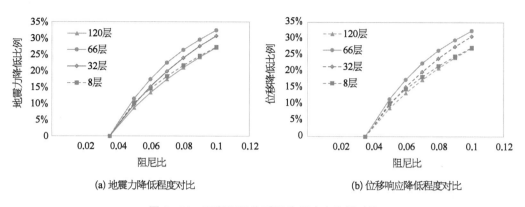

(a) 地震力降低程度对比　　　　　　(b) 位移响应降低程度对比

图 2-20　不同阻尼比时程分析响应降低对比

图 2-21 进一步给出了采用时程分析和反应谱分析两种方法所得不同阻尼比地震响应降低程度的比值。由图看出，无论对于地震力还是位移响应，时程分析均得到了阻尼比带来的更大的降低效果，这种差别随结构基本周期的增加逐渐增大，对于 120 层结构，时程分析所得降低程度数据是反应谱结果的 3～4 倍；而对于 8 层结构，两者比值基本在 1.0 附近。另外，针对同一个结构，两种分析方法所得地震响应降低程度的比值，随阻尼比不同变化不明显，即基本表现为一条水平直线，说明两种分析方法的差别针对不同阻尼比具有一定的稳定性。

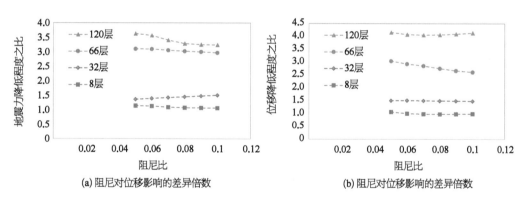

(a) 阻尼对位移影响的差异倍数　　　　(b) 阻尼对位移影响的差异倍数

图 2-21　阻尼比对时程分析结果影响程度相对反应谱分析影响程度的倍数

2.2.3.4　阻尼对不同地震动输入能量和能量耗散的影响

由前一小节分析得出时程方法可以获得比反应谱方法更为显著的阻尼比影响程度，并且时程分析中不同地震波所得结果离散性较大的两个基本结论。本小节将进一步从能量角度分析阻尼比对不同地震波总输入能量和能量耗散的具体影响，从而理解地震波特征与阻尼影响程度的相关性规律。

以 66 层结构为例，图 2-22 为具有典型代表性的三条波的地震输入能量曲线和耗能曲线受阻尼比的影响对比图。从总输入能量看，三条波分别反映出三种情况，LMEX001 波的输入能量随阻尼比增加逐渐增大，L2572 波的最终总输入能量基本不随阻尼比发生变化，L952 波则表现出输入能量随阻尼比下降的特征。这说明阻尼比对

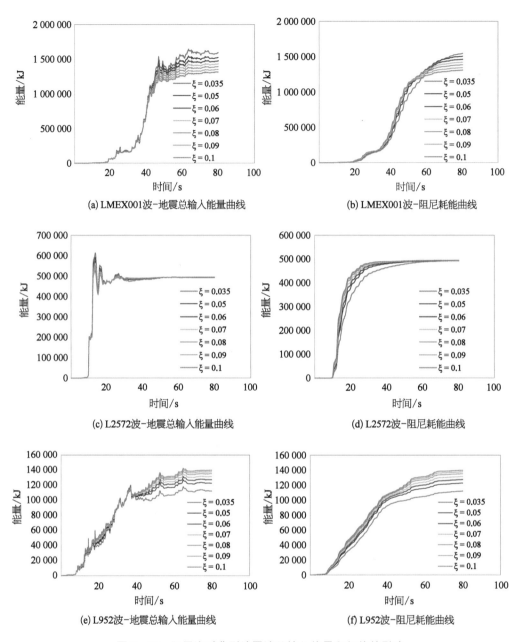

图 2-22　阻尼比对典型地震波总输入能量和耗能的影响

地震波总输入能量的影响具有多样性特征,并非阻尼比越大输入能量总是越低。由于是弹性分析,地震总输入能量最终全部由输入的阻尼耗散所平衡,因此阻尼消耗的能量曲线最终与输入能归到一点,但在过程中不同阻尼比显示出的耗能快慢不同,当提高阻尼比时,计算过程中耗能曲线将越早向输入能量曲线靠近。另外,对于输入能量曲线,不管阻尼比增大带来的最终输入能是增大还是减小,在一些能量变化较为剧烈的时刻,增大阻尼比总是可以降低瞬时输入能,图 2-23 显示了 L952 波在两个典型的时间段内,几次瞬时输入能量变化的对比情况。图 2-24 给出不同阻尼比时 L952 波总输入能、阻尼耗能及结构势能(应变能)的对比曲线(势能反映结构响应大小),由图看出,当阻尼比取 0.08 时,相对于取 0.035,尽管最终总输入能有所增加,但在几个时刻的瞬时输入能降低,最终结构的势能显著降低,结构响应减小。这也说明地震动的瞬时输入能更大程度决定结构的响应。由于有阻尼体系的响应存在滞后现象,目前对地震输入能的积分定义使得在某些时间段(或时间点)上地震作用力与体系位移异号,即地震力做负功,从而使得地震输入能在某些时间段(或时间点)上有下降现象[10],因而从总输入能的大小上无法直接判断地震动带给结构的破坏能力。

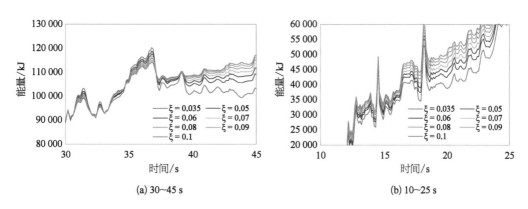

(a) 30~45 s   (b) 10~25 s

图 2-23　L952 波-不同时间段地震总输入能量曲线

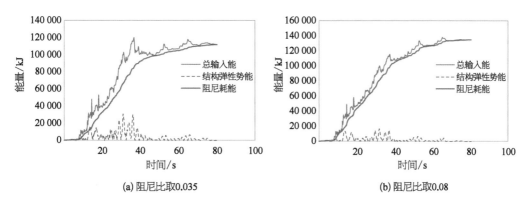

(a) 阻尼比取0.035   (b) 阻尼比取0.08

图 2-24　L952 波-总输入能、阻尼耗能及势能曲线

2.2.3.5　阻尼对地震响应峰值和衰减速度的影响

阻尼对结构振动响应的影响通常认为表现在两个方面,第一个方面为降低结构振动响应峰值,第二个方面为加快振动响应的衰减速度。在地震分析中更多关注的是第一个方面,因为结构的承载力设计总是以满足结构的最大内力需求为目标,而在实际工程中发现有些地震波的最大响应对阻尼并不敏感。以本案中的 120 层结构为例,考察两条典型的地震波 L2572 与 L750-4,位移和地震力响应时程曲线在两种阻尼比下的对比曲线见图 2-25 和图 2-26。可以清晰地看到,对于 L2572 波,0.08 的阻尼比相对于 0.035 的阻尼比,地震力和位移分别仅降低了 6.9% 和 10.4%;而 L750-4 波的地震力和位移降低程度则达到了 34.2% 和 37.2%。从对比曲线还可以看出,L2572 波作用

下结构的响应在振动了一个周期后很快达到响应的峰值,而 L750-4 波的响应则是在出现了多次往复振动后才逐渐达到峰值。说明 L2572 波是一种典型的脉冲型地震动,从图 2-17(c)和图 2-22(c)的地震波时程曲线以及累计输入能量曲线也可以看出,在地震作用的前 15 s 内,地震动的最大能量输入已经完成,而结构的自振周期接近 10 s,由于响应的滞后,最大响应还未出现,结构的系统阻尼也自然未能发挥充分的耗能作用。此例说明,对于脉冲特征显著的地震动,阻尼对地震响应的"削峰"作用较弱,更多起到的是对后续响应的加速衰减作用。而人工波 L750-4 为非脉冲型地震,通过一定次数(时长超过 60 s)的小幅度往复振动后逐渐达到最大响应,在这个过程中系统阻尼的耗能作用得到较为充分的发挥,使得结构的响应峰值降低,同时加快了后续响应的衰减速度。

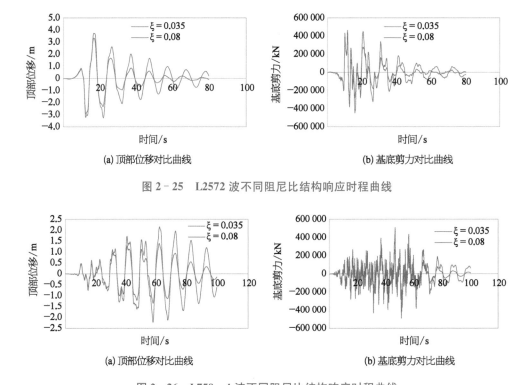

图 2-25　L2572 波不同阻尼比结构响应时程曲线

图 2-26　L750-4 波不同阻尼比结构响应时程曲线

另外,从图 2-25(a)顶部位移时程对比曲线的图形可以发现,两个阻尼比下的结构振动曲线除了振动幅值有明显差别外,其振动周期在 50 s 以后也出现较明显的差别,0.08 阻尼比的曲线出现了振动周期"缩短"的现象,这一现象在文献[11]中进行了专门的讨论,认为阻尼较大且输入地震动满足一定频谱特征时,将有可能出现此特征。但振动响应周期的变化并不代表结构动力特性发生改变,是瞬态振动与稳态振动叠加的结果,关于该观点在第 4.4 节将做进一步的阐述。

2.2.3.6　对分析方法及减震设计的思考

1) 分析方法及计算结果合理使用

由前述分析可知,关于阻尼对结构响应的影响,两个方法存在较大差异,这让分析结果的合理使用面临着新问题。有必要对相关问题做进一步讨论。

首先,关于我国规范采用的反应谱曲线中的阻尼调整系数合理性是个相对复杂的问题,在采用拟加速度谱进行结构响应计算的情况下,阻尼的影响天然存在一些反常的现象。文献[12]从规范编制角度进行了较为深入的探讨,明确指出,2001 版的抗震规范给定的反应谱只适用于阻尼比小于 15% 的情况,当阻尼比大于这个数值时,阻尼减震的效果已不明显,甚至在长周期阶段会出现阻尼比越大,反应越大的反常现象。2010 版抗震规范做了适当调整,一定程度上降低了 15% 以上反应谱谱值,且确保 6 s 周期范围内基本不出现不同阻尼比曲线交叉显现象。但这些调整并未从根本上解决问题,一是 6 s 周期外仍存在不合理现象,二是阻尼修正系数基于对单自由度体系地震动响应均值或中值分析上,针对每条地震记录阻尼修正系数开展的拟合的工作尚少[13]。

基于本书案例分析的结果所显示的阻尼降低效果,反应谱法的降低程度明显小于时程分析结果,这一结果是不利于消能减震技术的推广使用的,因此提出如下的结果使用方案:

第一步:选择满足选波要求的 7 组地震波,进行非线性时程分析,获得附加阻尼比。

第二步:将附加阻尼比添加到结构输入参数的阻尼比中,重新进行弹性时程分析(不考虑阻尼器耗能),并对比与第一步分析的结构响应进行比较,若本步结果小于第一步结果,说明附加阻尼比过大,应进行调整,减小阻尼比重新计算,直到结构响应不小于第一步结果,将此阻尼比作为该波的减震结构阻尼比。

第三步:将第二步得到的平均阻尼比作为反应谱分析的阻尼比,进行反应谱分析,验算增大阻尼比后结构响应的降低程度,并与时程分析得到的平均降低程度进行比较,若反应谱结果小于时程结果的 80%,则根据时程结果 80% 的比例对反应谱结果进行调整。

该结果使用方案充分考虑了通过时程分析反应的阻尼比提高后实际地震响应的降低程度,并考虑了一定的安全余量,对于一些响应特殊的地震波,需要分析原因后选择剔除该数据,如果经分析认为其存在具有合理性,须根据其数值影响对结果做进一步放大处理。

2) 关于减震目标的合理设定与减震总体技术方案思考

按照《云南省建筑消能减震设计与审查技术导则》的位移减震目标——降低 25%,如果单纯从提高阻尼比的角度看,当非减震的阻尼比设定为 3.5% 时,采用时程分析方法实现这一目标,需要结构阻尼比达到 8%~10%(见表 2-8 数据),即大震附加阻尼比为 4.5%~6.5%。如果采用反应谱方法计算,则除了短周期结构(基本周期在反应谱平台段)勉强能实现外,其他周期的结构在 10% 以内的阻尼比范围内是无法满足的(见表 2-6 数据)。如果对于非减震结构阻尼比取为 5% 的钢筋混凝土结构,这种目标将更加难以实现。另外,对于采用速度型阻尼器的减震方案,罕遇地震计算的附加阻尼比一般更低[14],一般较难达到这么高的附加阻尼比。

因此对于消能减震结构如何科学合理制定减震目标有必要进一步研究。在此之前,可以根据表 2-5~表 2-8 的四个表格大致估计阻尼比与地震响应的降低关系确定减震方案。当需要对结构的位移进行控制时,除了单纯考虑提高阻尼比,应该合理考虑提高结构的刚度,即选用能同时提供刚度和阻尼的位移性阻尼器。在减震方案的论证过程中,合理确定非减震方案的基本参照模型很关键。当规范或相关规定对非减震方案有特别要求时,也需要满足相关要求,比如要求非减震方案的基本变形同时满足规范限值等。因此多种减震技术的联合使用经常是减震设计的优选方案,此外,选用合理的计算方法和合理确定计算模型有助于减震设计的顺利实施。

2.2.3.7 结论

本节基于一个实际工程案例,通过设置不同的计算模型,深入分析了阻尼取值对高层结构地震响应的基本影响规律特征,在此基础上讨论了计算方法的合理选用以及消能减震设计的相关问题,主要结论如下:

(1) 对比了时程分析与反应谱分析两种方法,结果显示,两种方法反映出的阻尼比对地震响应的影响呈现较大差异性,总体上时程分析法能获得更加显著的地震响应降低效果,并且这种差异性与结构的基本周期(高度)密切相关,当高度越大时,差异程度越大。

(2) 分析了阻尼对不同地震动能量输入与耗散的影响,结果表明,地震总输入能随阻尼的变化呈现多样性特征,但提高阻尼时瞬时能量输入一般呈降低趋势,从而实现结构响应降低。

(3) 讨论了脉冲型地震动对阻尼的敏感性,结果表明提高阻尼对脉冲型地震动的"削峰"作用不明显,阻尼作用更多体现在对后续振动衰减速度的影响上。

(4) 对减震分析方法、减震目标设定以及总体减震方案进行了探讨,提出一种新的计算分析流程,并提出了以位移为减震目标时的设计应对策略。

2.3 选波的基本原则

2.3.1 国内外不同规范关于地震波选择的基本规定

梳理了美国、欧洲、日本等不同国家规范关于地震波选择的相关规定,并与我国抗震规范的相关规定进行比较,具体见表 2-9。

表 2-9 不同国家规范对输入地震波的相关规定

规 范 名 称	相 关 规 定
美国 ATC-63	1. 备选记录震级大于 6.5 级别; 2. 记录的震源机制为走滑断层或逆冲断层; 3. 场址为岩石或硬土场址; 4. 断层距离大于 10 km; 5. 同一事件的地震波不少于 2 条; 6. 地震波的 PGA 大于 0.2 g,PGV 大于 15 cm/s; 7. 记录的有效周期至少达到 4 s; 8. 记录来自自由场址或小建筑的地面层

规 范 名 称	相　关　规　定
美国 ASCE-7-05	1. 地震波不应少于 3 条； 2. 在结构进行动态时程分析时，选取实际强震动记录的水平方向分量； 3. 强震动记录的地震震级、断层距离和震源机制要求与工程场地的相似； 4. 当备选记录的数量较少时，可选择人造强震动记录； 5. 对选取的强震动记录进行缩放，要求在 $0.2T \sim 1.5T$ 范围内，使缩放后记录 5% 阻尼的加速度反应谱均值不小于设计反应谱在该段的均值，其中 T 是结构的基本周期
美国 FEMA P-58	1. 确定目标响应谱，并从备选地震动记录中选择地震波； 2. 地震波不少于七组，当与目标谱匹配性差时，应增加到十一组或更多； 3. 为每一组地震动构建几何平均谱； 4. 在 $0.2T_{min} \sim 2T_{max}$ 周期范围内，选择几何平均谱的形状与目标谱相似的地震动，舍弃匹配差的地震动；T_{min} 和 T_{max} 分别为 X、Y 两个方向平动一阶周期的较小值与较大值； 5. 在两个方向平动周期均值的周期点上比较目标谱与几何平均谱的谱值，并根据两者比值同时对地震动两个分量进行缩放
欧洲 EUROCODE8	1. 对空间结构进行时程分析时，需在三个方向同时进行地震动时程的输入，且不可在水平方向输入两条一样的地震动时程； 2. 可以使用人造地震动时程、实际强震动记录或根据实际记录模拟的记录作为地震动输入； 3. 所选记录的震源机制、场地条件与实际场地条件相一致； 4. 所选记录反应谱在 $0.2T \sim 2T$ 周期范围内均值不小于 90% 的规范设计反应谱对应范围的均值，其中 T 为结构自振周期
日本规范	1. 通常选用三种波：实测波（天然波）、国家法定的人工模拟地震波（告示波）、根据场地设定的人工波；其中告示波与场地特征和结构本身特性无关； 2. 根据设计阶段对加速度大小加以调整； 3. 地震波调整主要考虑输入的能量大小，以速度表征，具体参考标准为最大速度，中震为 25 cm/s，大震为 50 cm/s； 4. 不同地震波最终输入的加速度峰值大小不同
中国 GB50011-2010	1. 应按建筑场地类别和设计地震分组选用不少于两组的实际强震记录和一组人工模拟的加速度时程曲线； 2. 其平均地震影响系数曲线应与振型分解反应谱法所采用的地震影响系数在统计意义上相符，加速度时程的最大值按规范表 5.1.2-2 所列地震加速度最大值采用； 3. 当取三组或七组及七组以上的时程曲线，须注意的是：(1) 当取三组时程曲线输入时，计算结果宜取时程法的包络值和振型分解反应谱法的较大值；(2) 当取七组及七组以上时程曲线输入时，计算结果可取时程法平均值和振型分解反应谱法的较大值

各国规范关于选波主要的比较结论如下：

（1）不同国家规范普遍强调地震波的响应谱与目标谱（规范谱）的匹配性，规定两者的谱形状在一定周期范围内具有一致性；

（2）国外规范未规定明确的地震波加速度峰值（PGA 或 EPA），而是强调根据与规范谱的相符程度按照一定规则对地震波进行缩放；日本规范则规定了地震波的速度大小标准；

（3）国外规范强调地震波两个水平分量的相关性，缩放调整时，采用同一个系数；

（4）国外规范对地震波进行缩放时，重点关注结构的主要振动周期范围的相符性，即考虑结构本身的特性，因此最终输入的地震动峰值将和结构的特性有关。

2.3.2　时程分析结果向反应谱结果"匹配"问题

小震设计阶段，时程分析主要是用来校核反应谱分析的结构内力和变形，但规范又规定选择地震波时，时程分析的总地震力要满足与反应谱分析结果的正负偏差范围。既然是校核反应谱的结果，又要求时程分析结果向反应谱结果"匹配"，似乎逻辑上存在不通。可能有工程人员会提出疑问：弹性设计时，免去复杂的时程分析，直接把反应谱结果放大 120% 进行设计，岂不更方便、更安全？对于这个问题的分析如下。

地震动具有很大的随机性和不确定性，对于确定的建筑物，究竟会遭遇什么样的地震，是没有办法预测的。正因为不可预测、不确定以及未知，地震才更让人们感到恐惧，抗震设计也才更具挑战性。但结构的设计必须是确定的设计，不可能是随机的设计或无限设防的设计，因此，国际上普遍采用的基于反应谱分析方法的抗震设计其实在一定程度上解决了地震动的随机性和不确定性问题。反应谱是基于大量真实地震动实测数据的结果生成并经一定处理后得到的，考虑了场地、烈度、震中距等参数的影响，是比较有代表性的。因此，规范反应谱的构建是选波的依据。当根据反应谱方法计算采用足够多的振型数量时，实际上也是能够反映结构高阶振型影响的。但是反应谱分析未能解决的问题是确定地震波输入下的随机响应问题，即地震动的频谱特性和结构动力特性的耦合激励出来的响应有时候是反应谱分析所不能反映的，也往往不是放大 120% 就能解决的。基于强震的非线性分析以及对结构破坏过程的模拟，更是反应谱分析无法实现的。基于此，采用实际输入地震动的时程分析来补充计算显得非常必要，尤其是天然波的输入计算。在选择地震波时，要求弹性分析的总地震力与反应谱结果满足一定正负偏差，实际上是认为符合这个标准的地震波更能代表反应谱建立时所依据的大量地震波的"统计平均值"；而仅要求底部总地震力满足这个标准，不是要求每层剪力满足此标准，即允许地震波偶然激励响应的客观存在，否则时程分析将失去"参考"的意义。

2.3.3　地震波"有效持续时间"和"有效计算时间"

王亚勇曾对地震波的有效持续时间做过明确解释，一是如何计算有效时间，二是有效时间的持续长度规定。笔者认为 5 倍的有效持续时间应该是最低限值，具体取多长除了依据结构的基本自振周期，还需要综合考虑地震波的实际振动情况，根据以往的项目经验，通常需要计算到结构的响应明显衰减。例如人工波的形状通常为梭形，较大振幅持续的时间较长,而对于一些短周期结构,可能需要计算到整个地震波完全振动结束。另外对于超高层结构,当周期较长时,比如 6 s 以上,结构的振动最大响应经常会相对于地震波输入峰值有较大的滞后性,而天然波的振幅本身衰减较快,这种情况下在满足 5 倍有效持续时间的前提下,需要确保结构的最大响应已经出现并有明显衰减。为了实现这一计算目的,有时需要增加"有效计算时间",即计算机计算的持续时间在地震波 5 倍"有效持续时间"之外应有一定延长,这部分计算时间对反映结构的最大响应通常而言是有意义的。

2.3.4 选波时基本周期点及高阶振型的综合考虑

一般认为,"遵循'在统计意义上相符'的原则选择天然地震波时,只要求所选的天然地震加速度记录的反应谱值在对应于结构主要周期点(而不是每个周期点)上与规范反应谱相差不大于 20%。这个要求只是一种参考,便于数据库管理员在数据库中挑选合适的记录。一般情况下,照此要求选择的地震波可以满足时程分析要求。但是,不宜将此作为检验地震波的标准,检验标准仍然是规范规定的结构底部剪力"。笔者觉得这个观点非常重要,如果所选择的地震波在每个周期点都与反应谱值满足较小的正负偏差(实际上很难,除非是人工波),肯定更容易满足总地震力的要求,但会失去实际地震动输入的多样性,时程分析对结构真正响应的评价就会大打折扣,也会失去"校核"的原本意图。有时候正是需要选择各种不同频谱特征的波,将结构的各种不利响应激发出来,以发现结构可能存在的薄弱环节,这对于基于强震的弹塑性分析可能是更为重要的。下面给出一个时程分析与反应谱分析的对比案例,可以充分说明这个问题。

该案例是一栋高度约 600 m 的超高层,基本自振周期 9.15 s,选择了 7 组地震波,2 组人工波,5 组天然波,从总地震力看,单条波以及 7 组波的平均值与反应谱的比值均满足规范的要求。以其中的 L0257 天然波为例进行说明。

L0257 地震波的总地震剪力是反应谱结果的 110%,但该波的反应谱曲线与规范谱在前三阶周期点上的差异程度均不满足 ±20% 的要求,第一周期谱值仅为规范谱的 35%,第二周期为 186%,第三周期为 52%,说明第二周期将可能激发更大的振动响应。从楼层剪力曲线和与反应谱的比值曲线上可以看出,34 层以下时程计算的剪力大于规范反应谱结果,比值在 100%~120% 之间;在这条地震波作用下 34~85 层结构振动形态中一阶振型比重较小,高阶振型效应明显,从楼层地震力曲线上也可以得到这个规律。楼层位移曲线则显示出时程计算结果明显小于反应谱结果,但层间位移角在上部 30 层则显著大于反应谱结果,也是高阶振型效应明显的表现。因此可以认为该波小于反应谱结果,最小比值仅为 49%;92 层以上基本都超过了 120%,最大为 136%。说明该地震波既满足了基本选波的地震力要求,又充分反映了结构震动响应的特征,起到了对反应谱分析结果的有益补充(表 2-10、表 2-11、图 2-27、图 2-28)。

表 2-10　时程计算总剪力与规范反应谱结果的比值

项　目	底部剪力	
	数值/kN	时程/CQC
CQC	316 000	—
L0257	348 710	110%

表 2-11　前三阶周期点上与规范谱值的比例

阶　次	周　期	规范谱	L0257	L0257/规范谱
1	9.15	0.061	0.02	35%
2	3.67	0.116	0.22	186%
3	1.84	0.208	0.11	52%

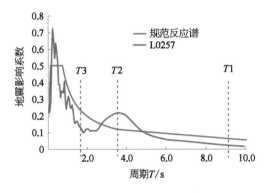

图 2-27　反应谱对比曲线

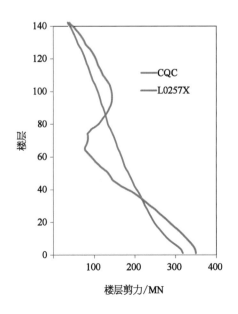
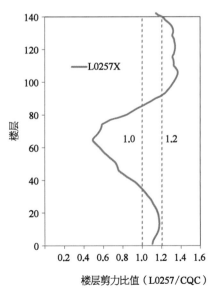

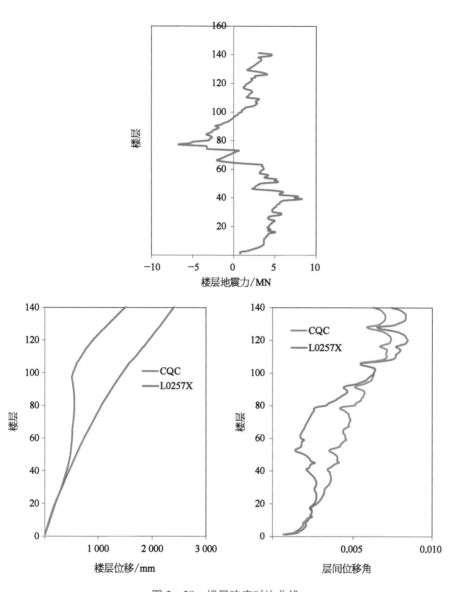

图 2 - 28　楼层响应对比曲线

2.3.5　大能量地震波的合理判断

近些年，业界对超高层结构抗震安全的重视程度不断提高，出现超限审查中对于重大项目把握的尺度越来越严的趋势，比如从关注 7 组波的平均值，到更加注重"大能量波"的结果，构件的性能目标也提得比较高等，这对于提高结构安全度是有好处的，但也会导致设计变得更加困难，结构成本也往往明显增加。笔者认为，在全国审查时，这些经验丰富的专家们通常也是比较理性和客观的，由于地震的不确定性，要确保这些重大工程的抗震安全，非常有必要搞清楚结构的破坏机制，通过"大能量波"的激励，发现结构可能的破坏机制和薄弱环节，整体指标仍可按照平均响应来控制。但是究竟如何理解这个"大能量波"，它是否就是"能量最大"的波呢？如果仔细推敲这个问题，可能会发现并非如此。

选取某 600 m 级超高层结构案例,选择地震波 7 组,双向输入,7 度大震,如表 2-12 和图 2-29 所示,根据时程分析与反应谱的对比结果,满足规范的基本剪力要求。

表 2-12 不同地震波底部总剪力汇总表

地 震 波	X 向底部剪力		Y 向底部剪力	
	数值/kN	时程/CQC	数值/kN	时程/CQC
CQC	425 977	—	424 844	—
L7501	421 037	0.99	396 854	0.93
L7504	414 712	0.97	420 739	0.99
L0055	353 161	0.83	382 026	0.9
L952	339 117	0.8	306 807	0.72
L2574	462 240	1.09	420 739	0.99
LMEX001	476 124	1.12	514 015	1.21
LMEX027	499 354	1.17	442 784	1.04
平均值	423 678	0.99	411 995	0.97

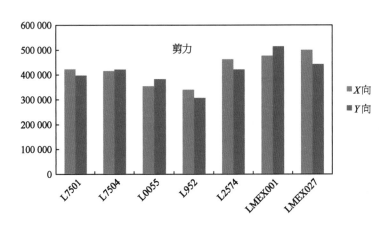

图 2-29 不同地震动的基底剪力对比图

由表 2-13 能量对比数据可知,总输入能大,并不一定意味着结构的响应大,典型的对比是 L952 与 L0055 地震波,两者的总输入能量基本相当,总地震剪力也差不多,但结构的最大势能相差较大,前者是后者的两倍,前者的破坏程度也更为严重。说明地震波的输入能量大,并不代表结构响应剧烈。若仅考察势能,L2574 与 L952 的弹性势能相当,但前者又比后者的破坏更为明显。因此试图通过地震动的能量判断可能给结构带来的破坏程度并不直接,但总的来看,结构存储的势能与破坏结果具有更好的对应关系。如果将结构势能与输入能量的比值作为一个参数,暂定义为"能量响应输入比",则有可能成为评价地震动破坏力的一个参考。如表 2-14 所示,L0055 的"能量响应输入比"数值最低,破坏较轻,而 L952、L2574 和 L7504 则明显较高,这些波的破坏力也相对更强。

表 2-13 不同地震波各部分能量汇总表

地震波	输入能量		势 能		动 能		阻尼耗能	
	X 向	Y 向	X 向	Y 向	X 向	Y 向	X 向	Y 向
L7501	4.61E+05	4.69E+05	1.00E+05	1.13E+05	1.57E+05	1.57E+05	4.42E+05	4.50E+05
L7504	4.65E+05	4.33E+05	9.64E+04	1.62E+05	1.45E+05	1.83E+05	4.49E+05	3.64E+05
L0055	3.04E+05	3.29E+05	5.49E+04	5.50E+04	8.98E+04	9.15E+04	2.93E+05	3.19E+05
L952	3.16E+05	3.09E+05	1.53E+05	1.51E+05	1.72E+05	1.73E+05	3.01E+05	2.96E+05
L2574	4.33E+05	4.33E+05	1.59E+05	1.62E+05	1.82E+05	1.83E+05	3.72E+05	3.64E+05
LMEX001	5.50E+05	5.18E+05	1.05E+05	1.10E+05	1.35E+05	1.26E+05	5.44E+05	5.14E+05
LMEX027	5.05E+05	5.25E+05	1.01E+05	9.18E+04	1.40E+05	1.33E+05	4.96E+05	5.16E+05

表 2-14 不同地震波的"能量响应输入比"

地 震 波	X 向	Y 向
L7501	2.17E-01	2.40E-01
L7504	2.08E-01	3.75E-01
L0055	1.81E-01	1.67E-01
L952	4.84E-01	4.87E-01
L2574	3.68E-01	3.75E-01
LMEX001	1.91E-01	2.13E-01
LMEX027	2.00E-01	1.75E-01

如果抛开对能量的考察(图 2-30),而是从频谱特征去分析的话,对比图 2-31 中7 组波的傅里叶幅值谱,也比较容易发现在 6~8 s 范围内,L2574 有明显的抬高,对于长周期的结构明显不利。但对于全部地震波的内力、破坏程度的反应也并非能做到全面。因此试图从单一参数去分析地震动的破坏力,都很难得到完美的结果。

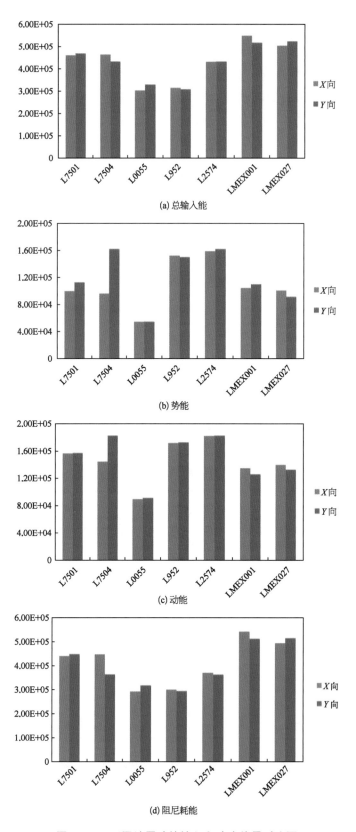

(a) 总输入能

(b) 势能

(c) 动能

(d) 阻尼耗能

图 2 - 30   不同地震动的输入和响应能量对比图

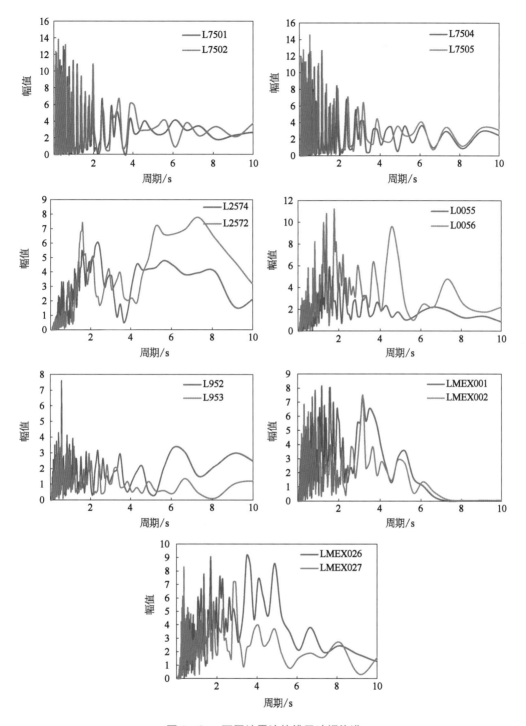

图 2 - 31 不同地震波的傅里叶幅值谱

　　地震动输入和结构响应关系的影响因素非常多,采用某个单一参数很难做到全面评价。本书提出的"能量响应输入比"也是一种探讨性的尝试,这个参数和原来熟悉的一些参数有什么关系,又有哪些因素会影响这个参数? 研究其与阻尼、自振动周期以及地震波功率谱的关系将有助于进一步理解能量与破坏的关系,并最终形成地震响应的快速预判方法。

2.4 地震动的有效峰值问题

2.4.1 有效峰值加速度(EPA)基本概念及提出的缘由

最大峰值加速度(PGA)通常是指地表地震动加速度时程中的最大值,在实测地震动时程中,PGA值常由一些脉冲型的高频尖峰所决定。大量的研究表明:加速度过程中个别非常尖锐的峰值对反应谱的影响不显著。胡聿贤[15]从结构抗震的观点出发,认为只有对结构反应有明显影响的量才是重要的。结构计算中发现,假设人为截去地震动加速度时程中的少量最大尖峰,尽管PGA值降低较多,但对加速度反应谱的影响很小。本文选取两条典型的地震波,调整PGA为 220 cm/s^2,两条波都具有明显的尖峰,截去尖峰数据后,PGA分别为 166 cm/s^2 和 161 cm/s^2,比较原始地震波和截峰后地震波的反应谱曲线,如图 2-32 所示,曲线仅在平台段有细微差别,下降段基本重合,说明原地震波的PGA峰值并不能真正反映其强度特征。陈厚群等[16]通过研究指出,一方面是因为地震时震源释放出来的极高频的地震波只存在于震源附近,传播过程中会迅速衰减而消失;同时建筑物的刚性基础也会滤掉极高频的波。另一方面当地震动频率远离结构物自振频率时,由该地震动引起的反应与接近结构自振频率时的共振效应相比,影响甚小。因此认为PGA并不是反映地震作用的理想抗震设计参数,提出用EPA代替PGA。中国地震动参数区划图宣贯教材给出的地震加速度有效峰值的定义为:阻尼比为 5% 的加速度反应谱高频段的平均值除以放大系数[17]。尽管这一定义和国外规范相关定义略有差别,但由此看出,EPA的提出,最重要的目的是为了避免PGA瞬时脉冲尖峰对地震动实际能量的判断产生干扰。PGA是记录本身的峰值,和结构及所用的规范反应谱没有关系,而EPA则一定程度上考虑了后面两个因素。

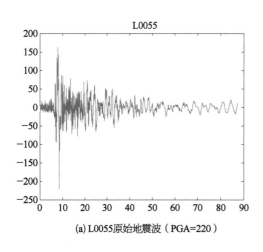

(a) L0055原始地震波（PGA=220）

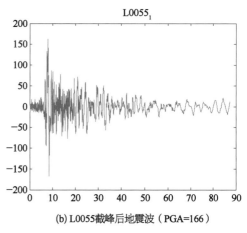

(b) L0055截峰后地震波（PGA=166）

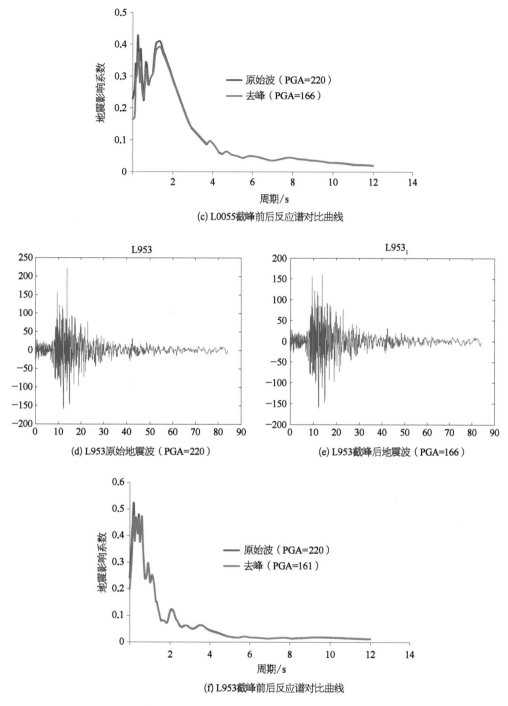

(c) L0055截峰前后反应谱对比曲线

(d) L953原始地震波（PGA=220）

(e) L953截峰后地震波（PGA=166）

(f) L953截峰前后反应谱对比曲线

图 2‑32　地震波瞬时峰值对反应谱的影响对比图

2.4.2　国内外规范中不同 EPA 计算方法

1) 美国规范

20 世纪 70 年代美国应用技术委员会 ATC‑3 结构抗震设计样本规范中将 EPA

定义为：阻尼比为 5% 的地震动加速度反应谱中周期 0.1~0.5 s 间的平均反应谱值，除以这个周期范围内的平均动力放大系数（2.5）。20 世纪 90 年代末，美国地质调查局（USGS）的全国地震危险区划图中[18]，把有效峰值加速度取为 $EPA = \overline{S}_a(0.2)/2.5$。

2）中国地震动参数区划图

第四代《中国地震动参数区划图》（GB 18306—2001）编制过程中取 $EPA = \overline{S}_a(0.2)/2.5$。第五代《中国地震动参数区划图》（GB 18306—2015）在附录 F 中有："图 A.1 中地震动峰值加速度按阻尼比 5% 的规准化地震动加速度反应谱最大值的 1/2.5 倍确定。"且在术语定义中对于"地震动峰值加速度"的表述为"表征地震作用强弱程度的指标，对应于规准化地震动加速度反应谱最大值的水平加速度"。由此看出，四代图和五代图均采用了有效加速度的概念，五代图强调"加速度反应谱"的最大值，且不再明确为 0.2 s 周期对应的反应谱值，因此可认为五代图的 EPA 计算表达式为 $EPA = S_a(T'_d)/2.5$，$S_a(T'_d)$ 为 5% 阻尼比反应谱的最大值。

3）我国抗震规范

我国《建筑抗震设计规范》（GB 50011—2010）规定在采用时程分析法时，加速度时程的最大值可按表 5.1.2-2（即表 2-15）采用，但在正文中并未明确"加速度时程的最大值"到底是 PGA 还是 EPA。

表 2-15　时程分析所用地震加速度时程的最大值　　　　　单位：cm/s²

地震影响	6 度	7 度	8 度	9 度
多遇地震	18	35(55)	70(110)	140
罕遇地震	125	220(310)	400(510)	620

注：括号内数值分别用于设计基本地震加速度为 0.15 g 和 0.30 g 的地区。

规范的条文说明中有如下表述：

"加速度的有效峰值按表 5.1.2-2（即表 2-15）中所列地震加速度最大值采用，即以地震影响系数最大值除以放大系数（约 2.25）得到。"由此可见，正文中的"最大值"指的是"有效峰值"，可以理解为 EPA。但条文说明中的这句话从字面上仍然可以有两种不同的理解。

理解 1：根据地震影响系数最大值除以放大系数（约 2.25）得到有效峰值，且该数值的大小按照表 2-15 中所列地震加速度最大值采用。

理解 2：有效峰值的大小按照表 2-15 中所列地震加速度最大值取用，该最大值的数字是按照地震影响系数（规范谱）最大值除以放大系数（约 2.25）得到的。

如果是第一种理解，则条文说明明确了 EPA 的计算方式，如果是第二种理解则没有明确 EPA 的计算方式。从字面直观表述来看，应该更接近于第二种理解。

上一版《建筑抗震设计规范》（GB 50011—2001）的相关表述同上。

通过梳理国内外的相关规范和研究，EPA 的不同计算方式汇总如表 2-16 所示。

表 2-16　EPA 计算方法汇总

出　　处	定　　义	计算表达式
美国 ATC-3	阻尼比为 0.05 的地震动加速度反应谱中 0.1~0.5 s 间的平均反应谱值，除以这个周期范围内的平均动力放大系数 β（取 2.5）	$EPA = \bar{S}_a(0.1 \sim 0.5)/2.5$
美国地震危害区划图（USGS）	用加速度反应谱对应 0.2 s 处的谱值除以动力放大系数 β（取 2.5）	$EPA = \bar{S}_a(0.2)/2.5$
《中国地震动参数区划图》（GB 18306—2001）	同美国 USGS	$EPA = \bar{S}_a(0.2)/2.5$
《中国地震动参数区划图》（GB 18306—2015）	阻尼比 5% 的规准化地震动加速度反应谱最大值的 1/2.5 倍	$EPA = S_a(T'_d)/2.5$
《建筑抗震设计规范》（GB 50011—2010）	条文说明"以地震影响系数最大值除以放大系数（约 2.25）得到"	$EPA = S_a(T'_d)/2.25$

由表 2-16 可知，国内外不同规范中的 EPA 计算方式尽管不完全统一，但基本表达形式一致，均是采用加速度反应谱进行反算，仅仅是分子和分母的取值略有不同，这也导致了 EPA 的最终计算结果存在差别。这两个影响因素分别为：一是动力放大系数 β 的取值大小，二是地震波的加速度反应谱曲线上的参考谱值确定方法。前者涉及不同规范的相关规定，目前尚未统一，但仅仅是 2.5 和 2.25 的 10% 左右的差别，暂不讨论。第二个因素的影响程度较大，特做如下分析。

地震动加速度反应谱的谱值在 0.1~0.5 s 内取均值、取最大值，与固定在 0.2 s 处取值，所得结果差别较大。相关研究表明，通过对不同震级和震中距的基岩强震记录统计分析发现，就统计平均而言，与强震记录加速度放大系数谱的最大值对应的周期是 0.2 s，与 USGS 的取法吻合。尽管如此，笔者认为这种取值方法在逻辑上存在较大的问题，因为 0.2 s 是大量地震波统计平均的结果，具体到某一条波，加速度反应谱在 0.2 s 处的数值对于该地震动是不具有代表性的，理论上 $\bar{S}_a(0.2)$ 可以是从最小到最大的任意数值，通过这种取值最终获得的 EPA 将具有极大的不确定性。导致这个问题的根本原因在于将统计平均规律用于单个个体。笔者更支持在加速度反应谱某一时间区间内取平均的做法，类似 ATC-3 的做法，但区间如何取、平滑处理如何做、平均值如何求是需要进一步深入研究的几个问题，最终的做法将很大程度影响 EPA 的计算数值。

2.4.3　基于不同计算方法的地震波 EPA 调整案例对比

1）不同方法的调整系数分析

编制可实现 EPA 目标值调整的地震波数据处理程序，基本框架见图 2-33。

图 2 - 33　EPA 转化程序框架图

以合肥某超高层项目所用 7 组(14 条)地震波为例,分别采用三种方法对其有效峰值进行计算调整,方法一的 EPA 根据加速度谱在"平台段"的均值与动力放大系数 2.25 的比值获得,方法二选取的参考谱值为 0.2 s 周期处的谱值,方法三则为"平台段"的最大值。这里的动力放大系数均按抗震规范的 2.25 确定,反应谱的关注周期范围从 0.1~0.5 s 调整为 0.1 s~T_g,这种周期范围的细微改变不会明显影响 EPA 计算结果。在计算 EPA 过程中,本文不对地震波加速度反应谱做光滑性处理,因为该处理的不同操作过程具有很大不确定性,将进一步导致 EPA 计算的差异因素不好把握;另外,光滑性处理一般适用于具有一定数量样本的统计结果,在针对具体一条波时,反应谱上的任何一个数据都代表该波对应于一个周期的响应,光滑性处理将导致该波强度的失真。

7 度设防 EPA 统一调整到 220 gal,乘以调整系数后即为时程计算时输入的 PAG 峰值。表 2 - 17、图 2 - 34 分别给出不同方法计算所得 EPA 调整系数及对比柱状图,图 2 - 35 则为不同调整方法所得地震波反应谱与规范谱的对比图。对相关图表数据进行分析后得到如下规律特征:

(1) 不同的调整方法对于人工波影响差别较小,且调整系数在 1.0 附近;对于天然波影响较大,以 LMEX026 波为例,不同的调整方法得到的调整系数相差超过 2 倍。

(2) 对于不同波,调整系数可能大于 1.0,也可能小于 1.0,且对于不同调整方法,各波调整系数的大小规律并不一致。调整方法三所得调整系数普遍小于 1.0。

(3) 采用 EPA 后不同地震波与规范反应谱的相符程度未必提高。

表 2 - 17　基于不同调整方法的 EPA 调整系数

类　型	地震波组	方向	地震波	调整方法一调整系数	调整方法二调整系数	调整方法三调整系数
人工波	L7501	主	L7501	1.094	1.133	0.967
		次	L7502	1.090	1.060	0.951
	L7504	主	L7504	1.061	1.120	0.926
		次	L7505	0.987	1.028	0.890

类　型	地震波组	方向	地震波	调整方法一调整系数	调整方法二调整系数	调整方法三调整系数
天然波	L0055	主	L0055	1.469	1.629	1.066
		次	L0056	1.009	0.885	0.674
	L952	主	L952	0.897	0.963	0.748
		次	L953	1.134	0.948	0.809
	L2572	主	L2572	1.671	1.824	1.355
		次	L2574	1.667	1.929	1.223
	LMEX001	次	LMEX001	0.956	0.897	0.767
		主	LMEX002	1.160	1.205	0.907
	LMEX026	主	LMEX026	0.877	1.136	0.480
		次	LMEX027	0.939	1.237	0.638

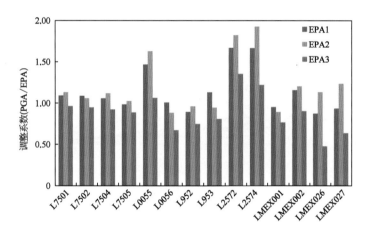

图 2-34　对应于不同 EPA 计算方式输入峰值调整系数对比

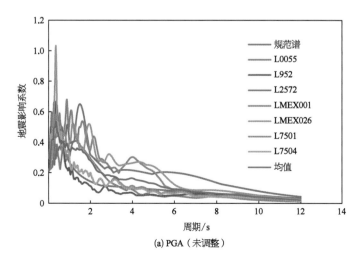

(a) PGA（未调整）

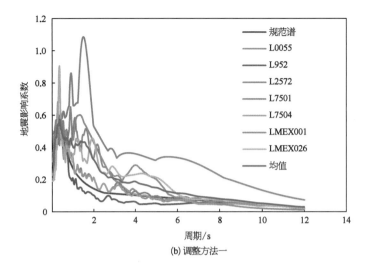

(b) 调整方法一

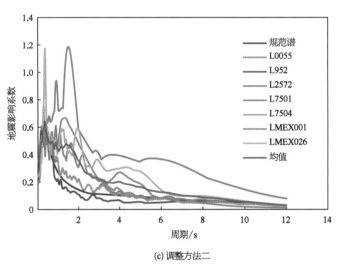

(c) 调整方法二

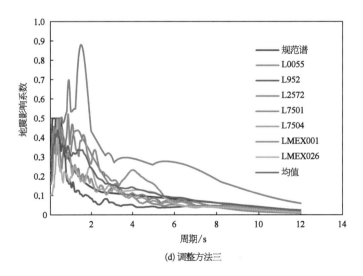

(d) 调整方法三

图 2-35　不同调整方法地震波反应谱与规范谱的对比曲线

2）影响调整系数大小的原因分析

由以上分析看出，PGA 存在瞬时尖峰的干扰影响，而 EPA 又存在计算方法不统一导致数值的不确定性，并且这种不确定性尚未合理估计。

显而易见，对于一条地震波，若 PGA＞EPA，在时程计算时需要将这条波的输入峰值乘以一个大于 1 的系数，以使得其 EPA 达到目标值，此时可认为采用 EPA 的计算结果大于 PGA 结果。因此该系数是判断采用 EPA 计算结果大小的重要参数。要想搞明白该系数的大小问题，需要首先理解清楚 EPA 调整系数的本质含义，可通过以下简单变换帮助理解。

对于某地震波，其动力放大系数的计算表达式可写为：

$$\beta = \frac{S_a}{PGA} \qquad (2-17)$$

由式(2-17)得：

$$PGA = \frac{S_a}{\beta} \qquad (2-18)$$

根据 EPA 的计算表达式：

$$EPA = S_a / \bar{\beta} \qquad (2-19)$$

式(2-18)、式(2-19)相除得：

$$\frac{PGA}{EPA} = \frac{\bar{\beta}}{\beta} \qquad (2-20)$$

式(2-4)清晰地给出了当前通常采用的 EPA 调整系数的本质含义：最大动力放大系数的统计均值与所考察具体波的动力放大系数的比值。若所考察地震波的动力放大系数小于通常采用的统计数值，则调整系数大于 1，反之则小于 1。

式(2-4)从表面上看，并未反映出 EPA 对高频脉冲峰值的关系。实际上，若某条地震波存在明显的高频脉冲峰值时，其反应谱的最大动力放大系数往往较低，此时所得EPA 的调整系数一般是大于 1 的，即时程计算时需要放大输入峰值。这种情况非常符合常规概念，如前文曾给出的 L0055 波，按照三种 EPA 的计算公式，所得调整系数均大于 1。但并非所有的调整系数大于 1（动力放大系数较小）都是因为高频脉冲引起的，如 L2572，这条波的动力放大系数在规范谱的平台范围较低，但最大值出现在平台以外，见图 2-36。这种情况是由于平台段范围内的谱值较低导致的 EPA 调整系数较大。

鉴于此，可根据脉冲特性将地震波分为三类：Ⅰ型波、Ⅱ型波和Ⅲ型波。Ⅰ型波瞬时脉冲峰值不明显，且反应谱平台出现的周期范围与规范谱差别不大，此时计算所得EPA 与 PGA 差别较小（大部分人工波和部分天然波属于此类）；Ⅱ型波存在明显的瞬时脉冲峰值，使得 EPA 计算值偏低（一般出现在近场天然波中）；Ⅲ型波脉冲峰值也不

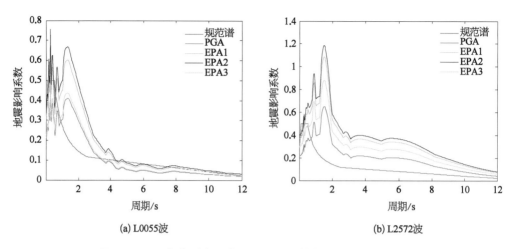

(a) L0055波　　　　　　　　　　　　　　　(b) L2572波

图 2-36　两条典型地震波不同 EPA 调整方式反应谱对比曲线

明显,但反应谱平台出现的周期范围与规范谱差别较大,导致 EPA 计算值与 PGA 差别较大(部分长周期特性明显的地震波属于此类)。

2.4.4　基于 EPA 选波对时程分析及结构性能评估的影响

钟菊芳等[19]对金沙江流域上 12 个工程场点进行地震危险性分析,得到各个场点在不同年超越概率下基岩 PGA 和 EPA 值,并进行比较,结果表明两者的大小并不具有一致性规律,而是和年超越概率、场点周围的潜源分布形式和震级上限大小有关。文献[17]比较了 EPA 与 PGA 的比值依震级随震中距的变化规律,结果表明在统计平均的意义上两者基本相同。龙承厚等[20]通过研究 2008 年汶川地震和攀枝花地震的加速度记录数据,分析 EPA 和 PGA 的对比结果,得出 EPA 与烈度相关性较之 PGA 与烈度的关系更为密切的结论。

上述相关研究仅为针对地震动参数本身的研究,探讨用以表征地震强度特征的合理化参数表达方式,并未系统研究采用不同峰值表达形式对结构进行时程分析以及在结构性能评价中存在的差异性。目前在采用 EPA 进行选波并进行结构时程分析时,经常在理解上存在三个误区:① 认为根据 EPA 选出的波离散性更小;② 认为根据 EPA 选波更容易满足规范的选波要求;③ 认为 EPA 更能反映结构的实际破坏程度和破坏机制。这是由于:

(1) 从统计性方面来看,已有研究表明[21],关于地震波峰值没有哪一种幅值定义的离散性较其他定义明显小,即各幅值定义在统计方面无明显差别,本文前述案例也表明了这一规律。

(2)“选波”是按照场地类别(以 T_g 为表征)进行,与 EPA/PGA 无关。EPA 调整与美国规范(如 FEMA P-58)中所说的对地震波进行“缩放”是两个不同的概念,两者有本质的区别。EPA 调整仅仅是对地震波本身的调整,不涉及结构特性,其最初目的是为了避免 PGA 瞬时尖峰带来的干扰,而不是为了通过 EPA 调整使本来不满足规范要求的地震波调整后满足要求。后者的峰值"缩放"则和结构特性相关,完全是为了获得满足和规范谱相一致的输入地震波——在关心的周期点地震动的两个分量的几何平均谱与规范谱相符。所以,如果按照美国规范的做法重点强调反应谱形状一致并通过缩放满足在结构基本周期点上相符的话,则无须关注到底是 EPA 还是 PGA 输入了,EPA 的调整也将失去意义。因此,在满足选波要求方面采用 EPA 和 PGA 两者并无本质差别。不建议为了采用某条本不满足规范要求的地震波,而随意更改 EPA 系数的计算方式来强制其满足规范要求。

(3)对于具体的一个工程项目,如果单从 EPA 或 PGA 数值来看,采用不同的输入方式对计算结果可能存在较大的影响。但如果将 EPA 或 PGA 看作整个选波过程中的一环,同时结合规范对选波的其他要求,比如所选地震波加速度谱与规范谱的"统计相符",地震力满足正负偏差范围等,则会一定程度上减小两种输入方法的差别。无论采用 EPA 还是 PGA,最终在地震波输入上只差一个常数倍,两者的频谱特征没有任何差别,到底哪种更为不利,只需要看这个系数是大于 1 还是小于 1,从统计结果看,两种情况都有可能出现。根据 EPA 和 PGA 两种方法选波,最终确定的可用地震波组可能并不一致;对于同一组地震波,若采用 EPA 和 PGA 都能满足选波的各项要求时,两者所确定的最不利地震波也可能不同,所反应的结构破坏程度和破坏机制也可能有所差别,但两者并无优劣之分。

表 2-18 和表 2-19 分别给出了合肥某超高层结构采用 PGA 和 EPA 输入时,各条波地震剪力与 CQC 结果的比值。由此看出,不同输入方式所确定的适用地震波及最不利波并不完全一致,且这种不一致性所导致的计算结果大小受地震波的不确定性影响较大,并无统一性规律。

表 2-18 采用 PGA 输入时程地震力与反应谱方法的对比

项　　目	数值/kN	时程/CQC	数值/kN	时程/CQC
CQC	425 977	—	424 844	—
L7501	425 747	0.999	391 098	0.921
L7504	418 220	0.982	384 121	0.904
L0055	347 355	0.815	381 521	0.898
L952	341 831	0.802	310 240	0.730
L2572	692 909	1.627	635 371	1.496
LMEX002	345 057	0.810	299 486	0.705
LMEX026	659 193	1.547	600 418	1.413
平均值	461 473	1.083	428 894	1.010

表 2-19 采用 EPA(第一种计算方法)输入时程地震力与反应谱方法的对比

项　目	数值/kN	时程/CQC	数值/kN	时程/CQC
CQC	425 977	—	424 844	—
L7501	465 767	1.093	357 494	0.841
L7504	443 731	1.042	362 037	0.852
L0055	510 265	1.198	259 715	0.611
L952	306 623	0.720	345 864	0.814
L2572	1 157 851	2.718	380 234	0.895
LMEX002	400 266	0.940	258 178	0.608
LMEX026	578 113	1.357	684 627	1.611
平均值	551 802	1.295	378 307	0.890

尽管如此,按照 2.4.3 节提出的地震波分类,对于 II 型波,由于其存在明显的瞬时峰值,计算所得 EPA 通常小于 PGA,这在选波过程中还是具有现实意义的——规范要求时程分析的 7 组地震波的地震力平均值在反应谱结果的 80%～120%范围内,单条波在 65%～135%范围内,这就给 II 型波的 EPA 调整系数留下了较大的大于 1.0 的可调空间,使得该条地震波的结果能够更大程度地反映结构的破坏特征。如上例中的 L0055 波,PGA 与 EPA 的地震力都能满足规范要求,但后者明显增大较多。但如果 7 条波中已经存在其他波能够反应结构的破坏,则该 II 型波的 EPA 调整意义也将会降低。因此,在选波过程中不建议将平均值控制在贴近规范要求的下限,对于单条波计算地震力偏低时,可以考虑可能存在瞬时脉冲峰值的影响。

2.4.5　一种改进的 EPA 计算方法

由前述讨论可知,当前通常采用的 EPA 调整系数的本质含义为:最大动力放大系数的统计均值与所考察具体波的动力放大系数的比值。这种计算 EPA 的方法能够较为合理地滤去 II 型波瞬时脉冲峰值的影响,是更好的表征地震动强度的方法,但同时也存在一定缺陷:目前根据规范反应谱平台定义 EPA,即只考虑反应谱加速度控制段与之相关,暂未考虑速度和位移控制段,这将导致对于 III 型波的强度无法合理估计。III 型波主要表现为平台的周期范围与规范反应谱差别较大,且其长周期特征明显,这类波在高度较大的超高层结构时程分析中经常采用,如前文提到过的 L2572 波。L2572 波在规范的特征周期(平台)范围内,谱值明显偏低,但在 1.5～2 s 之间出现了较大数值,且在长周期范围内所有周期点上都大于规范谱值,按照前文介绍的常用的三种计算 EPA 的方法,其 EPA 数值都是明显小于 PGA 的,需要乘以大于 1.0 的调整系数再进行输入计算(图2-37)。这无疑是低估了该条地震动的强度,错误地对其进行了过大的放大输入。导致这一问题的根本原因在于:采用的EPA计算方法对地震波频谱特征的关注周期范围与地震波的实际能反应强度特征的周期范围不一致。

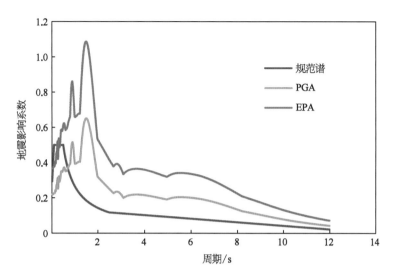

图2-37 L2572波采用PGA与EPA峰值时与规范谱的对比曲线

如何合理考虑EPA与速度段和位移段的相关性目前仍有困难,因为尽管规范谱可以清晰地划分为三段(加速度段、速度段和位移段),但将一条波确定为某一类型波却略显牵强,因为并没有明确的划分标准。一种好的EPA计算方法应该具有通用性和包容性,而不是根据不同的地震波特征选用不同的计算方法——这种做法将导致两种不被希望的后果:一是需要提前对地震波频谱特征做过多的分析判断(且缺少明确的判断标准),二是导致计算结果的随意性和不确定性。

鉴于此,在调整EPA时,本文建议不区分地震波的类型,而是局部修改EPA的计算表达式,这种修改是一种拓展性修改,使之适用性更强,能够适应所有波,除了考虑平台段相关外,还能一定程度上考虑平台段以外的影响。具体为:将式(2-5)所表达的EPA计算式调整为式(2-6)形式,式(2-6)分子中括号内第一项和式(2-5)分子项一致,为平台范围内反应谱的平均值;第二项为全周期范围内反应谱峰值与1.414的比值,也是一种平均换算的概念,可以捕获平台范围外周期内较大峰值的影响,若不存在平台外的较大峰值,则直接按第一项取值。该式具有极强的通用性和包容性,适合于所有Ⅰ、Ⅱ、Ⅲ型地震波,能够更加合理地反映不同频谱特征地震波的强度。

$$EPA = \bar{S}_a(0.1 \sim T_g)/2.25 \tag{2-21}$$

$$EPA = \frac{\max[\bar{S}_a(0.1 \sim T_g), S_a(T'_d)/1.414]}{2.25} \tag{2-22}$$

以前述L2572地震波为例,采用原计算方式EPA调整系数为1.67,而采用改进后的计算方法调整系数为1.08,反应谱对比曲线见图2-38。同时给出全部7组波(14

条)的调整系数对比情况(图 2-39)、按新的调整方法进行时程分析时所得地震力与反应谱的对比情况(表 2-20),可见新的调整方法与原有方法相比,人工波没有任何区别,Ⅱ型波差别也不大,Ⅲ型波有较大差别(L2572、L2574),说明新方法对Ⅲ型波的强度估计有明显的改进,对其他波则保持了相对的稳定性。

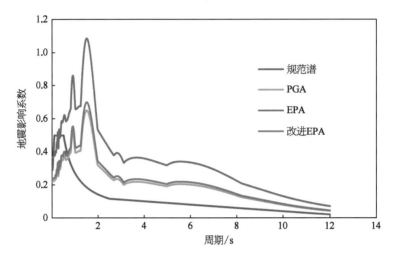

图 2-38 L2572 波采用改进方法 EPA 时与规范谱的对比曲线

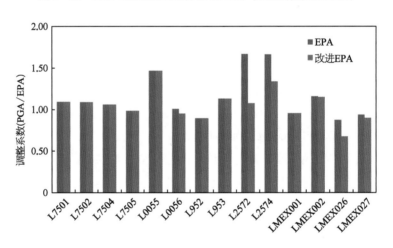

图 2-39 7 组波不同计算方法得到的 EPA 调整系数对比

表 2-20 采用 EPA(改进方法)输入时程地震力与反应谱方法的对比

项 目	数值/kN	时程/CQC	数值/kN	时程/CQC
CQC	425 977	—	424 844	—
L7501	465 767	1.093	427 861	1.007
L7504	443 731	1.042	407 552	0.959
L0055	510 265	1.198	560 455	1.319

项　目	数值/kN	时程/CQC	数值/kN	时程/CQC
L952	306 623	0.720	278 285	0.655
L2572	746 263	1.752	684 294	1.611
LMEX002	397 505	0.933	345 008	0.812
LMEX026	446 933	1.049	407 084	0.958
平均值	473 870	1.112	444 363	1.046

2.4.6　结论与建议

本节从地震动有效峰值加速度 EPA 提出的缘由、国内外规范对 EPA 的不同计算表达形式及案例对比、影响 EPA 调整系数大小的原因分析、采用 EPA 选波及计算带来对结构性能评估的影响等多个角度,对 EPA 相关问题进行了梳理和讨论,并提出一种相对更为合理的 EPA 计算表达式。主要规律和结论总结如下:

(1) EPA 提出的最初目的在于找到一种更为合理的评估地震动强度特征的参数,一定程度上避免 PGA 瞬时峰值的干扰。

(2) EPA 本身的计算方法尚未形成统一做法,不同调整方法得到的结果差异性较大,对这种不确定性带来的影响尚未形成合理估计,需要开展进一步的深入研究。

(3) 抗震规范目前采用的是 EPA,但表述不明确、操作不具体,导致在实际工程中通常未被执行,而采用简单便捷的 PGA。

(4) 采用 EPA 与 PGA 调整地震波输入,两者在所有时程加速度输入数据上只差一个常系数,该常数的本质含义为“最大动力放大系数的统计均值与所考察具体波的动力放大系数的比值”,可能大于 1,也可能小于 1,在加速度反应谱上也表现为谱值曲线沿纵轴的等比例缩放。

(5) “选波”是按照场地类别(以 T_g 为表征)进行,与 EPA/PGA 无关,EPA 和 PGA 选波在地震波与反应谱的匹配程度上不具有明显的优劣性。最终确定的可用地震波组可能并不一致;对于同一组地震波,若采用 EPA 和 PGA 都能满足选波的各项要求时,两者所确定的最不利地震波也可能不同,所反应的结构破坏程度和破坏机制也有所差别,但两者并无优劣之分。

(6) 当在选择地震波过程中,考虑“统计意义相符”的要求后,采用 EPA 和 PGA 所带来的结构性能评价的差异性将会降低。因此“统计意义相符”比地震波的峰值取用方法更为重要。该规律在长周期结构中表现得更为显著。

(7) 根据瞬时脉冲峰值特征,本文将地震波划分为Ⅰ型波、Ⅱ型波和Ⅲ型波三类,当前采用基于规范反应谱平台定义 EPA 的方法能够较好地处理Ⅰ型波和Ⅱ型波的强度评估问题,且对于Ⅱ型波的强度估计较 PGA 更为合理,但对于Ⅲ型波存在明显的不合理。

(8)本文提出"合理的 EPA 计算方法应具有良好的通用性和包容性"的原则,应避免根据地震波特征随意调整计算方法导致的 EPA 不确定性,并提出一种符合这种原则的改进的 EPA 计算方法,该方法适用于所有三类地震波,实际操作中可以不对地震波进行提前分类,除了考虑平台段相关外,还能一定程度上考虑平台段以外的影响。通过案例初步表明了其合理性。

(9)当前时程分析作为 CQC 的补充计算,输入应该与规范反应谱一致相关,否则无法对比。采用 EPA 还是 PGA 并无绝对优劣,建议在重大工程项目中,可以根据与目标谱的实际匹配性,对地震动参数进行初步评价后,再选择采用 EPA 还是 PGA,同一项目中的多条波可以采用 EPA 和 PGA 的组合。在计算 EPA 的调整系数时建议采用本文提出的改进方法。

2.5 地震作用输入的方向问题

2.5.1 最不利地震输入方向的本质及合理使用

在结构抗震设计中,目前普遍应用的专业程序通常会给出最不利地震输入方向的角度数值。所谓的最不利方向地震作用,即认为将结构的响应作为地震输入角度的函数,存在某一个输入角度,使得响应最大。所谓的响应最大,是哪个变量取得了极大值,是力还是位移?都不是,而是能量[22]。能量、力、位移三者一般并不具有同步性,即在最不利地震作用角度的方向输入地震作用时,所获得的总内力响应通常并非最大。而当前的规范体系还未直接采用能量法进行设计,位移也仅仅用来验算,满足一定限值即可,只有构件内力才被真正地用于杆件截面和配筋设计。从这个角度来看,"最不利地震作用方向"似乎并没有太大的实际意义,只有"最不利内力方向"在现阶段才更具价值。

在非线性时程分析中,最不利地震作用方向则更具意义,从"最不利地震作用"的角度去输入计算,有可能得到更严重的破坏状态,从而指导设计师采取针对性的措施。

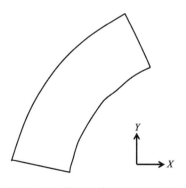

图 2-40 某工程的弧形平面形状

以某弧形平面的框架-剪力墙结构为例(12 层,平面形状见图 2-40),软件计算结果显示,第一振型在 137°方向,提供的最不利地震作用方向为 90.4°方向(这两个方向通常并不一致,相差也不在 90°附近)。

为了验算和比较各个方向地震作用的响应,将模型每隔 15°旋转一次角度,每一组的 X 向相当于模型转过角度的方向,Y 向则是与其垂直的方向;0 的 X、Y 向相当于 90°的 Y、X 向;每次从 X、Y 两个方向单独输入地震作用。根据图 2-41,各个输入角度的地震响应对比如下:

（1）无论内力还是位移，其最大值均不在软件给出的 90.4°"最不利作用方向"，而是在 45°和 137°方向，这两个方向大致相互垂直，正是主振型的方向。

（2）结构的最大应变能也出现在主振型及其垂直方向，并不在"最不利地震作用方向"。

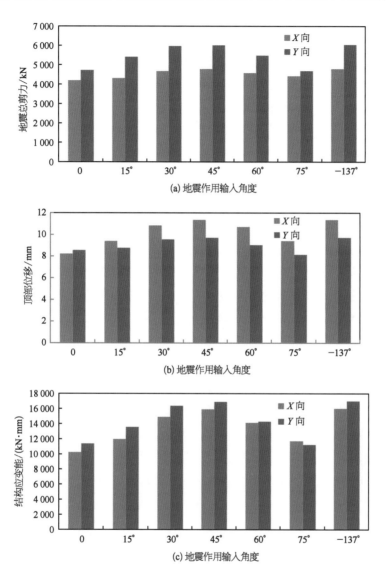

图 2 - 41　不同方向地震作用结构响应对比

关于上述结论的第（2）点，与"最不利地震作用方向"的基本概念似乎有悖。实际上数据统计的是地震输入方向上的能量，而能量本身是标量，用一个方向的内力和变形的乘积来衡量并不合适，特别当主振型方向和地震作用方向不一致时，差别更大，因此该结论并无意义（究竟按照标量能量计算方法是否可得到和基本定义一致的结论，需要更换具有该统计功能的程序来验证）。

由此可认为，从结构的主振型方向输入地震作用，比所谓的"最不利地震作用方向"可能更为不利。

2.5.2 斜向地震输入时不同操作方法的异同和使用建议

《建筑抗震设计规范》第5.1.1.2条规定:"有斜交抗侧力构件的结构,当相交角度大于15°时,应分别计算各抗侧力构件方向的水平地震作用。"该条规定的前提假设为:认为各构件的最不利方向水平地震作用与该构件平行,相交角度大于15°时就需要考虑该方向的地震(斜向地震)。相交角度为抗侧力构件与所采用坐标系两垂直轴之间夹角的较小值。

按照上面的规定,当需要计算斜向地震作用时,如何操作呢?常用的商用程序提供了两种办法,一种为改变整体模型的水平作用夹角,一种为补充斜交抗侧力构件附加方向角。这两种方法的差异性设计师通常较为熟悉,根据软件的技术说明,前者将水平作用的 X 向调整到所输入的角度,风和地震的输入都将转换到这个方向,并且结果统计也在这个方向(整体指标);后者则仅在所设定的方向增加地震作用的输入计算,总体剪力指标的统计仍在原坐标系中(但提供输入方向位移统计,这点比较有用),并且不影响风荷载输入。这两种方法的结构的模态分析都是在原坐标系下,即和后面的输入方向没有关系。

正是因为模态分析结果所在坐标系与作用输入方向所在的坐标系不一致,有部分专家学者对计算结果表示担心,希望采用概念更加清晰的方法进行计算,即直接将模型旋转一定的角度,把需要输入的斜向转到 X 向,在新的坐标系下进行模态分析和作用输入,以及结果输出,这样所有坐标系将完全统一。对于这种做法的要求已经在不少项目中被提出。实际上结构的动力特性是固有的,与采取坐标系的不同并无关系,换句话说,地震作用输入方向和振型方向之间的夹角并不会因为坐标系的不同而发生任何改变,因此振型在作用输入方向的分量就不会发生变化。这种力学本质是显而易见的。商用程序只要在处理上是基于正确的力学原理,其计算结果应该就不会有问题。

表2-21和图2-42为前述工程分别采用调整水平作用夹角以及直接旋转模型两种方法进行最不利地震作用方向输入时各层剪力的对比情况,不难看出采用两种方法进行计算时,所得各层剪力的相对差值均在0.1%以内,可认为是数值误差引起,即两种方法计算结果一样。

表 2-21 不同操作方法斜向地震输入层剪力对比

楼层	转模型角度		调整水平作用夹角		比 值	
	X 向/kN	Y 向/kN	X 向/kN	Y 向/kN	X 向	Y 向
12	499.55	542.03	500.17	541.33	100.124%	99.871%
11	990.31	1 244.7	990.91	1 243.21	100.061%	99.880%
10	1 756.51	2 204.26	1 757.6	2 202.51	100.062%	99.921%
9	2 319.08	2 911.5	2 320.76	2 909.95	100.072%	99.947%
8	2 720.15	3 389.38	2 721.93	3 388.27	100.065%	99.967%

楼层	转模型角度		调整水平作用夹角		比 值	
	X 向/kN	Y 向/kN	X 向/kN	Y 向/kN	X 向	Y 向
7	3 075.17	3 764.81	3 076.98	3 764.09	100.059%	99.981%
6	3 396.35	4 095.09	3 398.42	4 094.33	100.061%	99.981%
5	3 759.75	4 511.92	3 762.23	4 510.63	100.066%	99.971%
4	3 952.48	4 835.54	3 955.23	4 833.54	100.070%	99.959%
3	4 205.51	5 335.64	4 208.57	5 332.45	100.073%	99.940%
2	4 462.35	5 749.29	4 465.93	5 745.45	100.080%	99.933%
1	4 783.46	6 036.2	4 790.87	6 031.13	100.155%	99.916%

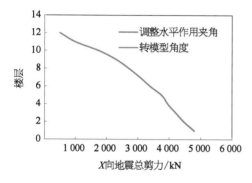
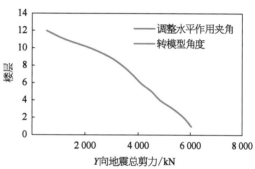

图 2-42 不同操作方法斜向地震输入层剪力对比曲线

如果采用补充斜交抗侧力构件附加方向角的方法进行计算,则程序将不在斜向输入方向统计楼层总剪力,仅提供该方向的位移结果。但对于构件内力计算结果,三种方法则是等同的。在进行组合工况设计时,地震力的计算采用哪种方法均是可行的。因此可认为,对于基于构件截面设计和楼层变形验算为目的地震输入分析,采用三种方法没有区别。只有当需要明确列出楼层总内力时,采用调整水平作用夹角或直接旋转模型的方法才更为方便。案例中典型构件内力对比见表 2-22,显示三种算法结果一致。

表 2-22 不同操作方法斜向地震输入典型构件剪力对比

构件	转模型角度		调整水平作用夹角		补充附加方向角	
	剪力/kN	弯矩/kN·m	剪力/kN	弯矩/kN·m	剪力/kN	弯矩/kN·m
1	51.9	129.7	52.0	129.8	52.0	129.8
2	48.5	122.6	48.6	122.7	48.6	122.7
3	42.3	108.2	42.4	108.3	42.4	108.3

2.5.3 次方向地震内力大小问题

当地震作用从某一个方向输入时,结构不仅会在输入方向得到内力和变形,在与输入方向垂直的方向也将得到内力和变形。本节只讨论垂直于地震输入方向的地震内力问题。为叙述方便,暂将这个内力定义为次向内力。对一般工程来说,次向内力与主输入方向内力相比,通常比例较低,如表 2-23 列出 12 个典型项目,次方向内力基本在 20%以内。

表 2-23 典型工程次向内力比例

序号	项目	X 向	Y 向
1	上海某工程	8.08%	7.72%
2	南宁某工程	5.10%	5.12%
3	合肥某工程 1	10.02%	9.83%
4	合肥某工程 2	6.93%	7.09%
5	北京某工程	19.92%	17.99%
6	天津某工程 1	3.05%	2.98%
7	天津某工程 2	15.49%	14.95%
8	山西某工程	8.50%	7.98%
9	山西某工程	3.44%	3.54%
10	深圳某工程	3.50%	3.49%
11	重庆某工程 1	12.42%	13.21%
12	重庆某工程 2	9.58%	9.68%

1) 次向内力产生的主要原因

当从一个方向输入地震力时,在垂直于输入方向同时产生内力。分析其原因,一方面是结构可能发生扭转,另一方面是结构的平动主振型的方向与输入方向不同。第一个原因对于构件内力有较大影响,整体扭矩导致外圈构件产生附加剪力,在垂直于地震输入方向存在分量。但对于结构的楼层总内力来看,则主要受制于平动振型的方向,这和振型分解反应谱法的基本特征有较大的关系。

2) 不同计算方法所得次向内力比例的差别

上面分析了导致次向地震力的主要原因,和反应谱方法本身原理有关。那么如果采用动力时程分析方法进行分析,结果会如何呢?下面以前述弧形平面的工程为例进行说明。该计算分为四种输入情况:CQC 单向、时程单向、CQC 双向和时程双向。由

图 2-43 可以看出，当采用 CQC 方法进行计算时，双向和单向差别较大；而采用动力时程分析方法进计算时，双向和单向的差别较小。这说明采用动力时程分析手段，结构次向地震力比例较低（图 2-43 所给时程结果数据为 7 组波的平均值）。

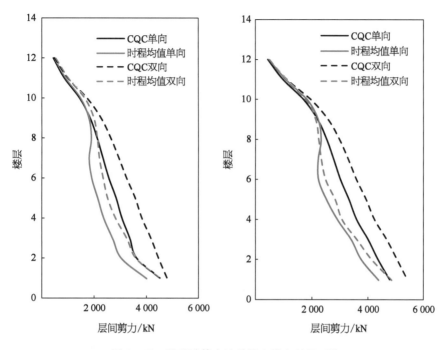

图 2-43 不同计算方法单双向输入结果对比

3）次向内力较大时的处理方法

对于单向地震输入，当存在较大的次向地震内力时，说明输入方向的总内力可能相对较小。此时最好补充主振型方向输入计算，或采用双向地震进行计算。

2.5.4 小结

（1）通常所说的"最不利地震作用方向"以能量为考察变量，从该方向输入时可能得不到最大的内力响应；构件设计时应着重考察主振型两个垂直方向以及与抗侧力构件平行方向的地震输入结果。

（2）"最不利地震作用方向"的 15°判断与斜交抗侧力构件方向的 15°判断，是两个不同的概念，应用目的也不同，建议根据需要合理采用和控制。

（3）调整水平作用夹角、旋转模型，以及补充附加方向角，三种操作方法对于所得构件内力没有区别，用于构件承载力设计时，可根据习惯选用；当需要明确给出楼层总内力时，须选用前两种方法。

（4）次向地震内力的存在主要由于平动振型与主输入方向不一致所致，且通常时程分析所得次方向内力比例比反应谱结果更低。采用双向输入的内力结果进行设计，将有助于降低漏掉实际不利作用方向的风险。

2.6 双向地震输入的符号问题

2.6.1 问题描述

通常进行结构弹塑性分析时,要求采用 7 组波,双向输入或三向输入,每组波从两个水平分量中选定一条主波,另外一条作为次波,主次之间的峰值比值为 1∶0.85,并分别从结构的两个主轴方向交换输入(通常为 X、Y 向),如此,共需计算 14 个工况。

为什么要进行双向地震输入,抗震规范中讲得很清楚,因为双向水平地震输入更能激发偏心结构的扭转偶联振动反应,可以充分反映偏心的不利影响。另外,强震观测记录到的地震动在两个垂直方向上的振动分量统计平均值比值约为 1∶0.85。国内外大部分抗震规范关于双向水平地震输入都有相应要求,只不过双向地震动的选取和组合方法有不同,具体可参考《结构双向水平地震输入问题探讨》(孙景江、柏亚双)。

本文仅讨论双向水平地震输入时的符号问题。该问题来源于一个超高层结构的弹塑性时程分析,在考察四个角柱的受拉情况时,发现一个对角方向上的柱子有明显受拉,而另外一个对角方向则未出现。结构基本对称,地震波输入也是三向输入,并交换了主输入方向。由此想到两年前在一个项目的超限审查会上有专家曾提出考虑改变地震波的正负号进行分析的建议,当时并没有重视这个问题,觉得改变符号再算一遍,7 组波则至少需要计算 28 次,对弹塑性分析来说这种要求会导致计算分析工作量翻倍。那么到底有没有这个必要呢?下面通过算例进行说明。

2.6.2 算例说明

以某 350 m 超高层结构为例,考察双向水平地震输入到底是否需要改变符号。该结构 X、Y 两个方向基本一致,扭转效应不明显。实际地震输入时,每一组波的两个方向的分量通常并不一样,为便于对比,在下面分析中两个方向按统一波形进行输入。分别进行 X 向单向输入、Y 向单向输入、X 向主输入的双向输入和 Y 向主输入的双向输入,两个单向的响应结果取包络,两个双向的响应结果取包络,并对两种包络结果进行比较。

从底部总剪力来看,单向输入与双向输入基本持平,双向输入略大,说明结构的扭转效应不明显(表 2-24)。

表 2-24 不同输入工况的底部总剪力   单位:kN

输入工况	FX	FY
单向输入	366 537	390 932
双向输入	366 788	391 136

下面给出 4 根角柱的内力，主要考察剪力和轴力（图 2-44）。双向输入时两个方向的剪力基本都比单向输入要大。但轴力则有些异常，四根柱中有一个对角线上的 A、B 柱双向包络的轴力仅有单向输入的一半，另外一个对角线的 C、D 柱双向比单向大 50%。由此判断，仅根据两个双向地震输入的结果，是无法包络角柱的轴力的，反而应该充分考虑单向输入的结果（表 2-25）。

图 2-44 柱编号在平面中的位置示意图

表 2-25 不同输入工况的角柱内力对比 单位：kN

柱编号	输入工况	FX	FY	FZ
柱 A	单向 X	3 795	348	123 745
	单向 Y	630	5 930	210 110
	单向 max	3 795	5 930	210 110
	双向 X 主	3 290	5 272	58 983
	双向 Y 主	2 632	6 127	106 249
	双向 max	3 290	6 127	106 249
	双向 max/单向 max	0.87	1.03	0.51
柱 B	单向 X	6 592	4 164	123 057
	单向 Y	4 129	8 854	213 197
	单向 max	6 592	8 854	213 197
	双向 X 主	10 102	10 677	61 794
	双向 Y 主	9 732	11 202	110 268
	双向 max	10 102	11 202	110 268
	双向 max/单向 max	1.53	1.27	0.52
柱 C	单向 X	7 957	769	199 062
	单向 Y	201	4 390	120 389
	单向 max	7 957	4 390	199 062
	双向 X 主	8 029	3 954	299 592

柱编号	输 入 工 况	FX	FY	FZ
柱 C	双向 Y 主	6 848	4 579	287 474
	双向 max	8 029	4 579	299 592
	双向 max/单向 max	1.01	1.04	1.51
柱 D	单向 X	6 489	925	200 853
	单向 Y	570	3 189	120 892
	单向 max	6 489	3 189	200 853
	双向 X 主	6 938	3 478	302 194
	双向 Y 主	6 044	3 841	289 950
	双向 max	6 938	3 841	302 194
	双向 max/单向 max	1.07	1.20	1.50

2.6.3 原因分析与对策

其实导致这个现象的原因很简单,尽管两次双向输入交换了主波的输入方向,但主次波合成以后的矢量输入方向基本上并没有改变,如果两个方向的比值为 1∶1(实际为 1∶0.85),则合成方向为 45°方向,即两次的输入都在这个方向,135°方向并未进行过输入,从整体倾覆导致的角柱轴力来看,自然是一个对角线上较大,另外一个对角线上较小。也可以认为:两次 X、Y 双向输入,都使得 A、B 柱的轴力相互抵消,C、D 柱的轴力相互叠加。反映在弹塑性分析结果中就有可能出现一个对角线上的柱子可能出现明显受拉,而另外一个对角线则没有。

解决这个问题的对策也很简单,也就是不但要调整主波的输入方向,还要考虑地震波的符号问题。如果按某位评审专家要求的全部改变符号再算一遍,将会增加一倍的工作量。如果完整考察的话,确实是需要 28 个工况组合,但如果仅仅在现有的 14 个工况的基础上,在第一次改变主波的输入方向的同时调整主波的正负号,将会使得第二次的合成矢量输入方向由大致 45°方向调整到大致 135°方向,如果认为地震波在正负方向的幅值大致相等的情况下,这种做法将是相对合理的。在不增加计算量的情况下,计算结果的覆盖范围将更为全面,包络性更强。

如表 2-26,采用变符号双向输入后,总地震基本不变。4 个角柱的剪力基本不变,但角柱的轴力在一个对角线明显增加,且各个方向上的结果趋于一致(表 2-27、图 2-45)。该结果认为更全面、更安全。

表 2‐26 不同输入方法总剪力

输 入 工 况	FX	FY
单向输入	366 537	390 932
双向输入	366 788	391 136
变符号双向输入	366 788	390 727

表 2‐27 采用变符号双向输入时不同输入工况的角柱内力对比　　　　单位：kN

柱编号	输 入 工 况	FX	FY	FZ
柱 A	单向 X	3 795	348	123 745
	单向 Y	630	5 930	210 110
	单向 max	3 795	5 930	210 110
	双向 X 主	3 290	5 272	58 983
	双向 Y 主	3 820	5 733	315 209
	双向 max	3 820	5 733	315 209
	双向 max/单向 max	1.01	0.97	1.50
柱 B	单向 X	6 592	4 164	123 057
	单向 Y	4 129	8 854	213 197
	单向 max	6 592	8 854	213 197
	双向 X 主	10 102	10 677	61 794
	双向 Y 主	3 555	8 413	317 605
	双向 max	10 102	10 677	317 605
	双向 max/单向 max	1.53	1.21	1.49
柱 C	单向 X	7 957	769	199 062
	单向 Y	201	4 390	120 389
	单向 max	7 957	4 390	199 062
	双向 X 主	8 029	3 954	299 592
	双向 Y 主	6 679	4 202	59 929
	双向 max	8 029	4 202	299 592
	双向 max/单向 max	1.01	0.96	1.51

柱编号	输 入 工 况	FX	FY	FZ
柱 D	单向 X	6 489	925	200 853
	单向 Y	570	3 189	120 892
	单向 max	6 489	3 189	200 853
	双向 X 主	6 938	3 478	302 194
	双向 Y 主	4 987	2 719	60 413
	双向 max	6 938	3 478	302 194
	双向 max/单向 max	1.07	1.09	1.50

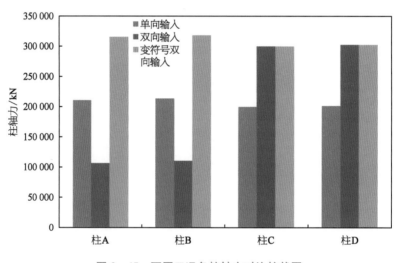

图 2-45　不同工况角柱轴力对比柱状图

另外,实际地震输入时两个方向的地震波并不完全一样,这种情况下,采用传统双向输入法得到的结果仍具有相同的问题,只是差别的程度不同,仍建议采用上面改变符号的输入方法。当结构沿一个方向的非对称性显著时,将有必要增加交换符号的次数,增加计算输入工况。

2.6.4　小结

讨论了时程分析中双向地震输入的符号问题,采用传统仅交换主输入方向的双向输入法,有时并不能包络单向输入的结果,尤其是倾覆效应明显时角柱(或靠近角部构件)的轴力差别较大,有可能低估设计内力需求,导致不安全。在不增加计算输入工况数量的情况下,建议每一组波在第二个双向输入交换主输入方向的同时,调整主波的符号,由此得到的结果覆盖性更强,设计更加偏于安全。

2.7 双向地震作用效应组合方法

2.7.1 问题描述

目前国内外设计规范中采用的双向水平地震作用下的效应组合方式主要有两类：一类是先进行两个方向的单向水平地震效应计算，后通过平方和开平方（SRSS）的方式进行方向组合，该方法得到包括我国《建筑抗震设计规范》和欧洲规范 Eurocode 8 在内的多部规范的采用；另一类是将两方向地震作用下的效应以一定比例线性叠加，该方法在欧洲规范 Eurocode 8、美国规范 ASCE/SEI7‐16 和美国加州规范 ACT‐32 等被采用。

王亚勇等[23]对规范中采用 SRSS 方法进行地震作用响应方向组合方法提出质疑，认为目前 SRSS 方法可能导致设计存在风险，提出一种新的组合方式，即在振型分解反应谱法中，先对单振型响应进行方向组合，再进行振型之间的 CQC 组合，其中在方向组合中考虑两个方向分量完全相关，采用 $1.0X \pm 0.85Y$ 的组合模式。算例表明，新的方法地震力可能增大 15% 以上。对设计影响较大，业内对此结论的合理性提出不少疑问。本部分基于 SRSS 的基本概念和地震动分量的相关性进行讨论，以帮助工程师对此问题形成相对清晰的理解。

2.7.2 问题剖析

SRSS 方法建立在随机独立事件的概率统计方法之上，也就是说要求参与数据处理的各个事件之间是完全相互独立的，不存在耦合关联关系。具体到处理两个方向地震响应组合时，即认为两个方向的地震分量是相互独立的两个随机变量，此时两个随机变量在每个时刻直接相加后得到一个新的变量，该变量的最值与原来两个变量最值的 SRSS 值在统计上应该是一致的，换言之，两个变量最值出现在同一时刻的概率是很低的。而当两个变量完全相关时，即表示两个分量的步调完全一致，最值发生在同一时刻，此时 SRSS 的估计将会偏低。

而实际的地震激励各分量之间的相关性比较复杂，较难判断其相关程度。完全不考虑相关性显然是偏危险的，而考虑其完全相关又会过高估计其不利响应，导致设计偏保守。下面以上海《建筑抗震设计规程》中推荐的 7 组小震地震波为例，说明采用不同方法带来的差别。

将地震动加速度进行归一化处理，即最大值为 1.0。将同一组波的两个分量直接逐点相加后取最值，得到"实际相关逐点叠加峰值"；将一组波的主分量与另外一条波的次分量直接逐点相加后取最值，得到"完全独立逐点叠加峰值"；将同一组波两个分量的最值按照平方和开平方得到"SRSS 组合"，先取最值后直接相加得到"完全相关组合"，先取最值后次向按照 40% 比例直接相加得到"40% 叠加组合"，具体见表 2‐28。同理，当考虑次向地震的影响比例分别为 10%、30%、50% 时，得到表 2‐29~表 2‐31，用以模拟不同扭转程度带来的次向力影响。对比数据见图 2‐46。

表 2-28　次向影响 100% 时不同组合方法数值对比

地震波	SHW1	SHW2	SHW3	SHW4	SHW5	SHW6	SHW7	均值
实际相关逐点叠加峰值	1.773	1.546	1.735	1.625	1.951	1.456	1.718	1.686
完全独立逐点叠加峰值	1.254	1.294	1.438	1.920	1.328	1.426	1.439	1.443
SRSS 组合	1.414	1.414	1.414	1.414	1.414	1.414	1.414	1.414
完全相关组合	2.0	2.0	2.0	2.0	2.0	2.0	2.0	2.0
40% 叠加组合	1.4	1.4	1.4	1.4	1.4	1.4	1.4	1.4

表 2-29　次向影响 30% 时不同组合方法数值对比

地震波	SHW1	SHW2	SHW3	SHW4	SHW5	SHW6	SHW7	均值
实际相关逐点叠加峰值	1.074	1.013	1.023	1.020	1.095	1.024	1.020	1.038
完全独立逐点叠加峰值	1.015	1.023	1.004	1.075	1.002	1.012	1.008	1.020
SRSS 组合	1.005	1.005	1.005	1.005	1.005	1.005	1.005	1.005
完全相关组合	1.1	1.1	1.1	1.1	1.1	1.1	1.1	1.1
40% 叠加组合	1.04	1.04	1.04	1.04	1.04	1.04	1.04	1.04

表 2-30　次向影响 30% 时不同组合方法数值对比

地震波	SHW1	SHW2	SHW3	SHW4	SHW5	SHW6	SHW7	均值
实际相关逐点叠加峰值	1.221	1.082	1.122	1.076	1.285	1.111	1.099	1.142
完全独立逐点叠加峰值	1.060	1.069	1.045	1.238	1.006	1.039	1.024	1.069
SRSS 组合	1.044	1.044	1.044	1.044	1.044	1.044	1.044	1.044
完全相关组合	1.3	1.3	1.3	1.3	1.3	1.3	1.3	1.3
40% 叠加组合	1.12	1.12	1.12	1.12	1.12	1.12	1.12	1.12

表 2-31　次向影响 50% 时不同组合方法数值对比

地震波	SHW1	SHW2	SHW3	SHW4	SHW5	SHW6	SHW7	均值
实际相关逐点叠加峰值	1.368	1.165	1.286	1.233	1.475	1.210	1.276	1.288
完全独立逐点叠加峰值	1.107	1.118	1.157	1.428	1.055	1.066	1.040	1.139
SRSS 组合	1.118	1.118	1.118	1.118	1.118	1.118	1.118	1.118

地 震 波	SHW1	SHW2	SHW3	SHW4	SHW5	SHW6	SHW7	均值
完全相关组合	1.5	1.5	1.5	1.5	1.5	1.5	1.5	1.5
40%叠加组合	1.2	1.2	1.2	1.2	1.2	1.2	1.2	1.2

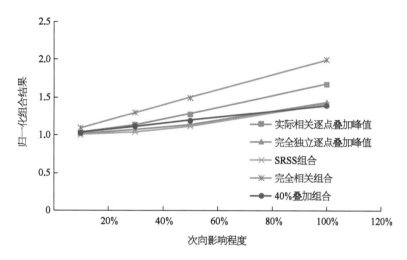

图 2-46　不同组合方法数值对比曲线

对图表数据进行分析,得到如下规律。

(1) 采用 SRSS 方法与完全不考虑地震动两个方向分量相关性时基本一致,但当次向本身影响程度较小时,SRSS 组合结果略小,这是由于当一个大数与一个小数进行平方和再开方时,小数的影响将被弱化,但绝对数值影响不大。

(2) 与考虑地震动两个分量的实际相关结果相比,SRSS 数值偏小,40%比例组合结果更加接近实际结果,但随着次向影响比例的增大,40%比例组合结果的误差也逐渐增大,甚至其结果低于 SRSS 结果。总体上,SRSS 与 40%比例组合较为接近,这与文献[24]的基本结论一致。

(3) 当采用完全相关组合时,其数值明显高于实际相关结果。当次向影响较大时,实际相关结果大约为完全相关组合与 SRSS 组合的平均值;但在次向影响比例不太大时,实际相关结果更加接近 SRSS 组合值。而实际地震中,剪力的次向影响程度一般并不会太大。

(4) 对于杆件轴力,特别是弯曲变形的高层结构的角柱轴力,次向影响的比例一般较高,需要引起重视。

2.7.3　应用建议

由以上分析可知,尽管 SRSS 组合方式在一些情况下存在低估结构扭转响应的风险,但低估的程度并不严重,采用"完全相关组合"的方式则夸大程度较大,因此并不建议直接采用这种完全组合的方式。为了弥补 SRSS 的潜在风险，可对现阶段的补充时程分析做适当改进，即弹性时程分析时采用双向输入，并考虑两个方向地震动分量的实际相关性，设计时取反应谱与时程包络值即可。

2.8 本章小结

本章对地震作用及输入中的若干问题进行了讨论，主要涉及反应谱曲线的三个基本问题，时程分析选波的五个问题，地震动输入的有效峰值、输入方向、输入符号以及地震作用效应的合理组合等。简要总结如下：

（1）在讨论分析真实谱、拟谱与伪谱有关概念的基础上，对规范反应谱曲线的基本特征和存在的焦点问题进行剖析；针对谱曲线的不同衰减形式，通过长、短周期两类结构案例，在不同场地和地震分组情况下，分别采用广东省性能规范与国家规范谱进行计算对比，总结了两者的差别规律特征，提出目前阶段的使用建议；分析了阻尼取值对高层结构地震响应的基本影响规律特征，在此基础上讨论了计算方法的合理选用以及消能减震设计的相关问题。

（2）比较了国内外规范选波的相关规定，分析了时程分析结果向反应谱分析结果"靠拢"的基本考虑和合理采用方式，以及对高阶振型的综合考虑，提出一种合理判断大能量波的方法。

（3）从地震动有效峰值加速度 EPA 提出的缘由、国内外规范对 EPA 的不同计算表达形式及案例对比、影响 EPA 调整系数大小的原因分析、采用 EPA 选波及计算带来对结构性能评估的影响等多个角度，对 EPA 相关问题进行了梳理和讨论，并提出一种相对更为合理的 EPA 计算表达式。

（4）对地震作用的合理输入方向、输入符号以及双向输入组合方式进行剖析，明确不同操作方式带来计算结果差异性，以及如何合理控制和采用。总体原则为在保证设计安全的前提下，提升工程师的操作便利性。

参考文献

［1］ Lin Y Y, Chang K C. Study on damping reduction factor for buildings under earthquake ground motions[J]. Journal of Structural Engineering, ASCE, 2003, 129(2): 206-214.

［2］ 魏琏,王广军.地震作用[M].北京:地震出版社,1991:19-23.

［3］ 龚思礼.建筑抗震设计手册[M].北京:中国建筑工业出版社,1994:66-68.

［4］ 张敦元,白羽,高静.对我国现行抗震规范反应谱若干概念的探讨[J].建筑结构学报,2016, 37(4):110-118.

［5］ DBJ/T 15-151-2019 建筑工程混凝土结构抗震性能设计规程[S].北京:中国城市出版社, 2019.

[6] 杨志勇,李桂青,瞿伟廉.结构阻尼的发展及其研究近况[J].武汉工业大学学报,2000,22(3)：38-41.

[7] GB50011-2010 建筑抗震设计规范[S].北京：中国建筑工业出版社,2010.

[8] 云南省建筑消能减震设计与审查技术导则[S].云南：云南省住房和城乡建设厅,2018.

[9] 合肥宝能中心 T1 塔楼超限高层建筑抗震设计可行性论证报告[R].上海：华东建筑设计研究总院,2017.

[10] 田启强,丰彪,王自法,等.地震总输入能自抵耗效应研究[J].地震工程与工程振动,2010,30(6)：65-70.

[11] 安东亚.罕遇地震作用下超高层结构位移响应周期缩短原因分析[J].建筑结构,2020,50(18)：91-95.

[12] 罗开海,王亚勇.关于不同阻尼比反应谱的研究[J].建筑结构,2011,41(11)：16-21.

[13] 张衡,朱敏,杨新格.地震反应谱阻尼修正系数的研究论述[J].地震工程与工程振动,2018,38(5)：129-138.

[14] 陈建兴,包联进,汪大绥.乌鲁木齐绿地中心黏滞阻尼器结构设计[J].建筑结构,2017,47(8)：54-58.

[15] 胡聿贤.地震工程学[M].北京：地震出版社,1988.

[16] 陈厚群,郭明珠.重大工程场地设计地震动参数选择[A].中国水利水电科学研究院 2000 年学术交流会议论文集[C],2002.

[17] GB 18306—2001(中国地震动参数区划图)宣贯教材[M].北京：中国标准出版社,2001.

[18] 易立新,胡晓,钟菊芳.基于 EPA 的重大工程设计地震动确定[J].地震研究,2004,27(3)：271-276.

[19] 钟菊芳,胡晓,易立新,等.最大峰值加速度与有效峰值加速度大小比例关系及影响因素探讨[J].世界地震工程.22(2)：34-38.

[20] 龙承侯,赖敏,余桦,等.地震有效峰值加速度与地震烈度相关性研究[J].四川地震.139(2)：26-31.

[21] Dow rick D J. Earthquake Resistant Design [M]. New York：John Wiley and Sons Press，1977.

[22] 黄吉锋,李云贵,邵弘,等.抗震计算中几个问题的研究[J].建筑科学,2007,23(3)：15-22.

[23] 王亚勇,陈才华,崔明哲,等.双向水平地震作用效应计算方法对比研究[J].建筑结构,2021,51(17)：10-15,33.

[24] 王健泽,戴靠山.基于中美抗震设计规范的双向水平地震效应组合方法的有效性评估[J].世界地震工程,2022,38(9)：1-10.

第 3 章

弹性响应规律

3.1 概述

尽管超高层结构在实际地震中通常表现出多种非线性或弹塑性特征,但基于弹性分析的响应规律认识仍然是整个抗震设计的基石,这种弹性分析包括概念分析、理论分析以及基于商业程序的数值分析,在过去很长一段时间内这些手段都是工程师认识超高层结构地震响应机理的重要手段,即便在当前非线性手段发展迅速的背景下,仍然不能忽视弹性分析的重要作用。借助这些手段,可以从更加底层的角度认识超高层结构地震响应的本质。本章将从分析超高层结构的振型特征出发,讨论高阶振型的基本规律、连体高层结构的振型参与变化、总地震力的响应规律、内力与变形的相关性及竖向地震响应规律等超高层结构地震响应的若干基本问题,为进一步理解更为复杂的非线性响应机理奠定基础。

3.2 高阶振型影响规律

超高层建筑的振型特征一般都比较明确,并不像空间结构那样呈现出密集振型特征。因此通过研究其振型参与特征,可以更好地理解超高层结构在地震作用下的响应问题。事实上不同超高层结构,即便在同一个地区,具有相同的高度和体系,其地震响应可能也有很大的不同。因此有必要思考一个问题:是否可以对超高层结构的振型进行优化控制,使之能够表现出我们所期望的特征,从而减小地震的不利影响。本节内容仅仅是为解决上面这个问题所做的一点准备工作:讨论关于基本振型和高阶振型的参与贡献。

3.2.1 基本理论推导

总体理论框架如下。

(1)将超高层结构简化为悬臂柱,质量和刚度均匀分布。首先根据伯努利-欧拉梁自由振动理论,建立振动微分方程,并得到振型函数的通解和一阶振型函数,进而得到一阶振型参与系数表达式和一阶振型参与质量系数表达式,对表达式进行参数分析,得到一阶振型贡献随楼层高度变化规律和下限值。

（2）在（1）的基础上改用假定振型法重新进行推导，得到一阶振型的贡献下限与伯努利-欧拉梁自由振动理论得到的结果是相同的，说明所假定的振型是合理的。

（3）在（2）的基础上，利用相同的方法，考虑刚度不均匀时，基本规律的变化，通过参数分析得到新的结论。

（4）在（2）的基础上考虑质量不均匀分布时，基本规律的变化，通过参数分析得到新的结论。

1）基于伯努利-欧拉梁自由振动理论的推导

将高层结构等效为均匀悬臂柱（梁），根据伯努利-欧拉梁自由振动理论，其自由振动可简化成：

$$(EIv'')'' + \rho A v'' = 0 \tag{3-1}$$

设为已知简谐运动，其方程为：

$$v(x, t) = V(x)\cos(\omega t - \alpha) \tag{3-2}$$

将式（3-2）带入式（3-1），得到特征值方程：

$$(EIV'')'' + \rho A \omega^2 V = 0 \tag{3-3}$$

式（3-3）可进一步简化为：

$$\frac{d^4 V}{dx^4} - \lambda^4 V = 0 \tag{3-4}$$

式中

$$\lambda^4 = \frac{\rho A \omega^2}{EI} \tag{3-5}$$

式（3-4）的通解可写成：

$$V(x) = C_1 \sinh \lambda x + C_2 \cosh \lambda x + C_3 \sin \lambda x + C_4 \cos \lambda x \tag{3-6}$$

在通解中有五个常数，四个幅值常数和特征值 λ，在计算这些常数时，需要利用端点的边界条件，关于边界条件的推导此处省略。进一步得到特征方程：

$$\cos \lambda L \cosh \lambda L + 1 = 0 \tag{3-7}$$

对特征方程进行数值求解，可得到特征值的表达式，进一步得到振型表达式：

$$V_r(x) = C\{\cosh(\lambda_r x) - \cos(\lambda_r x) - k_r[\sinh(\lambda_r x) - \sin(\lambda_r x)]\} \tag{3-8}$$

对于一阶振型：$k_1 = 0.734$

$$V_1(x) = \cosh\left(\frac{1.875\,1}{L}x\right) - \cos\left(\frac{1.875\,1}{L}x\right) - 0.734\left[\sinh\left(\frac{1.875\,1}{L}x\right) - \sin\left(\frac{1.875\,1}{L}x\right)\right]$$

$$\tag{3-9}$$

一阶振型的振型参与系数为：

$$\gamma_1 = \frac{\int_0^L V_1(x)dx}{\int_0^L V_1^{\ 2}(x)dx} \tag{3-10}$$

将式(3-9)带入式(3-10),整理得:

$$\gamma_1 = \frac{0.145\ 34L}{0.212\ 5/L} = 0.684L^2 \tag{3-11}$$

一阶振型参与质量为:

$$M_1 = \frac{(\{\varphi_1\}^T[M]\{R\})^2}{\{\varphi_1\}^T[M]\{\varphi_1\}} = \frac{m^2(\sum\limits_{i=1}^{n}\varphi_{i1})^2}{m\sum\limits_{i=1}^{n}\varphi_{i1}^{\ 2}} = \frac{(\sum\limits_{i=1}^{n}\varphi_{i1})^2}{\sum\limits_{i=1}^{n}\varphi_{i1}^{\ 2}}m \tag{3-12}$$

一阶振型参与质量系数为:

$$\frac{M_1}{nm} = \frac{(\sum\limits_{i=1}^{n}\varphi_{i1})^2}{n\sum\limits_{i=1}^{n}\varphi_{i1}^{\ 2}} \tag{3-13}$$

将式(3-9)带入式(3-13),并进行数字化,得到不同楼层(不同高度的)悬臂结构振型参与质量系数有如图3-1所示的规律。

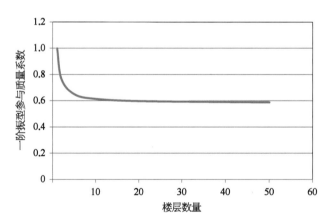

图3-1　一阶振型参与质量系数随楼层数量的变化曲线

(1) 随楼层数量增加,一阶振型参数质量系数逐渐降低;

(2) 超过10层以后一阶振型参与质量系数降低速度逐渐减慢,最终达到60%左右。

2) 基于假定振型法的振型参与质量系数推导

均匀悬臂柱在端部施加横向荷载 P 时,其挠曲方程为:

$$w(x) = \frac{PLx^2}{2EI} - \frac{Px^3}{6EI} \tag{3-14}$$

则可假定其一阶振型函数为：

$$\varphi(x) = \frac{Lx^2}{2} - \frac{x^3}{6} \qquad (3-15)$$

一阶振型参与系数为：

$$\gamma_1 = \frac{\int_0^L \varphi(x)dx}{\int_0^L \varphi^2(x)dx} = \frac{L^4/8}{0.026L^7} = \frac{4.8}{L^3} \qquad (3-16)$$

一阶振型参与质量为：

$$M_1 = \frac{\left(\int_0^L \varphi(x)\rho A dx\right)^2}{\int_0^L \varphi^2(x)\rho A dx} = 0.6L\rho A \qquad (3-17)$$

一阶振型参与质量系数为：

$$\gamma_{M1} = \frac{M_1}{M_{总}} = \frac{0.6L\rho A}{L\rho A} = 0.6 \qquad (3-18)$$

说明：由式(3-18)计算得到的悬臂梁一阶振型参与质量系数是考虑结构高度无穷大时的下限，与图3-1根据伯努利-欧拉梁自由振动理论得到的规律基本一致，验证了推导过程无误，振型假定合理。

3) 变刚度悬臂柱的振型参与质量系数推导

根据均匀刚度悬臂柱的假定振型，最好也采用变刚度悬臂柱的挠曲线函数来表示其一阶振型。但变刚度悬臂柱挠曲线的函数较为复杂，当采用复杂函数形式进行后续多重积分的推导时，将会带来较大的困难。因此考虑对等刚度挠曲函数进行适当调整，使其能够表征变刚度悬臂柱的曲线形状，重要的是能够合理反映与等刚度悬臂柱在任意点上挠度的差异规律，同时可以满足振动的边界条件，即认为是合适的，这并不违背假定振型法的基本原理，而且据此从定性上去研究两者振型参与贡献的规律也是可能的(图3-2)。

假定变刚度悬臂柱的挠曲函数为(只改变了第二项的正负号)：

$$\varphi(x) = \frac{Lx^2}{2} + \frac{x^3}{6} \qquad (3-19)$$

一阶振型参与系数为：

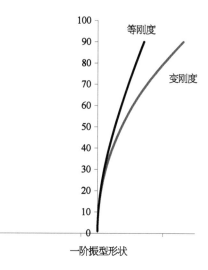

图3-2　变刚度和等刚度悬臂柱
一阶振型对比曲线

$$\gamma_1 = \frac{\int_0^L \varphi(x)dx}{\int_0^L \varphi^2(x)dx} = \frac{L^4 5/24}{0.081\,75L^7} = \frac{2.55}{L^3} \quad (3-20)$$

一阶振型参与质量为：

$$M_1 = \frac{\left(\int_0^L \varphi(x)\rho A dx\right)^2}{\int_0^L \varphi^2(x)\rho A dx} = 0.53L\rho A \quad (3-21)$$

一阶振型参与质量系数为：

$$\gamma_{M1} = \frac{M_1}{M_{\text{总}}} = \frac{0.53L\rho A}{L\rho A} = 0.53 \quad (3-22)$$

由式(3-22)可知,当结构的侧向刚度沿高度逐渐降低时,与等刚度相比,一阶振型的贡献将有所降低,换言之,高阶振型的贡献比例会增加。

4) 变质量悬臂柱的振型参与质量系数推导

对于等刚度悬臂柱,考虑质量沿高度发生变化,暂认为质量沿高度为线性分布,具体可反映在密度参数中,令其为高度的函数,底部密度为 ρ_0,质量分布系数为 k,顶部为 $k\rho_0$,任一高度处的密度为：

$$\rho = \frac{L-x}{L}\rho_0 + \frac{x}{L}k\rho_0 \quad (3-23)$$

一阶振型参与质量为：

$$M_1 = \frac{\left(\int_0^L \varphi(x)\rho A dx\right)^2}{\int_0^L \varphi^2(x)\rho A dx} = \frac{\left[\frac{1}{8} - \frac{11}{120}(1-k)\right]^2 L^8 \rho_0^2 A^2}{(0.175+0.768k)L^7\rho_0 A/36} = \frac{(0.2+0.55k)^2 L\rho_0 A}{0.175+0.768k} \quad (3-24)$$

结构的总质量为：

$$M_{\text{总}} = \int_0^L \rho A dx = \frac{k+1}{2}\rho_0 A \quad (3-25)$$

一阶振型参与质量系数为：

$$\gamma_{M1} = \frac{M_1}{M_{\text{总}}} = \frac{2(0.2+0.55k)^2}{(0.175+0.768k)(k+1)} \quad (3-26)$$

其分布曲线如图 3-3 所示,当质量分布系数为 0.5 时,一阶振型参与质量系数为 0.538,小于均部质量时的 0.6。说明当质量沿高度逐渐减小时,一阶振型参与的贡献会降低,高阶振型参与的贡献将提高；而当质量分布系数大于 1.0 时,说明质量上大下小,此时一阶振型参与质量系数将大于 0.6,参与贡献增大。

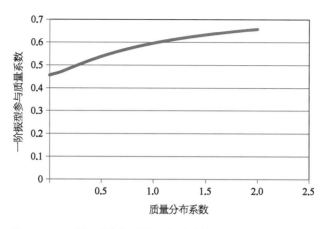

图 3-3 一阶振型参与质量系数随结构质量分布系数的变化

3.2.2 超高层建筑结构振型参与贡献案例梳理

表 3-1 统计了 8 栋 160～600 m 高度范围的超高层建筑结构的基本周期、振型参与系数、地震剪力贡献等指标。图 3-4～图 3-12 为每个项目各阶振型的具体参与曲线图，据此可以获得详细的数据支撑。

表 3-1 典型超高层结构振型贡献统计

序号	项　目	高度/m	基本周期/s	一阶振型质量参与系数/%	一阶振型基底剪力/kN	总基底剪力/kN	一阶振型基底剪力比例/%	一阶振型质量参与系数与基底剪力贡献比例之比
1	天津某超高层 1	597	9.53	46.59	78 466	121 165	64.76	0.72
2	天津某超高层 2	530	8.87	33.02	39 729	87 831	45.23	0.73
3	重庆某超高层	430.2	8.21	29.5	6 669	16 540	40.32	0.73
4	深圳某中心	350	6.46	62.89	25 224	30 334	83.15	0.76
5	合肥某超高层 1	295	6.97	58.7	16 905	23 414	72.2	0.81
6	山西某大厦 1	251.7	7.07	57.07	24 957	37 418	66.7	0.86
7	合肥某超高层 2	246.6	5.66	60.14	19 346	24 915	77.65	0.77
8	山西某大厦 2	161.5	3.11	62.76	20 285	31 268	64.87	0.97

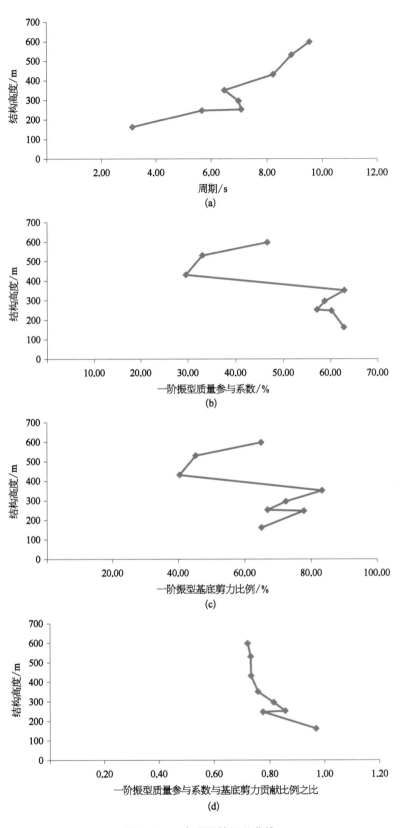

图 3 - 4　8 个项目的汇总曲线

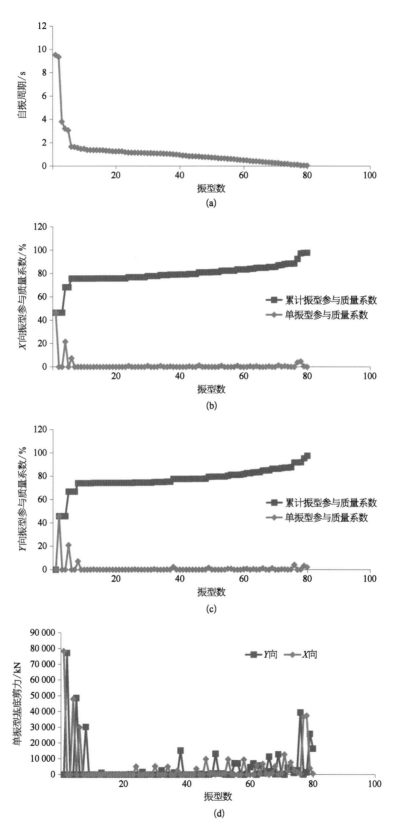

图 3 - 5　天津某超高层 1 项目的数据曲线

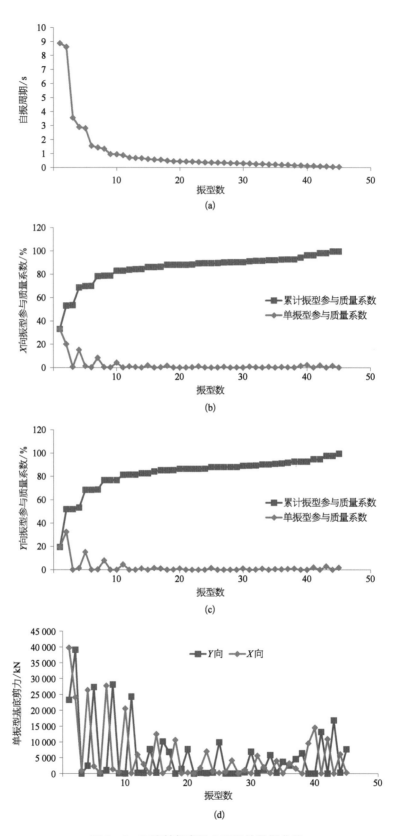

超高层建筑结构地震作用输入与响应

图 3-6 天津某超高层 2 项目的数据曲线

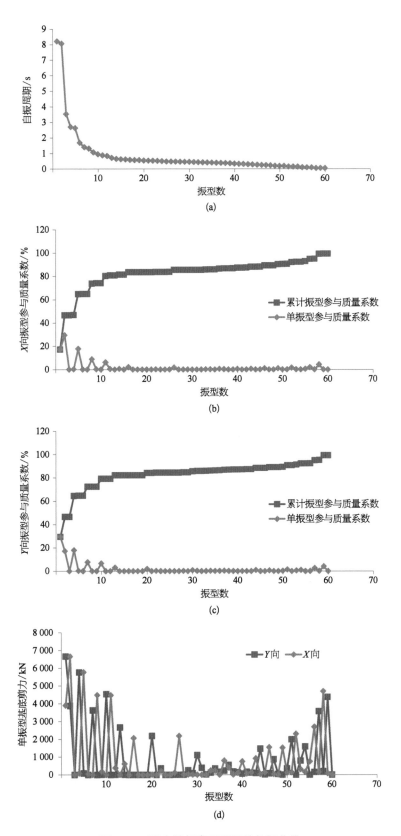

图 3-7　重庆某超高层项目的数据曲线

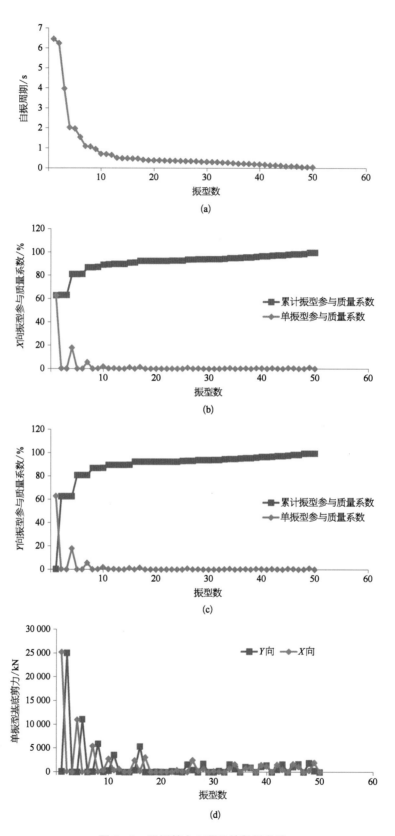

图 3 - 8　深圳某中心项目的数据曲线

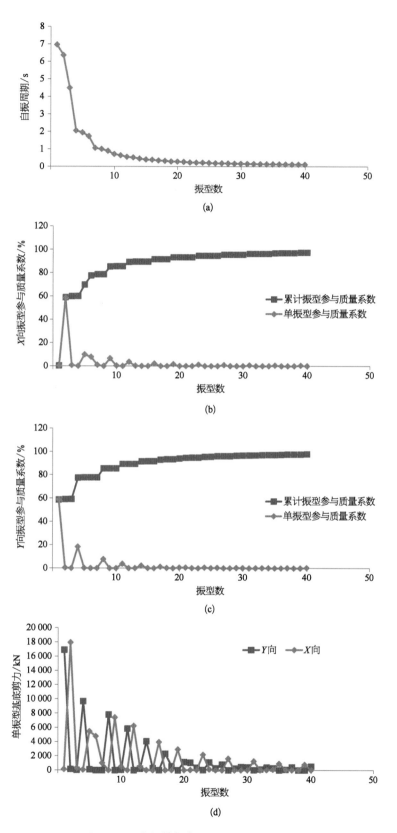

图 3 - 9　合肥某超高层 1 项目的数据曲线

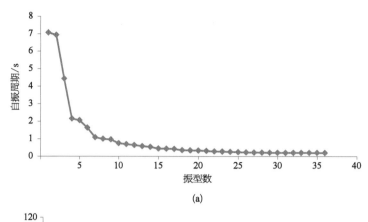

(a)

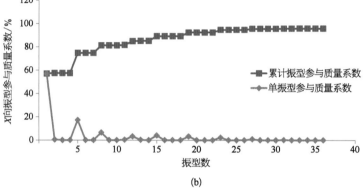

(b)

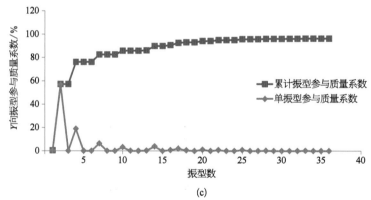

(c)

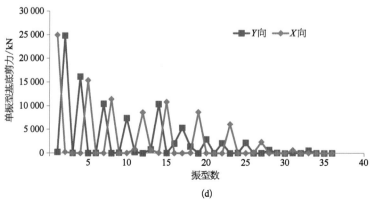

(d)

图 3-10　山西某大厦 1 项目的数据曲线

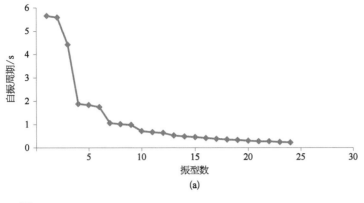

(a)

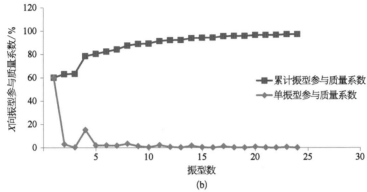

(b)

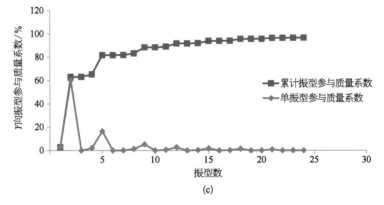

(c)

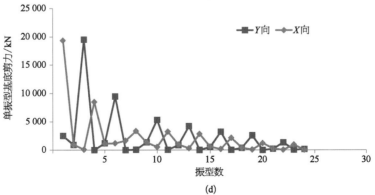

(d)

图 3-11　合肥某超高层 2 项目的数据曲线

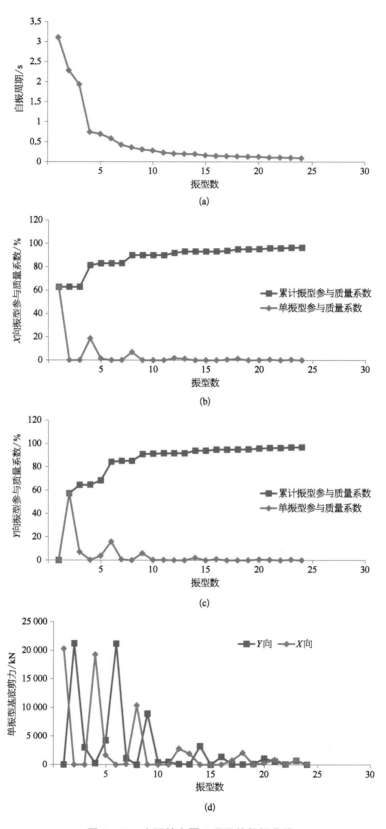

图 3 - 12 山西某大厦 2 项目的数据曲线

对以上图表进行分析,有如下规律特征。

(1)结构的基本周期一般随高度增加而变长。

(2)一阶振型的参与质量系数随结构总高度的增加有降低趋势,范围大致在60%~30%之间。但对于体型沿高度均匀的,即刚度收进不明显的,一阶振型的参与质量系数基本维持在60%,并不随高度发生明显变化,这与理论分析的结果较为吻合。因此可以认为导致一阶振型的参与质量发生变化,或者高阶振型贡献增加的主要因素并非是结构高度。

(3)一阶振型的地震剪力占全振型总剪力的比例随结构总高度的增加而降低,范围大致在85%~40%之间。

(4)一阶振型质量参与系数与基底剪力贡献比例之比随结构总高度的增加而降低,范围大致在70%~100%之间。

(5)对一个具体超高层结构而言,每个方向的前三阶振型的质量参与系数占据主导,累计参与系数通常可达到80%以上,三阶以后的振型参与质量系数快速降低,但不同结构的降低速度并不一致。

(6)尽管三阶以后的振型参与质量系数可能不大,反映在底部剪力上,分布较靠后的高阶振型的剪力贡献可能仍有一定的比例。

(7)高阶振型贡献的大小,除了与结构高度有关,与结构体型(刚度、质量沿高度的分布)也有一定的关系,通常锥形结构的高阶振型响应更为显著,如天津某超高层2和重庆某超高层在高度方向上不断收进,刚度和质量则降低。该规律验证了理论分析结论。

3.2.3 小结

对超高层结构振型参与贡献的基本规律进行探讨,主要基于基本振动方程和假定振型法从振型本源上进行推演,获得较为通用的规律认识,理论结论能够合理解释实际工程中的现象,并能够对常规来自工程项目的海量数据中真正影响基本规律的因素加以区分,同时有助于形成定量性的认识。几点重要的认识如下。

(1)进入超高层的高度范围,高阶振型的贡献随高度增加的原因主要是刚度和质量随高度的逐渐减小,而非高度增加本身。

(2)当刚度、质量上下较为均匀时,一阶振型参与质量系数60%是个大致的数字,与结构高度关系不大。

(3)文中讨论的基本规律和方法可为振型优化控制提供基础准备。

3.3 连体结构高阶振型参与系数与总地震力变化规律

3.3.1 基本理论

基于上一节单塔结构悬臂杆模型的基本理论,进一步讨论连接体存在对振型参与质量系数的影响。连接体与塔楼之间采取刚性连接方式时,连接体对塔楼在连接处将产生集中弯矩,使得单塔结构的侧向变形模式发生本质不同,其力学模型不能再假定为端部自由的悬臂杆。当连体位于塔楼顶部,若假定连体抗弯刚度无穷大时,悬臂端将没有转角,其单塔的挠曲方程为:

$$w_2(x) = \frac{PLx^2}{4EI} - \frac{Px^3}{6EI} \tag{3-27}$$

则可假定其一阶振型函数为:

$$\varphi(x) = \frac{Lx^2}{4} - \frac{x^3}{6} \tag{3-28}$$

一阶振型参与系数为:

$$\gamma_1 = \frac{\int_0^L \varphi(x)\mathrm{d}x}{\int_0^L \varphi^2(x)\mathrm{d}x} = \frac{L^4/24}{0.002\,579L^7} = \frac{16.15}{L^3} \tag{3-29}$$

一阶振型参与质量为:

$$M_1 = \frac{\left(\int_0^L \varphi(x)\rho A\,\mathrm{d}x\right)^2}{\int_0^L \varphi^2(x)\rho A\,\mathrm{d}x} = 0.673L\rho A \tag{3-30}$$

一阶振型参与质量系数为:

$$\gamma_{ML1} = \frac{M_1}{M_{总}} = \frac{0.673L\rho A}{L\rho A} = 0.673 \tag{3-31}$$

同样,由式(3-31)计算得到的带连体悬臂杆一阶振型参与质量系数是考虑结构高度无穷大时的下限。

对比式(3-31)与式(3-18),可知,在考虑连接体的弯曲刚度作用时,高层结构一阶振型参与质量系数有所提高,由于振型参与质量系数反映的是振型对地震总基底剪力的贡献,因此可认为:对于刚性连体结构考虑连体弯曲刚度时,与单塔结构相比,一阶振型在底部总剪力中所占比例增大。这个结论非常重要,将可以用于指导超高层连体结构水平偶联振动机制的相关研究。

3.3.2 简化算例分析

以一个对称双塔为例,共对比研究五种情况,首先研究单塔周期为 2.614 s 时,不同连接方式对内力响应的影响,在此基础上通过调整刚度,使得单塔的周期为 1.054 s,探讨当结构周期处于反应谱的不同区段时,对分析结论的影响。主要对比分析结果见表 3-2,内力响应见图 3-13~图 3-17。

对称双塔连体结构地震响应规律总结如下。

（1）对称双塔连体结构，若连接体两端与塔楼之间采用完全的铰接，则结构的振动周期与单塔结构相同，在水平地震力作用下，结构的内力和变形响应也不会发生变化。

（2）若连体与塔楼之间采取刚接，则结构的周期变短，整体侧向刚度变大，地震作用下位移明显降低，但总地震剪力是否一定增加，与结构周期所处反应谱的区段位置有关，当单塔周期较短时，刚性双塔连体总地震力增加的效应更为明显。

（3）刚接连体结构总体倾覆弯矩增大，但单塔底部弯矩变小，塔楼的竖向轴力增大，整体抗倾覆能力增强。

表 3-2　对称双塔连体结构地震响应对比

模型工况	模型描述	第一周期 $T1/s$	底部总剪力/kN	底部总倾覆弯矩/kN·m	单塔底部剪力/kN	单塔底部弯矩/kN·m	单塔底部轴力/kN	顶部位移/m
Test	双单塔不连	2.614	5.948	63.85	2.97	31.93	0	0.047
Test1	刚性连接	1.776	5.857	74.58	2.93	25.91	4.4	0.023
Test2	铰接	2.614	5.948	63.85	2.97	31.93	0	0.047
Test3	双单塔不连	1.054	8.064	114.6	4.03	57.31	0	0.014 4
Test4	刚性连接	0.755	10.78	175.9	5.39	57.65	10.41	0.008 7

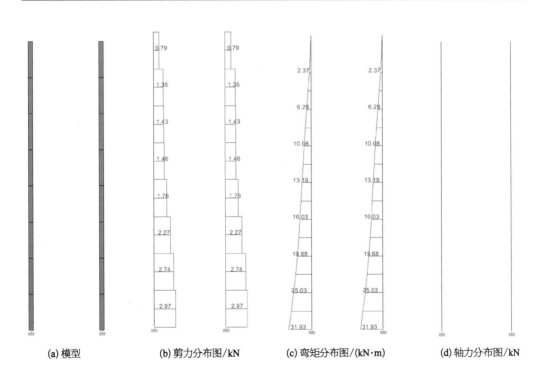

(a) 模型　　(b) 剪力分布图/kN　　(c) 弯矩分布图/(kN·m)　　(d) 轴力分布图/kN

图 3-13　单塔(不连)-Test

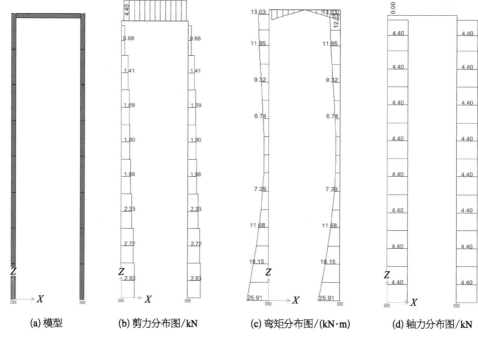

(a) 模型   (b) 剪力分布图/kN   (c) 弯矩分布图/(kN·m)   (d) 轴力分布图/kN

图 3-14　双塔刚性连接-Test1

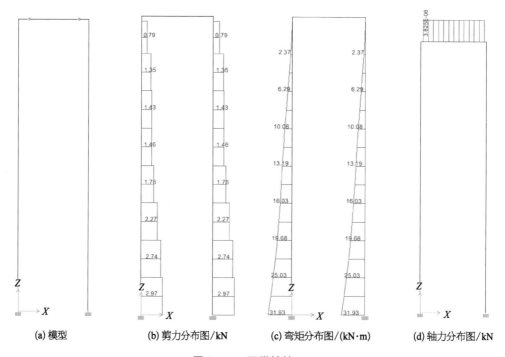

(a) 模型   (b) 剪力分布图/kN   (c) 弯矩分布图/(kN·m)   (d) 轴力分布图/kN

图 3-15　双塔铰接-Test2

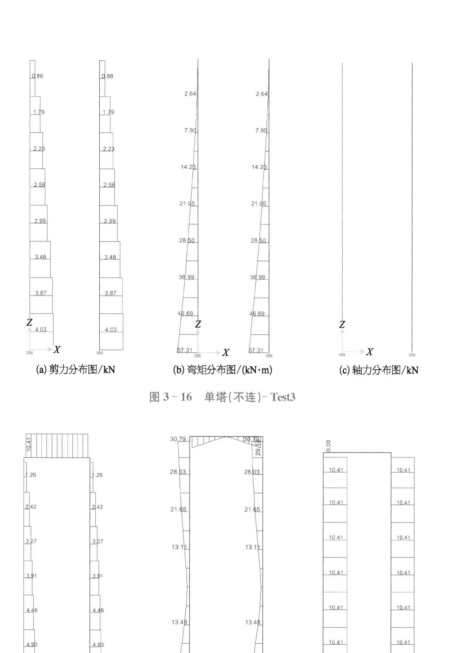

(a) 剪力分布图/kN   (b) 弯矩分布图/(kN·m)   (c) 轴力分布图/kN

图 3‑16　单塔(不连)‑Test3

(a) 剪力分布图/kN   (b) 弯矩分布图/(kN·m)   (c) 轴力分布图/kN

图 3‑17　双塔刚性连接‑Test4

对本例中增设刚接连体后,总地震力反而降低的原因进一步分析如下。

表 3‑3 给出了独立塔楼以及连体结构的自振周期、振型参与质量系数以及单振型下的地震剪力,不难看出,增设连体以后,结构的自振周期显著降低,从 2.61 s 降低为

1.776 s,但是一阶振型的质量参与系数从 65% 提高到 72%,确实一阶振型的地震力是增加的,从 3 378 kN 增加到 4 377 kN;但是 X 向的二阶振型质量参与系数出现了降低,从 20% 降为 15%,与一阶振型的质量参与系数相比,二阶的比例尽管较低,但二阶的周期比一阶降低更多,其对应的反应谱中地震影响系数大大增加,因此二阶的地震力贡献较为显著,连体结构二阶振型地震力与单塔相比,反而降低,后面几阶振型也有这个趋势,当采用 CQC 进行振型遇合后,最终的地震力表现出略微降低的现象。此例说明,尽管连接体增加了结构的总刚度,但同时改变了各阶振型参与贡献的比例,并非总是导致总地震力增加(图 3-18~图 3-20)。

超高层建筑结构地震作用输入与响应

表 3-3　连体结构与单塔结构自振周期与振型质量参数系数对比

Mode	单　塔				连 体 双 塔			
	Period/s	UX/%	SumUX/%	单振型地震力/kN	Period/s	UX/%	SumUX/%	单振型地震力/kN
1	2.614	65.012	65.012	3 378	1.776	71.662	71.662	4 377
2	1.743	0.000	65.012	0	1.743	0.000	71.662	0
3	0.425	20.139	85.151	4 522	0.714	0.000	71.662	0
4	0.284	0.000	85.151	0	0.528	0.000	71.662	0
5	0.154	6.905	92.056	1 611	0.336	15.111	86.772	3 526
6	0.103	0.000	92.056	0	0.284	0.000	86.772	0
7	0.080	3.518	95.574	732	0.257	0.000	86.772	0
8	0.054	0.000	95.574	0	0.176	0.000	86.772	0
9	0.050	2.095	97.668	353	0.136	5.999	92.771	1 400
10	0.034	1.318	98.987	197	0.103	0.000	92.771	0
11	0.033	0.000	98.987	0	0.101	0.000	92.771	0
12	0.026	0.757	99.744	105	0.087	0.000	92.771	0
13	0.023	0.000	99.744	0	0.074	3.173	95.944	634
14	0.022	0.256	100.000	34	0.054	0.000	95.944	0
15	0.018	0.000	100.000	0	0.053	0.000	95.944	0
16	0.015	0.000	100.000	0	0.052	0.000	95.944	0
17	—	—	—	—	0.047	1.915	97.859	317
18	—	—	—	—	0.035	0.000	97.859	0

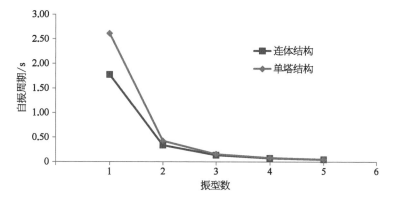

图 3‐18 单塔结构与连体结构周期对比

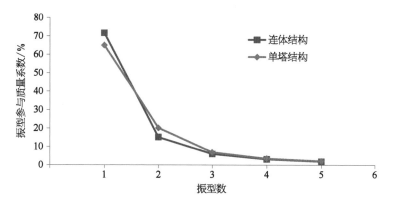

图 3‐19 单塔结构与连体结构振型参与质量系数对比

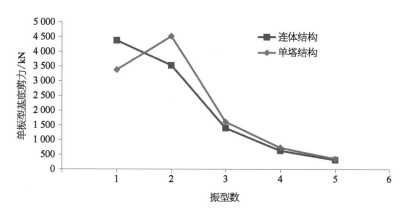

图 3‐20 单塔结构与连体结构单振型基底剪力对比

3.3.3 工程案例分析

长春某工程为双塔连体结构,高约 100 m,共 24 层,17～19 层采用刚性连体将两个塔楼连在一起,两个塔楼体型和结构布置基本一致,各单塔平面沿竖向无收进(图 3‐21)。

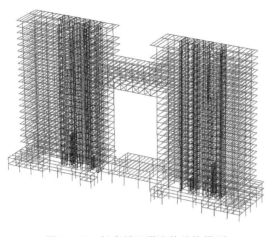

图 3-21 长春某双塔连体结构模型

对该工程进行计算分析,结果表明垂直于连体方向的 Y 向平动一阶振型首先出现,其质量参与系数为 62.87%,该方向类似于单塔悬臂杆;连体方向的 X 向一阶平动振型随后出现,其质量参与系数为 67.57%。两个方向的计算结果分别对应于本章理论推导给出的单塔悬臂杆的 60% 和双塔连体的 67.3%,进一步说明理论推导结果的有效性,该理论规律可用于一般连体结构的振型分析指导(表 3-4)。

表 3-4 某连体工程一阶振型参与质量系数

振型号	振型特征	X 向平动质量系数% (sum)	Y 向平动质量系数% (sum)
1	Y 向平动(双塔同向)	0.04(0.04)	62.87(62.87)
2	Y 向平动(双塔反向)	3.66(3.70)	0.62(63.48)
3	X 向平动	67.57(71.27)	0.00(63.48)

3.3.4 小结

多塔连体结构水平偶联振动的机理比较复杂,与各塔楼本身的刚度、质量分布密切相关,塔楼的相对刚度直接影响塔楼间的帮扶作用,本章通过基础理论和若干简化案例以及实际工程的研究和讨论,得到以下基本结论和应用建议。

(1)理论分析表明,连接体的存在一方面会增加连体结构的侧向刚度,另一方面会改变各振型的参与系数,即各振型在总地震响应中的贡献比例会发生变化,一般表现为一阶振型的参与贡献提高,高振型的参与贡献降低。

(2)连体结构与独立塔楼相比,尽管总体刚度提高,但总的地震力可能会降低;总体位移一般呈减小趋势。

(3)设计中可根据主体塔楼基本周期所在反应谱的不同区段,综合考虑连体后周期变化及振型质量参与系数变化的双重影响,确定连接方式及连体的刚度。一般认为:短周期结构塔楼连体采用刚接方式对总体地震力增加较多,长周期结构塔楼采用刚接连体方式对结构总体地震力提高较少,当设计恰当时,有望使得总体地震响应降低。

3.4 总地震力响应规律与最小地震剪力系数

我国现行《建筑抗震设计规范》(GB 50011—2010)将剪重比作为一项基本抗震控制要求。具体要求如下:抗震验算时,结构任一楼层的水平地震剪力应符合下述要求:

$$V_{\mathrm{EK}i} > \lambda \sum_{j=i}^{n} G_j \qquad (3-32)$$

式中,$V_{\mathrm{EK}i}$ 为第 i 层对应于水平地震作用标准值的楼层剪力;G_j 为第 j 层的重力荷载代表值,最小剪重比 λ 应满足表 3-5 要求。

表 3-5　抗震规范关于最小剪重比的规定

结 构 特 点	最小剪重比 λ				
	统一要求	各烈度下的具体规定			
		6 度	7 度	8 度	9 度
扭转效应明显或基本周期小于 3.5 s 的结构	$0.20\alpha_{\max}$	0.008	0.016 (0.024)	0.032 (0.048)	0.064
基本周期大于 5.0 s 的结构	$0.15\alpha_{\max}$	0.006	0.012 (0.018)	0.024 (0.036)	0.048

注:基本周期介于 3.5~5.0 s 之间的结构,按插入法取值;括号内数值分别用于设计基本地震加速度为 0.15g 和 0.30g 的地区。

超高层结构的基本周期较长,当场地特征周期 T_g 较小时,剪重比(即抗震规范"地震剪力系数")往往难以满足抗震规范相关要求,表 3-6 列出了我国部分结构高度在 500 m 以上超高层结构的剪重比情况,可以看到剪重比通常明显低于抗震规范限值要求,通过调整结构布置或加大构件截面也往往收效甚微或经济代价过大。因此,剪重比控制是超高层结构设计的一个焦点问题。

表 3-6　我国部分 500 m 以上超高层结构的剪重比

工程案例	结构高度/m	抗震设防烈度	场地类别	特征周期/s	基本周期/s	剪重比		
						限值	计算值	计算/限值
上海中心	575	7	上海Ⅳ	0.9	9.20	1.20%	1.29%	107%
武汉绿地	540	6	Ⅱ~Ⅲ	0.4	8.72	0.60%	0.51%	85%
天津 117	596	7.5	Ⅲ	0.55	8.96	1.80%	1.48%	82%

工程案例	结构高度/m	抗震设防烈度	场地类别	特征周期/s	基本周期/s	剪重比		
						限值	计算值	计算/限值
深圳平安	540	7	Ⅲ	0.45	8.53	1.20%	1.03%	85%
北京某超高层	528	8	Ⅲ	0.45	8.20	2.40%	1.72%	72%

3.4.1　最小剪力系数控制的目的、本质和影响因素

现行抗震规范认为：由于地震影响系数在长周期段下降较快，对于基本周期大于3.5 s 的结构，由此计算所得的水平地震作用下的结构效应可能太小。而对于长周期结构，地震动态作用中的地面运动速度和位移可能对结构的破坏具有更大影响，但是规范所采用的振型分解反应谱法尚无法对此做出估计。出于结构安全的考虑，提出了结构总水平地震剪力及各楼层水平地震剪力最小值的要求，规定了不同烈度下的剪力系数，当不满足时，须改变结构布置或调整结构总剪力和各楼层的水平地震剪力使之满足要求。

从规范给出的原因来看，主要是由于依据现有反应谱计算得到的地震内力响应可能偏小，为保证设计安全，才提出了控制最小地震力的规定。但是这种事实存在的缺陷是否由结构本身引起？ 在没有回答这个问题之前就去调整结构布置，似乎并不妥当，这就给业界留下了争论的空间。

从具体工程的实际情况来看，基于剪重比的控制很大程度上成为变相的"刚度控制"，并且出现了一些反常的现象，如场地条件较好时更加难以满足等[1]。

为了阐明最小地震剪力系数偏小的原因，文献[2]和文献[3]分别从振型分解反应谱法的基本理论角度进行推导，给出了最小地震剪力系数的表达式，尽管两篇文献的推导过程不同，但最终给出的表达形式是一致的，即：

$$\lambda = \sqrt{\sum_{j=1}^{m} (\alpha_j)^2 \times (\theta_j)^2} \qquad (3-33)$$

其力学含义为："各振型地震影响系数的平方"与"各振型参与质量系数的平方"乘积的二次方根。

根据上述最小地震剪力系数实质表达式的推导，以及工程设计经验的总结，可以明确影响最小地震剪力系数的因素主要有外部参数和内部参数两类：外部参数主要是反应谱形状参数，包括地震影响系数、特征周期、衰减指数；内部参数主要有结构的自振周期、振型参与系数、质量参数系数等。而振型参与质量系数主要由结构的刚度和质量分布决定。从这些影响因素可知，当最小地震剪力系数不满足要求，想要提高时，调整的方向也将主要有两个方面：一是外部参数调整，二是结构自身的调整。

根据现行抗震规范反应谱曲线形状,可以通过简单计算得出满足最小剪力系数的结构基本周期限值。在分析过程按照单自由度进行考虑,同时根据多自由度与单自由度之间的差别进行调整,最终得出不同场地条件下满足要求的基本周期限值,并拟合出基本周期限值与场地特征周期之间的关系曲线公式(表3-7、图3-22)。

表 3-7　不同场地特征周期对应的结构基本周期限值　　　　　　　　　单位：s

特 征 周 期	基本周期限值
0.2	5.24
0.25	5.49
0.3	5.74
0.35	5.99
0.4	6.24
0.45	6.49
0.5	6.74
0.55	6.99
0.6	7.23
0.65	7.48
0.7	7.73
0.75	7.99
0.8	8.23
0.9	8.73

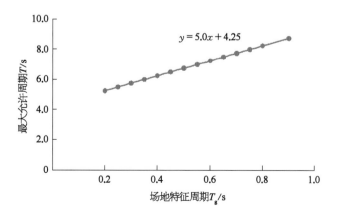

图 3-22　基本周期限值与场地特征周期之间的关系曲线

3.4.2 质量与刚度沿高度分布对剪力系数的影响规律

由前述分析可知,影响地震剪力系数的结构内部因素主要有刚度和质量的分布特征,有观点指出增加结构上部的质量有助于提高剪力系数,而显然这对抗震是不利的。本节基于理想悬臂柱模型对刚度和质量分布对剪力系数的影响规律做量化研究。

由表3-8、表3-9,图3-23~图3-25的对比数据可得到如下规律。

(1)通常质量分布特征与刚度分布特征对剪重比具有相反的影响规律,对于质量,上小下大时更容易满足,而刚度则相反——常规体型收进结构的最终影响结果与两者分布的变化率相关。提高一阶振型的参数系数,高阶影响降低,会导致地震力下降,剪力系数更不易满足要求。

(2)通常质量上小下大的结构更容易满足剪重比的要求,但场地特征周期与质量分布相互影响,有可能改变质量分布的影响规律——坚硬场地上的体型收进结构可能更不容易满足。

表 3-8 不同场地下刚度与质量分布对剪重比的影响

特征周期/s	质量分布	剪重比	刚度分布	剪重比
$T_g = 0.25$	上小下大	1.004%	上小下大	0.941%
	均匀分布	0.983%	均匀分布	0.983%
	上大下小	0.976%	上大下小	1.082%
$T_g = 0.40$	上小下大	1.262%	上小下大	1.127%
	均匀分布	1.220%	均匀分布	1.220%
	上大下小	1.160%	上大下小	1.319%
$T_g = 0.65$	上小下大	1.577%	上小下大	1.414%
	均匀分布	1.519%	均匀分布	1.519%
	上大下小	1.447%	上大下小	1.780%

表 3-9 不同场地下质量分布对剪重比的影响(含顶部集中质量)

特征周期/s	质 量 分 布	剪 重 比
$T_g = 0.25$	上小下大	1.004%
	均匀分布	0.983%
	上大下小	0.976%
	顶部集中质量	1.119%

特征周期/s	质量分布	剪重比
$T_g=0.40$	上小下大	1.262%
	均匀分布	1.220%
	上大下小	1.160%
	顶部集中质量	1.239%
$T_g=0.65$	上小下大	1.577%
	均匀分布	1.519%
	上大下小	1.447%
	顶部集中质量	1.439%

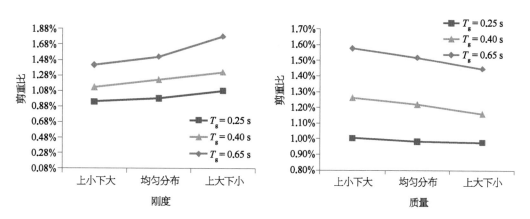

图 3-23　不同场地刚度分布对
　　　　　剪重比的影响

图 3-24　不同场地质量分布对
　　　　　剪重比的影响

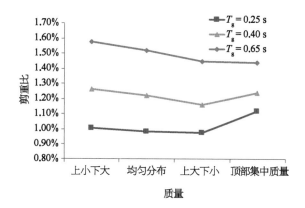

图 3-25　不同场地质量分布对剪重比的
　　　　　影响(含顶部集中质量)

3.4.3 最小剪力系数相关研究、争论与评析

本节对部分与最小剪力系数相关的代表性文章进行梳理,同时剖析其中的不同观点,以形成对该问题的进一步认识。表3-10列出8篇代表性文章。

表3-10 关于最小地震剪力系数的代表性文献

序号	文章(报告)题目	发表杂志	作 者	地区	时间
1	关于建筑结构抗震设计若干问题的讨论	建筑结构学报	方小丹、魏琏	广东	2011.12
2	超高层结构地震剪力系数限值研究	建筑结构	汪大绥、周建龙、姜文伟、王建、江晓峰	上海	2012.05
3	关于建筑抗震设计最小地震剪力系数的讨论	建筑结构学报	王亚勇	北京	2013.02
4	剪重比的本质关系推导及其对长周期超高层建筑的影响	建筑结构	廖云、容柏生、李胜勇	广东	2013.05
5	超高层建筑考虑长周期地震影响的另一种控制方法	第十四届高层建筑抗震技术交流会	肖从真	北京	2013.10
6	最小地震剪力系数对超高层建筑结构抗震性能的影响	建筑结构学报	卢啸、甄伟、陆新征、叶列平	北京	2014.05
7	不同地震剪力系数控制方案对某超高层建筑结构抗震性能的影响	建筑结构学报	刘斌、齐五辉、叶列平、陆新征、陈彬磊	北京	2014.08
8	长周期超高层建筑最小底部剪力系数	建筑结构	扶长生、张小勇、周立浪	上海	2014.10

在最小地震剪力系数问题上,出于对长周期结构抗震安全的考虑,设定一个底线,即最小基底剪力及楼层最小地震剪力系数,是被普遍认可的,在上述8篇文献中包含了美国、日本,欧洲和新西兰等不同国家和地区规范关于地震剪力系数限值的规定情况。而争论的焦点在于当计算出来的最小剪力限值不满足要求时,如何进行调整的问题——到底是进行"刚度控制"还是"强度控制"? 所谓的"刚度控制",即通过调整结构刚度,使得计算出来的剪力系数自然满足规范限值要求,而"强度控制"则是当计算数值不满足时,按照规定的最小限值调整地震力进行结构设计,使得构件的承载力满足规定的最小地震力要求。这两种调整方式反映了两种截然不同的思想,尽管最终目的都是保证结构安全,也由此形成争论的核心问题。从操作层面看,第二种方式更容易操作和实现,但对于结构本身哪种方式更为合理,哪种设计结果更为安全? 在围绕核心争论上,形成一系列具体的对立观点。

1）关于最小地震剪力系数是否反映结构刚度大小和规则性

观点1：文献3认为楼层地震剪力系数不是一个孤立的参数，它与结构质量、刚度分布和反应谱参数有关，与结构内力、位移及舒适性是否满足要求是相互协同和相互制约的关系，当限值要求不能满足时，应主要通过调整改善结构体系而不是放松限值要求。

对立观点：文献8则认为：结构体系和布置方案与底部剪力系数能不能满足最小限值没有明显的关系，任何规则结构都存在一个临界周期，当结构周期超过临界周期以后，最小剪力系数将无法满足，甚至符合概念设计的方案更难满足。

本文评析：观点1将最小剪力系数与其他参数关联起来分析，有助于整体把握理解，但在众多参数中主导影响因素并未凸显，并且结构刚度和规则性的判断可以通过其他更直接的参数进行控制，总的来看结构本身的缺陷可能引起"剪力系数"不满足，反之则并非绝对。对立观点证明了规则结构依然可能不满足限值要求，但给出的"临界周期"概念略显孤立，应以满足基本刚度要求的周期为前提。

2）关于结构高度较大时最小剪力系数难于满足是"个例"还是"共性"问题

观点2：文献3通过列出一批不同烈度、不同特征周期、不同风荷载特征的结构案例，说明在设计合理的情况下最小剪力系数都能满足规范要求，个别不能满足的工程是由于结构本身存在缺陷。

对立观点：文献2给出一批500 m以上工程案例，说明结构高度较大周期较长时，最小剪力系数不能满足规范要求是一种共性。

本文评析：这两种观点看似对立，其实和选列的案例有关，一种是对不同烈度、不同高度的总结，一种是主要对500 m以上的案例归纳，实际上结构高度越高往往越难满足。大多数结构是否能够满足，与限值本身是否合理没有必然的因果关系。

3）关于最小地震剪力系数限值与场地特征周期无关的问题

目前规范给出的最小剪力限值要求仅和烈度有关，并根据结构基本周期做调整，和场地类别（特征周期）无关，这导致同一座建筑在场地较差的场地容易计算满足规范限值要求，而在条件较好的坚硬场地上反而不容易满足。文献1、2和8都对这一问题提出质疑，认为是规范在限值要求设置中存在不合理。

本文评析：这种现象主要是目前计算方法和反应谱特征决定，在不调整反应谱参数的情况下，最易于操作的方法是调整限值与场地相关，即按照不同场地条件给出不同的限值要求。

4）关于不同调整方式设计结果安全性的争论

在最小剪力系数不能满足规范要求时，调整方式主要分为"调刚度"和"调强度"，"调刚度"主要是调整结构本身的布置，"调强度"则可以有不同的方式，文献1、2、5和8等分别给出了略有差异的调整方法，包括直接按照最小限值放大地震力，也有部分调整反应谱参数的，在满足刚度的前提下，调整地震力。

观点3：文献3认为，当楼层最小剪力系数不满足规范要求时，对各楼层剪力乘以一个放大系数，只能提高结构构件承载力（强度），并不能从根本上解决结构体系合理性问题,认为调整结构布置更加符合抗震概念设计,对结构安全更为有利。

对立观点:文献6和7通过设计案例的不同调整方式的对比设计,进行不同地震水平下性能分析论证,认为通过调整刚度和调整承载能力都能得到满足抗震性能要求的结果,但调整刚度使得设计结果更为浪费,并且在抵抗超预期大震的抗倒塌能力上,调整承载能力的方式得到的结果更优。

本文评析:当最小剪力系数不能满足规范要求是由于结构本身缺陷所致时,首先应该调整的是结构布置,这符合概念设计;当结构刚度合适,规则性满足要求,则调整承载力会使得结构具有更高的安全储备。

3.4.4 最小剪力系数不满足的应对建议

当前,工程设计领域针对剪重比限值问题也进行了深入讨论,普遍认为结构刚度是否充分合理,宜从层间位移角等变形指标予以控制;剪重比限值控制,宜回归到最小设计内力的调整角度,并且控制限值宜与场地条件相关,体现差别[2,4]。

有关剪重比的限值问题尚在进一步讨论和研究中,当前超高层建筑的抗震设计可从以下方面重点考虑或采取相关措施。

(1) 当不满足剪重比限值的楼层不多或底层剪重比相比限值相差不多时,允许不做结构方案调整,但应按抗震规范要求进行内力调整。

按当前超高层结构的设计实践,当不满足剪重比限值的楼层不超过15%总楼层数或底层剪重比不低于规范限值 $0.15a_{max}$ 的85%(个别工程或允许更低)时,允许不做结构调整。内力调整时,应按规范条文说明要求结合结构基本周期是否位于加速度控制段执行不同的调整方法,并且是全楼层调整而非局部楼层调整。

(2) 当要求进行结构调整设计时,应充分发挥结构布置效率

尽管超高层结构布置各异,但第一平动振型的振型形态和质量参与系数总体上是接近的,因此第一平动周期是计算剪重比结果的关键因素。从提高计算剪重比角度看,需要提高或优化结构刚度、减小或改善质量分布(控制主体结构容重、减轻附加重量),以减小结构自振周期。宜充分优化结构布置,增大构件截面时充分考虑梁柱墙的不同效率,以及采用钢材等轻质高强材料可获得更加效果。

(3) 合理的计算参数取值

合理的计算参数取值是准确计算剪重比的基本条件。计算剪重比时,应采用足够的振型数,各平动方向的总有效质量参与系数不低于95%;应避免采用 Ritz 法计算振型,避免振型数不足时出现前若干阶振型有效质量参与系数偏高并导致计算剪重比偏高的假象。计算参数中,应合理确定场地特征周期、周期折减系数和结构阻尼比等参数,这些参数对剪重比计算都有明显的影响[5]。图 3-26 以北京某超高层工程为例,说明了第一周期和场地特征周期对底层剪重比的影响。

总体来说,剪重比是一个比较宏观的整体结构控制指标,不宜为了满足剪重比的要求而采取违反抗震设计一般原则的一些措施,如增大结构上部的重量等。通常质量上

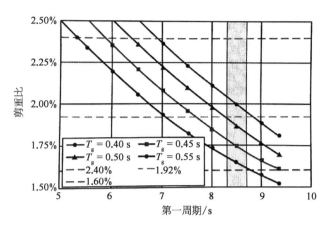

图 3-26　第一周期和场地特征周期对剪重比的影响

大下小的分布模式使得一阶振型参与系数提高,从而更难获得较高的剪重比。如剪重比不满足要求,大多数情况下应采取增大楼层设计剪力的方式予以解决。按照增大后的楼层剪力设计时,其楼层的层间位移也宜满足抗震规范要求。

3.4.5　小结

本节讨论了实际工程中遇到的最小剪力系数较难满足规范要求的现实问题,梳理了最小剪力系数规定的原因、本质和影响最小剪力系数的相关因素,通过理想算例给出刚度和质量分布对剪力系数的量化影响规律。梳理了行业中对该问题的不同观点和争论。在此基础上提出最小剪力系数不满足时的应对建议。

3.5　超高层结构内力变形响应的"杂乱无章"与"内在韵律"

在高层结构特别是超高层结构的抗震设计中,通常会进行动力时程分析,由于结构本身的动力特性复杂,地震波的随机性、频谱特征差别也很大,当对一批地震波的计算结果进行比较分析时,即便是弹性分析也经常会发现响应结果杂乱无章,弹塑性分析则更是如此。对这些杂乱无章的弹性结果进行统计分析,尽可能找到一些规律,可帮助设计者对结构的受力性能以及弹塑性阶段的响应做出预判——有时弹塑性分析的结果出现异常时,经常需要重新回到弹性分析去找原因。本文将通过一个高度约600 m的超高层案例进行探讨。

3.5.1　内力变形数据统计分析

此处选择的工程案例高度约600 m,巨型框架-核心筒＋伸臂结构体系,基本周期9 s。选择了18条地震波,进行大震(7度罕遇)下的弹性时程分析(弹塑性分析另行讨论)。主要考察设计人员通常最为关心的四个参数,即底部总剪力、底部倾覆弯矩、顶部位移和最大层间位移角,讨论其相互之间的关系。基本数据见表3-11,已经按照底部总剪力的大小进行了排列。

表 3-11 时程分析总体响应汇总表

地震波编号	底部总剪力/MN	底部总倾覆弯矩/(MN·m)×10⁻³	顶部位移/mm	最大层间位移角
1	163.20	29.32	681.50	1/267
2	219.80	20.23	991.10	1/217
3	221.00	40.84	1 800.90	1/148
4	231.20	47.07	1 429.50	1/112
5	241.50	25.90	1 010.70	1/175
6	249.40	70.09	2 393.40	1/143
7	268.60	46.65	1 718.70	1/97
8	314.20	58.12	1 933.90	1/102
9	339.80	66.85	2 343.20	1/101
10	348.70	41.57	1 577.80	1/111
11	360.30	37.07	1 179.20	1/103
12	364.70	65.02	2 236.30	1/113
13	392.50	71.67	2 306.90	1/111
14	416.70	54.53	1 464.90	1/84
15	426.30	64.41	2 481.10	1/99
16	430.60	125.50	3 910.90	1/75
17	472.80	91.24	3 274.80	1/87
18	511.10	54.92	1 755.10	1/76

对不同参数求比值,考察这些比值的分布规律,可以大致了解参数之间的相关性,当不同波的比值比较接近时,说明这两个参数之间的正相关性较强,反之则说明正相关性较弱。不同参数之间的比值见表 3-12。

表 3-12 时程分析总体响应相关比值表

地震波编号	(最大层间位移角/顶部位移)×10⁶	顶部位移/底部总剪力	顶部位移/底部总倾覆弯矩	(层间位移角/底部总剪力)×10⁶	(层间位移角/底部总倾覆弯矩)×10⁶	底部总倾覆弯矩/底部总剪力
1	5.50	4.18	23.24	22.95	127.74	179.66
2	4.65	4.51	48.99	20.97	227.80	92.04

地震波编号	（最大层间位移角/顶部位移）×10⁶	顶部位移/底部总剪力	顶部位移/底部总倾覆弯矩	（层间位移角/底部总剪力）×10⁶	（层间位移角/底部总倾覆弯矩）×10⁶	底部总倾覆弯矩/底部总剪力
3	3.75	8.15	44.10	30.57	165.44	184.80
4	6.25	6.18	30.37	38.62	189.69	203.59
5	5.65	4.19	39.02	23.66	220.63	107.25
6	2.92	9.60	34.15	28.04	99.77	281.03
7	6.00	6.40	36.84	38.38	220.99	173.68
8	5.07	6.15	33.27	31.20	168.68	184.98
9	4.23	6.90	35.05	29.14	148.11	196.73
10	5.71	4.52	37.96	25.84	216.72	119.21
11	8.23	3.27	31.81	26.95	261.90	102.89
12	3.96	6.13	34.39	24.27	136.11	178.28
13	3.91	5.88	32.19	22.95	125.70	182.60
14	8.13	3.52	26.86	28.57	218.32	130.86
15	4.07	5.82	38.52	23.69	156.82	151.09
16	3.41	9.08	31.16	30.96	106.24	291.45
17	3.51	6.93	35.89	24.31	125.98	192.98
18	7.50	3.43	31.96	25.74	239.58	107.45

数据特征一：不同地震波作用下结构的内力和变形响应差异巨大，具体见图 3-27。

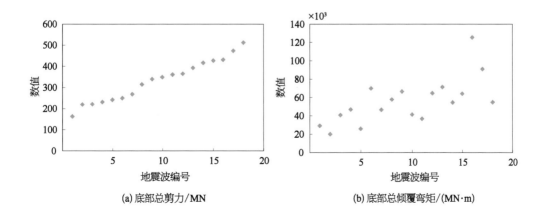

(a) 底部总剪力/MN (b) 底部总倾覆弯矩/(MN·m)

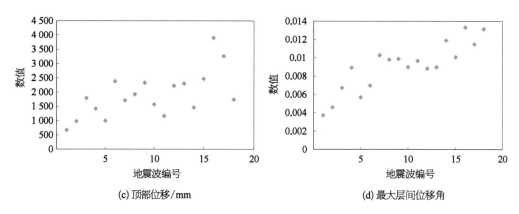

(c) 顶部位移/mm

(d) 最大层间位移角

图 3-27　不同地震波作用下结构的内力和变形统计分布图

数据特征二：有可能出现地震力不大时总体位移响应较大，反之亦然。结构顶部最大位移响应和总地震力的大小的相关性较弱。图 3-28 给出的是顶部位移与底部总剪力比值的散点分布图。

数据特征三：整体变形不大时，可能出现较大的层间位移角。最大层间位移角与最大顶部位移的相关性较弱。图 3-29 给出两者比值的散点分布图。

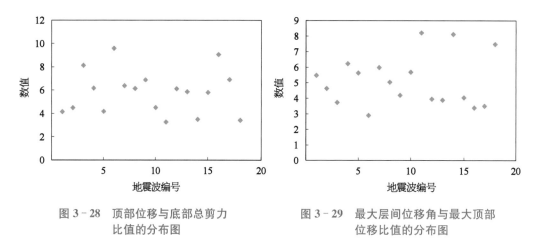

图 3-28　顶部位移与底部总剪力
比值的分布图

图 3-29　最大层间位移角与最大顶部
位移比值的分布图

数据特征四：总倾覆弯矩对总体变形的影响较大，即倾覆弯矩与顶部位移的相关性较强。图 3-30 给出两者比值的散点分布图，说明结构高度较大时，总体倾覆变形起主导作用。

数据特征五：尽管倾覆弯矩与顶部位移的相关性较强，但与最大层间位移角的相关性较弱。图 3-31 给出两者比值的散点分布图。

数据特征六：相比倾覆弯矩，最大层间位移角与底部总剪力的相关性更强一些。图 3-32 给出两者比值的散点分布图。

数据特征七：如果将总倾覆弯矩与总地震剪力的比值定义为地震力的"等效作用高度"，对于不同地震波，这个等效作用高度差别较大，说明在不同地震波作用下，结构的振动形态差异很大,不同振型的参与权重对于不同波相差巨大。变形分布的形态不同,可能导致在大震下发生破坏的位置不同(图3-33)。

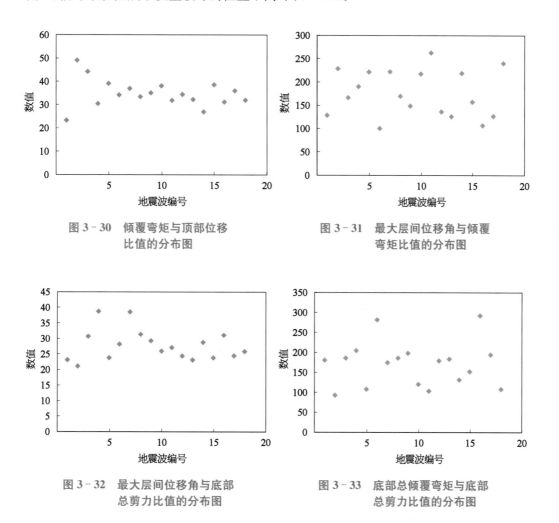

图3-30 倾覆弯矩与顶部位移
比值的分布图

图3-31 最大层间位移角与倾覆
弯矩比值的分布图

图3-32 最大层间位移角与底部
总剪力比值的分布图

图3-33 底部总倾覆弯矩与底部
总剪力比值的分布图

3.5.2 楼层响应曲线的对称性

在考察超高层结构楼层剪力曲线、倾覆弯矩曲线、楼层位移曲线和层间位移角曲线时,通常反应谱的结果会有较强的规律特征,曲线的基本形状特征相对稳定。而时程分析的结果曲线则相对杂乱,尤其是当某些波激发出来的高阶响应明显时,其曲线特征会有较大的改变(图3-34)。为了进行比较,图3-35给出一条高阶响应明显的地震波时程计算结果与反应谱结果的对比曲线。其中CQC代表反应谱分析的结果。

由前面几个参数之间的规律分析可知,总体位移与倾覆弯矩的正相关性较强、层间位移角与楼层剪力的正相关性较强,对四组曲线进行分析,也会发现这个规律。下面对曲线做一个简单的调整:将楼层倾覆弯矩曲线旋转180°后与楼层位移曲线靠在一起,则发现两者沿竖轴呈现很强的对称性(图3-36);将楼层剪力曲线做同样操作,与楼层位移

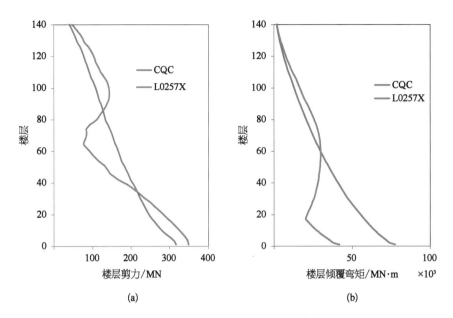

图 3-34　典型地震波时程分析结果与 CQC 结果的楼层内力对比图

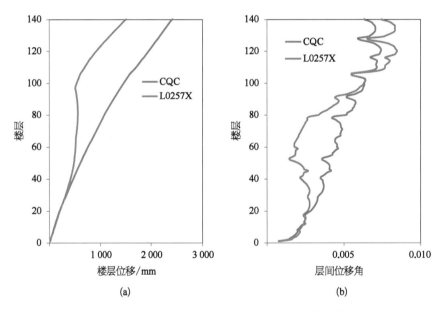

图 3-35　典型地震波时程分析结果与 CQC 结果的楼层变形对比图

角曲线靠在一起,也会发现两者沿竖轴呈现较强的对称性(图 3-37)。不仅是反应谱结果有如此的对称性,即便是较为杂乱的时程分析结果也依然保持了这样的对称特征。

不同地震波作用下超高层结构的内力变形结果看似杂乱无章,其实还是有一定规律可循的,而时程分析的结果揭示的规律往往比反应谱结果更为丰富,对弹性分析的内力和变形特征进行深入分析,将有助于对结构非线性破坏规律的理解和对结构抗震性能的全面把握。

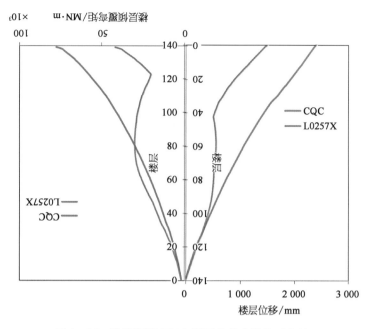

图 3‑36　楼层倾覆弯矩与楼层位移曲线的对称性

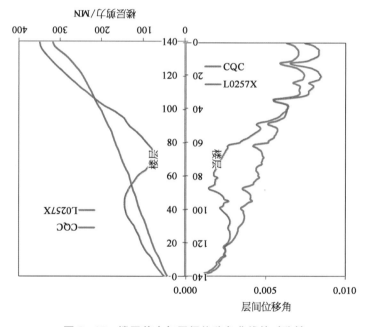

图 3‑37　楼层剪力与层间位移角曲线的对称性

3.6　竖向地震响应规律

在建筑结构的抗震设计中,主要关注结构在水平地震作用下的响应,需要计算竖向地震作用的结构范围,我国《建筑抗震设计规范》(GB 50011—2010,2016 年版)仅要求

"8、9度时的大跨度和长悬臂结构及9度时的高层建筑,应计算竖向地震作用。"考虑到高层建筑由于高度较高,竖向地震作用效应放大比较明显。我国《高层建筑混凝土结构技术规程》(JGJ3—2010,以下简称"《高规》")要求高层建筑中的大跨度、长悬臂结构在7度(0.15g)时也应计算竖向地震作用。

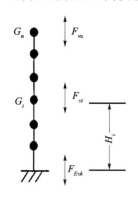

G_n F_{vn}

G_i F_{vi} H_i

F_{Evk}

图 3-38 结构竖向地震作用计算示意图

在计算结构竖向地震作用(图3-38)时,《高规》规定可采用时程分析方法或振型分解反应谱方法计算,也可按下列简化方法计算:

$$F_{Evk} = \alpha_{v\max} G_{eq} \qquad (3-34)$$

$$F_{vi} = \frac{G_i H_i}{\sum\limits_{j=1}^{n} G_j H_j} F_{Evk} \qquad (3-35)$$

简化计算方法通过假定竖向第一振型为直线,假定竖向第一振型周期位于反应谱平台段推导而来的半理论半经验公式,当楼层质量和层高分布相同时,竖向地震作用分布为倒三角分布。当采用反应谱分析时,竖向地震影响系数最大值取水平地震影响系数最大值的65%,竖向地震分组按第一组采用。对于时程分析地震动的输入,《高规》明确对竖向地震作用比较敏感的结构,如连体结构、大跨度转换结构、长悬臂结构、高度超过300 m的结构等,宜采用三向地震输入,且竖向地震分量与水平地震主分量的PGA比值为0.65。

同时,《高规》要求在高层建筑中,大跨度结构、悬挑结构、转换结构、连体结构的连接体的竖向地震作用标准值,不宜小于结构或构件承受的重力荷载代表值与规定的竖向地震作用系数的乘积。7度(0.15g)、8度(0.2g)的竖向地震作用系数分别为0.08和0.10。

虽然规范对于竖向地震作用的计算已有相关规定,但对于竖向地震作用大小与建筑高度的关系还不是特别明确,为何仅要求高度超过300 m的结构宜采用三向地震输入? 结构高度越高,竖向地震作用的放大一定越明显吗? 此外,规范规定地震竖向分量与水平分量PGA的比值和竖向地震反应谱与水平地震反应谱最大值的比值均为0.65,此比值主要依据早期少量地震动的数据统计,经过多年强震数据的积累,有必要重新验证其合理性。因此,高层建筑竖向地震作用及响应规律还有待进一步研究。

3.6.1 震害现象与地震记录竖向分量统计

在对国内外几次较为严重的震害调查中发现,很多建筑物在地震作用下的破坏都有竖向作用控制的特点(图3-39)。

在唐山地震中烟囱的破坏截面均发生在中上部,砖烟囱上部掉落部分均匀散落于烟囱周围,烟囱向一侧倾倒的现象很少;在地震过程中还发现砖烟囱上部有先跳起然后掉落的破坏现象。钱培风[8]、程岩[9]等认为竖向地震力在烟囱的破坏过程中起到了很重要的作用,对于较高烈度如8度和9度地区的烟囱及类似的高柔构筑物必须考虑竖向地震作用。

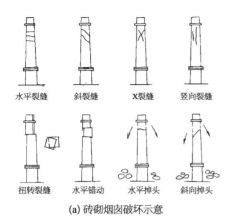

水平裂缝　　斜裂缝　　Ｘ裂缝　　竖向裂缝

扭转裂缝　水平错动　水平掉头　斜向掉头

(a) 砖砌烟囱破坏示意

(b) 大开地铁站中柱破坏

(c) 桥墩受压破坏

(d) 多层停车场破坏

图 3-39　结构竖向地震破坏示意图

　　阪神地震为"都市直下型"地震,竖向地震分量明显,竖向地震分量与水平地震分量的比值变化很大从 0.4 到 1.4。大开车站中部呈 A 字形向上顶起,随之的反作用力将车站顶板往下压,形成 V 形沉陷,致使中柱承受不了由此产生的荷载,同时又由于地震时产生的水平相对位移,使中柱在剪切力和弯矩的作用下产生剪切破坏,一些中柱被压碎压垮,导致整个地铁站结构发生坍塌。此外,阪神地震中高架桥墩中部的压溃破坏非常普遍,而桥墩脚部的转动破坏非常少见。高架桥墩轴力增加导致的混凝土压溃、纵筋压屈,而纵筋四周对称压屈的形状说明桥墩为全截面受压,这种受力状况证明了竖向地震导致的结构破坏[10]。

　　北岭地震记录到的最大竖向分量达到 1.18g,竖向分量和水平分量的比值最大为1.69;刚建好 18 个月的 3 层停车场在地震中倒塌,该结构内部承受重力的重力柱(轴压比控制较松)地震下因压溃而失效,四围的抗弯框架柱(轴压比控制较严)大部分未发生压溃破坏[10]。

　　选取典型破坏型地震中的地震波,如图 3-40 所示,可以看出地震波加速度的竖向分量峰值可能比水平分量大,如果按照规范的竖向分量 PGA 去调幅则低估了竖向地震作用。地震波加速度的竖向分量可能比水平分量到的更早,竖向地震作用与水平地震作用不一定同时叠加。地震波加速度的竖向分量振动频率更高,短周期结构响应更剧烈。

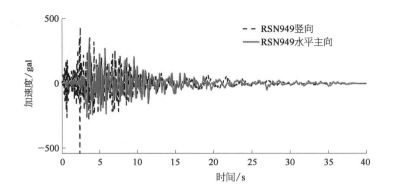

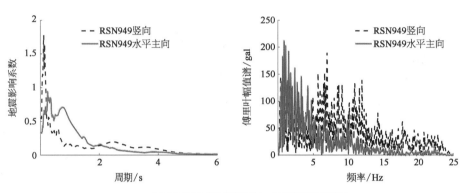

(a) 1994年北岭地震波时程、反应谱与傅里叶谱

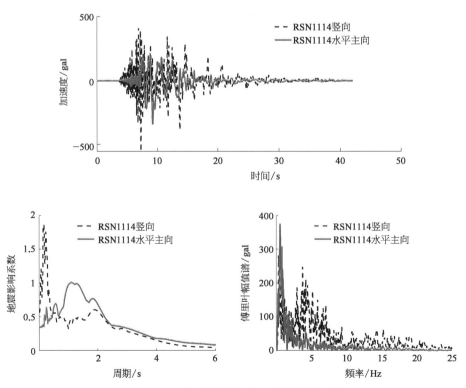

(b) 1995年阪神地震波时程、反应谱与傅里叶谱

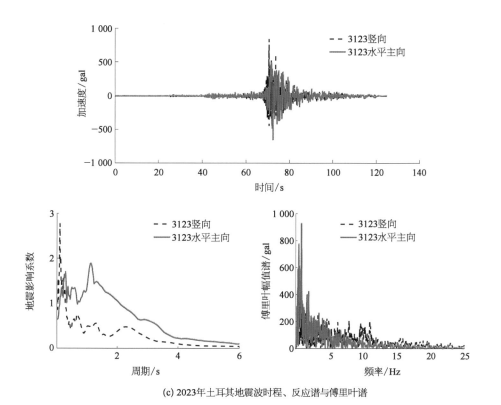

(c) 2023年土耳其地震波时程、反应谱与傅里叶谱

图 3‑40　典型地震波示意

　　从美国 PEER 地震波库选取 8 000 多组三向地震波,统计地震波三向分量 PGA 的大小分布。采用最小二乘法进行线性拟合。水平次方向与主方向 PGA 拟合的比值为 0.74,小于规范的 0.85,决定系数 R^2 为 0.94(表示回归关系可以解释因变量 94% 的变异),说明线性拟合效果较好,水平次方向与主方向 PGA 的比值取固定值较为合理;竖向与水平主方向 PGA 拟合的比值为 0.60,小于规范的 0.65,决定系数 R^2 为 0.60(表示回归关系可以解释因变量 60% 的变异),说明线性拟合效果较差,竖向与水平主方向 PGA 的比值取固定值并不合理,需根据影响因素进一步细化此比值(图 3‑41)。

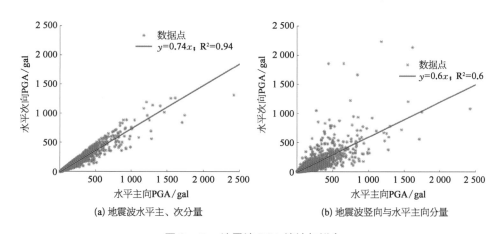

(a) 地震波水平主、次分量　　　　　　　(b) 地震波竖向与水平主向分量

图 3‑41　地震波 PGA 统计与拟合

取《建筑抗震设计规范》6、7、8、9度罕遇地震 PGA 的 0.8 倍为限值,近似将地震波分为 4 组。PGA 水平次向/主向比值约分布在 0.3~1.0 之间,PGA 竖向/主向比值分布在 0.05~4.2 之间。PGA 水平次向/主向比值随烈度增加略微减小,65%分位统计法可得与规范 0.85 相近结果。PGA 竖向/主向比值随烈度增加而明显增加,且 9 度时比值才达到规范建议值 0.65(图 3-42、表 3-13、图 3-43)。

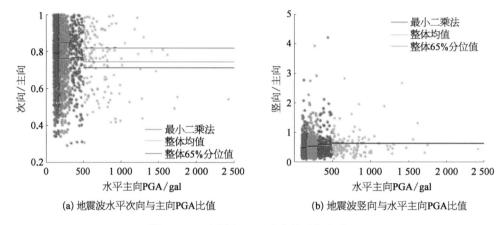

(a) 地震波水平次向与主向PGA比值　　　　(b) 地震波竖向与水平主向PGA比值

图 3-42　地震波 PGA 比值统计与拟合

表 3-13　地震波 PGA 比值按烈度分组统计

PGA 范围/gal	波组数量	次向/主向			竖向/主向		
		最小二乘	均值	65%分位值	最小二乘	均值	65%分位值
[100, 176)	816	0.79	0.79	0.88	0.47	0.48	0.51
[176, 320)	565	0.76	0.76	0.85	0.54	0.53	0.55
[320, 496)	192	0.76	0.77	0.85	0.61	0.60	0.59
[496, ∞)	137	0.71	0.74	0.82	0.65	0.63	0.65

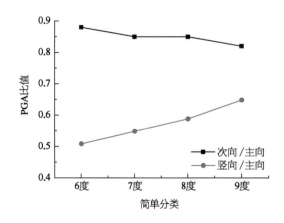

图 3-43　地震烈度对 PGA 比值的影响

根据断层距 10 km、20 km、50 km 为限值，近似将地震波分为 4 组。PGA 水平次向/主向比值随断层距变化变化较小，65％分位统计法可得与规范 0.85 相近结果。PGA 竖向/主向比值随断层距增加而明显减小，且只有近断层时比值超过规范建议值 0.65（图 3-44、表 3-14、图 3-45）。

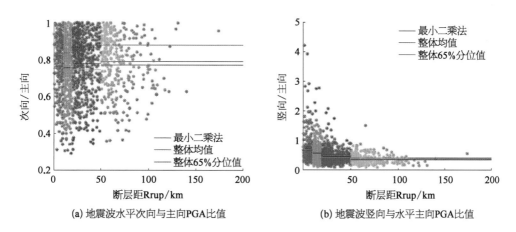

(a) 地震波水平次向与主向PGA比值 (b) 地震波竖向与水平主向PGA比值

图 3-44　地震波 PGA 比值统计与拟合

表 3-14　地震波 PGA 比值按断层距分组统计

Rrup 范围/km	波组数量	次向/主向			竖向/主向		
		最小二乘	均值	65％分位值	最小二乘	均值	65％分位值
[0, 10)	304	0.76	0.78	0.86	0.77	0.72	0.69
[10, 20)	438	0.69	0.76	0.84	0.52	0.56	0.60
[20, 50)	632	0.75	0.78	0.87	0.43	0.47	0.51
[50, ∞)	336	0.77	0.79	0.88	0.35	0.38	0.42

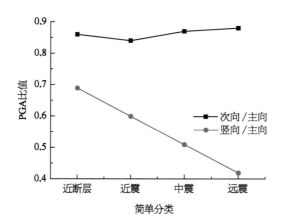

图 3-45　断层距对 PGA 比值的影响

根据土层剪切波速 150 m/s、260 m/s、510 m/s 为限值，近似将地震波分为 4 组。PGA 水平次向/主向比随土层剪切波速增加略微减小，65％分位统计法可得与规范 0.85 相近结果。PGA 竖向/主向比值随土层剪切波速增加而明显减小，且只有Ⅳ类土时比值接近规范建议值 0.65（图 3 - 46、表 3 - 15、图 3 - 47）。

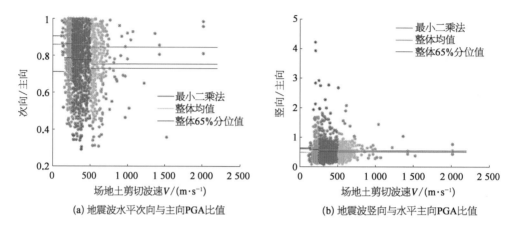

(a) 地震波水平次向与主向PGA比值　　(b) 地震波竖向与水平主向PGA比值

图 3 - 46　地震波 PGA 比值统计与拟合

表 3 - 15　地震波 PGA 比值按场地类别分组统计

V30 范围/ (m·s⁻¹)	波组数量	次向/主向			竖向/主向		
		最小二乘	均值	65％分位值	最小二乘	均值	65％分位值
[0, 150)	13	0.71	0.86	0.91	0.62	0.50	0.64
[150, 260)	301	0.73	0.79	0.86	0.75	0.60	0.60
[260, 510)	1 047	0.74	0.78	0.86	0.59	0.50	0.53
[510, ∞)	349	0.73	0.75	0.85	0.56	0.51	0.55

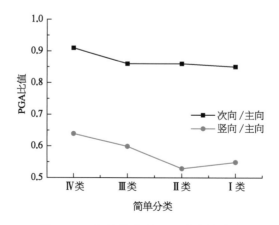

图 3 - 47　场地类别对 PGA 比值的影响

根据 PGA、断层距、剪切波速两两分组，进一步对地震波组进行细分，统计竖向与水平主向 PGA 比值如表 3-16 所示。当近断层(断层距<10 km)时，不论地震烈度或场地类别，竖向与水平主向 PGA 的比值均大于或接近 0.65。当结构位于软土场地且发生近震时，竖向与水平主向 PGA 的比值明显大于 0.65，竖向地震作用明显。当结构位于高烈度的软土场地时，竖向与水平主向 PGA 的比值明显大于 0.65，竖向地震作用明显。

表 3-16　地震波竖向与水平主向 PGA 比值按分组统计

波组数量		断层距/km				65%分位值		断层距/km			
		近断层	近震	中震	远震			近断层	近震	中震	远震
烈度	6度	42	154	361	259	烈度	6度	0.63	0.60	0.50	0.43
	7度	106	174	213	72		7度	0.71	0.59	0.52	0.35
	8度	79	67	42	5		8度	0.70	0.57	0.42	0.35
	9度	77	43	16			9度	0.69	0.55	0.41	

波组数量		场地类别				65%分位值		场地类别			
		IV类	III类	II类	I类			IV类	III类	II类	I类
断层距	近断层	49		180	75	断层距	近断层	1.15		0.65	0.64
	近震	72		270	96		近震	0.68		0.59	0.55
	中震	8	110	388	126		中震	0.43	0.56	0.49	0.53
	远震	75		209	52		远震	0.37		0.42	0.42

波组数量		烈度				65%分位值		烈度			
		6度	7度	8度	9度			6度	7度	8度	9度
场地类别	IV类	5	6	34	21	场地类别	IV类	0.63	0.40	1.21	0.66
	III类	153	95				III类	0.48	0.70		
	II类	506	349	112	80		II类	0.49	0.53	0.56	0.65
	I类	152	115	46	36		I类	0.55	0.54	0.51	0.55

3.6.2　高层结构竖向自振周期

统计 27 栋高度在 60~600 m 之间的高层建筑结构的竖向第一自振周期与水平第一自振周期如表 3-17 所示。高层建筑竖向自振周期在 0.2~0.7 s 之间，基本处于反应谱平台段。高层建筑竖向自振周期与结构高度、水平周期成正比。竖向自振周期与水平自振周期的相关性更高(图 3-48)。

表 3–17 高层建筑结构自振周期统计

项 目 名 称	高度/m	设防烈度	水平周期/s	竖向周期/s
龙吴路 888	61.6	7	1.27	0.206
上海中节能塔楼	95	7	1.751	0.321
上海陆家嘴商务广场	153.6	7	4.514	0.388
山西晋韵大厦	161.5	8	3.12	0.3
菏泽绿地南塔	166	7.5	3.562	0.332
菏泽绿地北塔	166	7.5	3.467	0.322
深圳中信金融中心	170	7	5.398	0.351
湖北交投总部塔楼	198	6	5.65	0.44
苏州活力岛金奥中心	230	7	4.768	0.361
合肥恒大塔楼 D3	246.6	7	5.667	0.435
昆山研祥国际金融中心	251.7	7	7.077	0.492
电网东塔	266	8	5.15	0.393
西咸绿地	270	8	5.126	0.401
深圳安邦塔楼	273	7	5.27	0.4
合肥恒大塔楼 D4	295	7	7.004	0.477
董家渡绿地外滩	300	7	5.872	0.55
重庆俊豪 ICFC	300	6	7.727	0.574
深圳世茂中心	302	7	6	0.447
张江科学之门东塔	320	7	7.239	0.502
南京江北塔楼	320	7	6.077	0.483
南宁天龙财富中心	330	6	6.725	0.516
深湾汇云中心 T1	350	7	6.438	0.493
武汉长江中心	380	6	8.464	0.591
重庆塔	430	6	7.91	0.552
天津周大福	530	7.5	8.594	0.678
合肥宝能 T1	573.6	7	10.43	0.649
天津 117	597	7.5	9.265	0.67

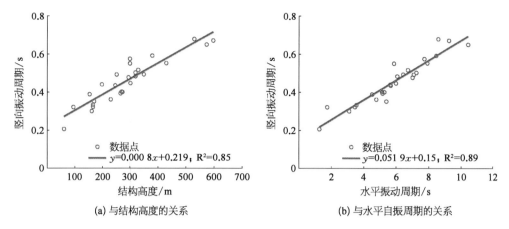

(a) 与结构高度的关系　　　　　　　(b) 与水平自振周期的关系

图 3-48　高层建筑结构竖向自振周期统计

3.6.3　高层结构竖向地震反应

3.6.3.1　竖向地震单分量输入下竖向构件内力

对 4 栋不同高度的高层塔楼(高度分别在 100 m、200 m、300 m、400 m 左右的中节能、活力岛、科学之门、长江中心)进行竖向地震作用下的 7 度小震弹性时程分析与反应谱分析,外框柱的竖重轴力比(竖向地震与重力荷载代表值下的轴力比)如图 3-49 所示。从图中可以看出,柱子竖重轴力比均随楼层的增加而增加,即竖向地震对上部结构的影响更明显,在竖向地震作用下结构竖向刚度突变位置和塔冠位置构件的内力会急剧变化,对于较矮建筑反应谱分析结果与 7 组上海波时程分析结果较为吻合,而对于高度较高建筑时程分析结果小于反应谱分析结果。

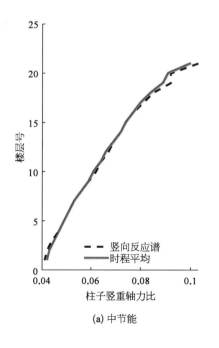

(a) 中节能

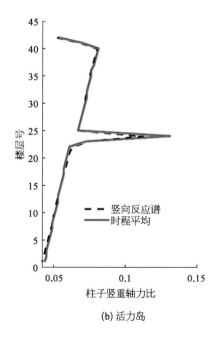

(b) 活力岛

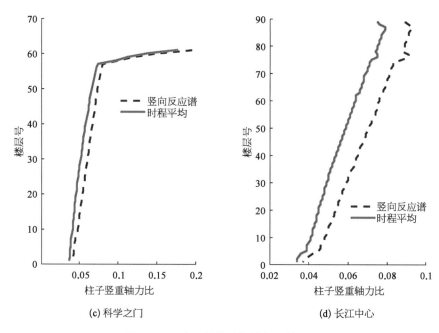

(c) 科学之门　　　　　　　　　　　　　(d) 长江中心

图 3-49　高层结构外框柱竖重轴力比

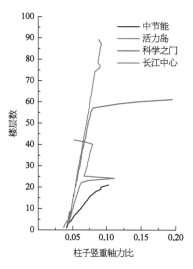

图 3-50　高层结构外框柱竖
重轴力比对比

将外框柱竖重轴力比放在同一张图中(图 3-50)，可以看出：不同高度结构竖向 7 度小震下底层柱轴力与重力荷载代表值下轴力比值都在 0.04 左右。在不考虑刚度突变楼层及塔冠楼层时，柱子竖重轴力比随楼层增加的速率随着建筑高度的增加反而减少。在相同高度处，较矮建筑的竖重比更大。在不考虑刚度突变楼层及塔冠楼层时，在所分析的 4 栋建筑中，结构顶部楼层的竖重比，高度最小的中节能最大。

3.6.3.2　竖向地震内力响应理论推导

将高层建筑理想化为一匀质悬臂杆，对其进行参数化的反应谱分析，反应谱影响系数取 0.325，特征周期取 0.35 s，分析不同高度结构竖重比，结论如下：超高层结构并非高度越高竖向地震响应越大，竖向地震响应取决于竖向自振周期与场地特征周期的大小。竖向振动第一阶振型起控制作用，第一竖向振动周期位于反应谱平台段时，竖向地震响应较大(图 3-51、图 3-52)。

采用振型分解反应谱法推导高层结构竖重比，基本假定：均匀悬臂杆、竖向振动一阶振型参与为主，则：

$$\lambda(x) = \frac{0.55\alpha(T)\cos\frac{\pi}{2}x}{1-x} \qquad (3-36)$$

式中，λ 为竖重比；T 为结构竖向自振周期；x 为相对结构底部高度。

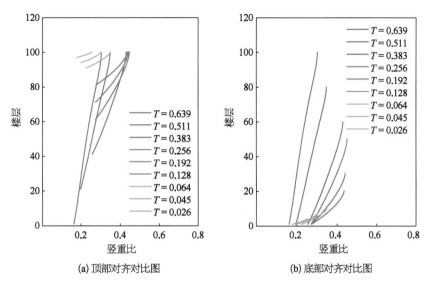

(a) 顶部对齐对比图　　　　　　　　(b) 底部对齐对比图

图 3-51　不同周期(高度)理想高层结构竖重轴力比对比图

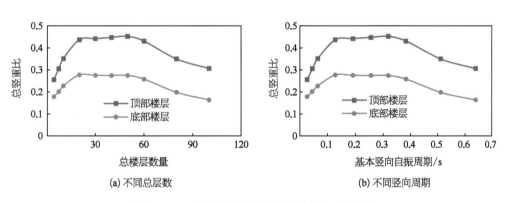

(a) 不同总层数　　　　　　　　　　(b) 不同竖向周期

图 3-52　理想高层结构总竖重轴力比对比曲线

上述简化公式所得结果与有限元分析结果对比如图 3-53 所示,两者基本一致。

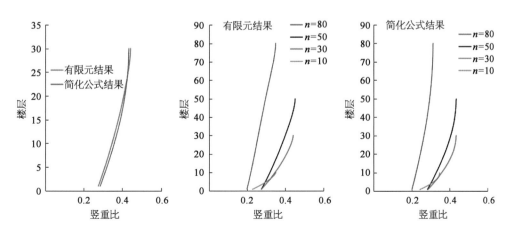

图 3-53　有限元分析与简化公式结果对比

3.6.3.3 竖向地震下结构水平变形

除塔冠位置外,竖向地震对结构整体侧向变形影响不大。竖向地震引起塔冠位置的侧向变形随结构高度的增加而增加,最大达到 1/1 450(图 3 - 54)。

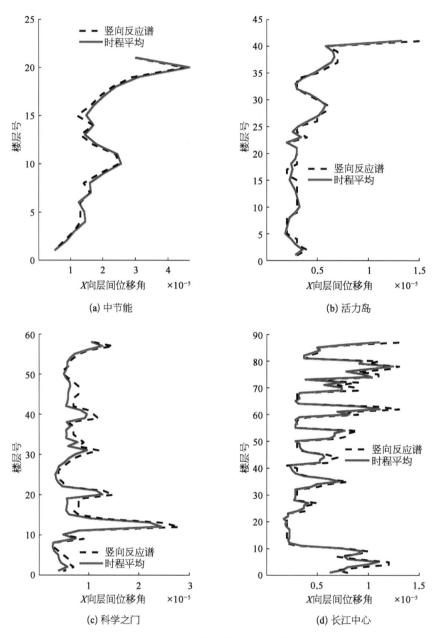

(a) 中节能

(b) 活力岛

(c) 科学之门

(d) 长江中心

图 3 - 54 高层结构外框柱竖重轴力比

竖向地震引起塔冠的侧向变形主要在于塔冠结构的特殊性,塔冠结构中间由于缺失若干层楼板,通常存在长细比较大的柱子,在自重作用下,塔冠就已经存在侧向变形。小震弹性竖向地震作用下的塔冠侧向变形与重力荷载代表值作用下塔冠的侧向变形通常在一个数量级,其大小与结构竖向自振周期、反应谱大小有关(图 3 - 55)。

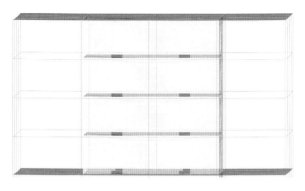

图 3 - 55　高层结构典型塔冠示意图

3.6.3.4　连体结构竖向地震影响

以长春长发项目为例,通过对比分析,研究连体结构竖向地震影响。模型说明:模型 1:同实际工程,连体位于 16～19 层。模型 2～6:去除下部楼层,改变连体所在高度。模型 7:只对连体部分建模计算。分析表明:连体位置越高,连体部分的总竖向地震响应越大(图 3 - 56、表 3 - 18)。

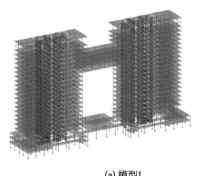
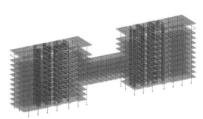

(a) 模型1　　　　　　　　　　　　(b) 模型4

图 3 - 56　连体模型示意图

表 3 - 18　连体模型竖向地震作用

模　　型		模型 1	模型 2	模型 3	模型 4	模型 5	模型 6	模型 7
重力荷载代表值/kN		46 587	46 587	46 587	46 587	46 587	46 587	46 799
连体总竖向响应	竖向反应谱法/kN	2 931	2 636	2 397	2 204	1 984	1 921	1 713
	竖向时程法/kN	3 069	2 878	2 558	2 185	2 072	2 000	1 832
	时程放大系数	104.70%	109.20%	106.70%	99.10%	104.40%	104.10%	106.90%
占重力比值		6.60%	6.20%	5.50%	4.70%	4.40%	4.30%	3.90%

3.6.3.5　地震三分量输入下结构整体响应

除塔冠位置外,是否考虑竖向地震对结构整体侧向变形影响不大。塔冠位置考虑

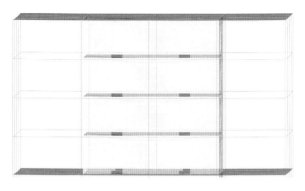

竖向地震时,侧向变形更大。考虑竖向地震输入时,不同楼层柱的竖重比均比仅考虑水平地震输入时大。考虑竖向地震输入时,柱子竖重比的增加沿楼层高度变化不大(图 3-57)。

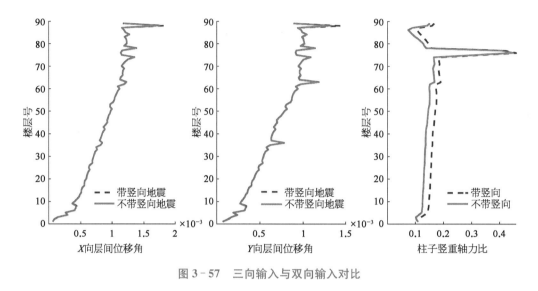

图 3-57　三向输入与双向输入对比

3.6.4　小结

高烈度或近断层的软土场地的地震波竖向分量 PGA 有可能比水平分量 PGA 大,宜提高规范对该类型地区地震波输入 PGA 的要求。竖向地震对上部结构的影响更明显,在竖向地震作用下结构竖向刚度突变位置和塔冠位置构件的内力会急剧变化。在竖向地震作用下,柱子竖重轴力比均随楼层的增加而增加,结构顶部楼层的竖重比大致随结构高度的增加而减少。在竖向地震作用下,柱子竖重轴力比随楼层增加的速率随着建筑高度的增加反而减少,在相同高度处,较矮建筑的竖重比更大。当三向地震输入时,结构最大水平层间位移角可能比仅考虑水平地震输入时更小。

3.7　本章小结

本章从分析超高层结构的振型特征出发,讨论了高阶振型的基本规律、连体高层结构的振型参与变化、总地震力的响应规律、内力与变形的相关性以及竖向地震响应规律等超高层结构地震响应的若干基本问题。主要结论如下:

(1)对超高层结构振型参与贡献的基本规律进行理论推导,获得了均匀结构、变刚度结构以及变质量结构基本振型参与贡献的量化差异性,阐明了影响高阶振型参与的主要因素。

(2)基于理论分析,明确了刚性连体结构振型参与贡献的变化规律,提出设计中可根据主体塔楼基本周期所在反应谱的不同区段,综合考虑形成连体后周期变化及振型质量参与系数变化的双重影响,确定连接方式及连体的刚度,以达到降低总地震力的目的。

（3）讨论了实际工程中遇到的最小剪力系数较难满足规范要求的现实问题,梳理了最小剪力系数规定的原因、本质和影响最小剪力系数的相关因素,通过理想算例给出刚度和质量分布对剪力系数的量化影响规律,梳理了行业中对该问题的不同观点,在此基础上提出最小剪力系数不满足时的应对建议。

（4）对通常杂乱无章的时程分析结果进行统计分析,获得不同响应指标之间的相关性,包括对内力和变形特征进行了多个角度的深入对比,有助于提升对结构非线性破坏规律的理解和对结构抗震性能的全面把握。

（5）对超高层结构竖向地震响应特征进行深入分析,提出了工程设计中对不同情况的应对措施。

参考文献

［1］ 方小丹,魏琏.关于建筑结构抗震设计若干问题的讨论[J].建筑结构学报,2011,32(12)：46－51.

［2］ 廖耘,容柏生,李盛勇.剪重比的本质关系推导及其对长周期超高层建筑的影响[J].建筑结构,2013,43(5)：1－4.

［3］ 扶长生,张小勇,周立浪.长周期超高层建筑最小底部剪力系数[J].建筑结构,2014,44(10)：1－6.

［4］ 黄吉锋,李党,肖丽.建筑结构剪重比规律及控制方法研究[J].建筑结构,2014,44(3)：7－12.

［5］ 汪大绥,周建龙,姜文伟,等.超高层结构地震剪力系数限值研究[J].建筑结构,2012,42(5)：24－27.

［6］ 陈才华,王翠坤,张宏,等.振动台试验对高层建筑结构设计的启示[J].建筑结构学报,2020,41(7)：1－14.

［7］ 安东亚,周建龙.高层结构阻尼比取值对地震响应的影响规律及减震设计思考[J].建筑结构,2022,52(10)：123－128.

［8］ 钱培风.烟囱在地震作用下破坏情形的若干解释[J].第一次全国抗震会议论文,1957.

［9］ 程岩.竖向地震作用对高柔结构的影响[J].西北地震学报,1999(4)：80－84.

［10］ Papazoglou A J, Elnashai A S. Analytical and field evidence of the damaging effect of vertical earthquake ground motion[J]. Earthquake Engineering & Structural Dynamics, 1996, 25(10)：1109－1137.

弹塑性响应规律

4.1 概述

在有了精细化的分析软件、更高的计算效率后,如何对弹塑性计算结果进行合理判断并应用到基于性能的抗震设计中,使该方法能够发挥更大的作用,更加直接地应用于设计指导,是目前需要进一步关注的问题。本章主要针对将动力弹塑性分析结果用于指导结构性能设计时存在的若干问题展开研究讨论,同时结合概念和理论推导研究超高层结构的弹塑性地震响应规律。

4.2 高层建筑结构刚度退化与地震响应关系的理论研究

《建筑抗震设计规范》(GB 50011—2010)[1]和《高层建筑混凝土结构技术规程》(JGJ3—2010)[2]中引入了基于性能的抗震设计方法,对地震动水准、性能目标、性能水准组合及计算方法等关键内容做出了明确规定,为超限高层结构基于性能的抗震设计提供了有效途径。弹塑性分析方法作为基于性能抗震设计的重要手段,在超限高层结构设计中得到广泛应用。由于影响该方法计算结果的因素较多,如计算软件、材料模型和阻尼取值甚至人为的操作等,都会导致对同一个结构的分析结果产生较大的差异,因此对分析结果可靠性的合理评判就显得至关重要。

在对结构进行抗震分析和评价时,所关注的最主要的宏观指标通常有两个,即内力响应和变形响应。弹塑性分析结果中关于这两个指标可靠性的判断尤为关键。《建筑抗震设计规范》对弹塑性计算的模型、计算结果判断等问题有一些具体规定,3.10.4 条文说明的第 3 条规定:"进入弹塑性变形阶段的薄弱部位会出现一定程度的塑性变形集中,该楼层的层间位移应大于按同样阻尼比的理想弹性假定得出的计算结果;如果明显小于此值,则该位移数据也不可靠。"此条表明在一般情况下,考虑弹塑性计算的薄弱层层间位移角要大于按完全弹性假定计算的结果。但在实际工程计算中发现,考虑弹塑性后计算所得薄弱层层间位移角是增大还是减小,在不同工程中情况并不一致,文献[3]通过几个工程实例说明弹塑性分析的位移响应有可能低于纯弹性分析的结果。

有观点认为:"地震输入的能量是一定的,结构内力无法进一步提高时,进入塑性耗散能量,变形增大是必然的,否则不符合基本的能量原理。"这种观点似乎可以用图 4-1 的能量相等法则解释。实际上地震中从结构底部输入的是位移、速度或者加速度,并非直接的地震能量。通常计算中输入的地震波为加速度波,无论是弹性分析还是弹塑性分析,输入的这条波是不变的,但并非输入的能量不变,只有当结构做出响应,产生内力和变形后,才能确定究竟输入了多少能量,因此在对于不同的状态输入的能量可能并不相同。一般结构发生损伤刚度退化以后,后续输入的能量与原来的弹性结构相比会大幅度降低,即存在输入能量"自然减少"的现象,而这部分减少的能量是不需要结构本身耗散的。

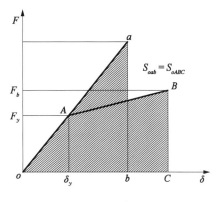

图 4-1　能量相等法则示意图

结构进入弹塑性阶段的地震位移响应的变化在国外也有研究[4],美国的 Clough,Hudson 和 Jennings 先后于 1965 年和 1968 年提出这样一条经验法则:地震作用下,一个滞回非线性结构所产生的最大弹塑性侧移,大致等于一个始终保持弹性状态的结构所产生的最大侧移。美国 Newmark 的研究结果也表明:具有一定阻尼和不太长周期的结构,在地震作用下,弹性结构最大相对位移与对应弹性结构最大相对侧移的比值,大致在 1.0 附近上下波动。美国 T.Y.Lin 联合顾问工程事务所在他们的《高层建筑抗震设计准则的研究》中有这样一段话:非线性结构由地震引起的侧向位移,与同一地震引起的完全弹性反应的侧向位移的大小相接近。这些经验尽管不是完全明确针对结构薄弱部位层间位移的说法,但至少表明结构的位移变形在弹塑性计算中并非都会增大。

对于结构发生刚度退化以后的地震力响应计算结果是否合理,也经常由抗震专家根据经验进行判断,通常认为弹塑性分析的地震力比弹性分析有所降低,大震弹塑性分析的地震力是小震弹性结果的 3~5 倍。但最近有工程出现弹塑性计算的地震力大于相应的弹性计算结果,也有地震力降低过多的情况。

总的看来,结构在实际地震中的响应与刚度退化程度密切相关,但不同高度、周期和场地情况的差别又很大。以往的研究和相关经验较为笼统,未能针对不同情况给出定量规律,并且有时经验和实际的分析结果出现矛盾。本节通过理论研究,以结构实际发生的刚度退化系数作为基本变量,分析结构的耗能情况,并最终给出地震力和位移响应相对弹性分析折减系数的理论公式,通过实际工程分析进行验证。该理论成果可以为抗震性能设计和弹塑性分析结果的评判提供参考依据,为高层结构在地震中的性能演化机理提供理论支持。

4.2.1　地震响应控制参数初步分析

大震作用下随着结构的损伤发展,结构对地震作用的反馈也会发生变化,即地震作用和目标结构是一个共同作用的过程。结构对地震作用的响应从宏观上说主要有两个指标，即力的响应和变形（位移）的响应。由动力学的基本方程式（4-1）可知，在相同的地震输入下，影响结构响应的因素主要有三个：质量、刚度和阻尼。对一个特定结构，

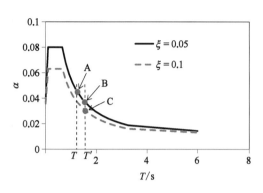

地震作用过程中通常质量是不会发生变化的。结构发生损伤后，刚度会降低，周期变长，地震力降低。而同时结构历经塑性变形也会发生滞回耗散能量，使得地震响应降低（图4-2）。为方便起见，可将弹塑性耗能等效为一种附加阻尼，和结构的原有阻尼叠加在一起，形成一个等效阻尼。这样一来，讨论结构响应变化的问题，就变成讨论刚度和阻尼的问题，而刚度和阻尼在地震作用过程中均是一个不断变化的参数。

140

图4-2 周期和阻尼变化导致地震响应系数变化示意图

$$m\ddot{x} + c\dot{x} + kx = -m\ddot{x}_g \qquad (4-1)$$

4.2.2 弹塑性耗能等效阻尼比的理论推导

结构历经塑性变形并因此耗散能量，与黏滞阻尼的耗能有着本质的不同，但为便于评价，将弹塑性耗能表示为一种"等效阻尼"不失为一种有效的方法[5]。

以单自由度系统为例进行讨论，其滞回模型采用图4-3所示的双线性模型。假设系统质量为m，线弹性刚度为k_e，屈服内力和屈服变形分别为F_y和u_y，屈服后的刚度比$\alpha = \dfrac{k_1}{k_e}$称作刚度强化率。地震中某状态下结构的割线刚度为$k = \gamma k_e$，$\gamma$为刚度折减系数（<1.0）。

参考我国《建筑抗震设计规范》，结构滞回一周引起的附加阻尼比可由式（4-2）计算：

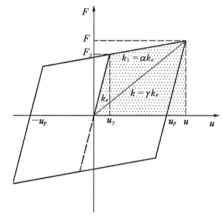

图4-3 单自由度系统的滞回模型

$$\xi = W_c / (4\pi W_s) \qquad (4-2)$$

内力为：

$$F = \gamma k_e u \qquad (4-3)$$

又

$$F = F_y + (u - u_y)\alpha k_e \qquad (4-4)$$

由式（4-3）、（4-4）相等，整理得：

$$u = \frac{1-\alpha}{\gamma-\alpha}u_y \qquad (4-5)$$

塑性变形为：

$$u_p = u - \frac{F}{k_e} = (1-\alpha)u \qquad (4-6)$$

将式(4-5)代入式(4-6)，则：

$$u_p = \frac{(1-\alpha)(1-\gamma)}{\gamma-\alpha}u_y \qquad (4-7)$$

滞回耗能为：

$$W_c = 4F_y u_p = \frac{4(1-\alpha)(1-\gamma)}{\gamma-\alpha}F_y u_y \qquad (4-8)$$

总应变能为：

$$W_s = F_y u_y/2 + (F_y + F)(u - u_y)/2 = \frac{F_y u_y}{2} \cdot \frac{(2\gamma-\alpha-\gamma^2)(1-\alpha)}{(\gamma-\alpha)^2} \quad (4-9)$$

附加阻尼（弹塑性耗能"等效阻尼"）为：

$$\xi_a = W_c/(4\pi W_s) = \frac{2(1-\gamma)(\gamma-\alpha)}{\pi(2\gamma-\alpha-\gamma^2)} \qquad (4-10)$$

图 4-4 给出了等效阻尼比与刚度折减系数的关系，并分别比较了在不同刚度强化率 α 下的对比曲线。经分析有以下结论。

（1）随结构刚度退化程度的不断增加，弹塑性耗能的等效附加阻尼比基本呈增加趋势，但在刚度退化的后期（严重破坏后）可能出现阻尼比的减小，这主要是由于耗能能力（滞回环的面积）不仅与变形相关，还与刚度（力）相关，当结构刚度严重退化后，滞回环被拉长，但同时高度降低，包围的面积相对减小（图 4-5）。

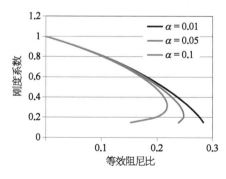

图 4-4 等效附加阻尼比与刚度折减
系数的关系曲线

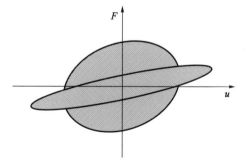

图 4-5 滞回环形状示意图

（2）不同刚度强化率 α 所对应的曲线在刚度系数大于 0.6 的情况下几乎重合，刚度退化到小于 0.6 以后，各条曲线差别逐渐增大。而一般按规范要求设计的高层和超高层结构在大震作用下通常刚度系数会在0.6以上。在这个区间附加阻尼比对刚度强化率 α 不敏感,说明上文所推导的附加阻尼比计算公式比较稳定,对于不同的结构(混凝土结构、钢结构和混合结构)当刚度强化率不同时,对附加阻尼比不会有太大的影响。

(3)当刚度系数取 0.9 时,等效附加阻尼比为 5.7%;刚度系数取 0.8 时,等效附加阻尼比为 10.4%。而规范所建议的对于钢结构大震简化分析时取 5%,可能并没有合理的估算大震中结构的有效阻尼比,取值可能偏低。

4.2.3 刚度折减系数与地震力及位移响应的理论关系

4.2.3.1 公式推导

由于影响地震响应的主要因素有结构总重量、刚度、阻尼,在整个地震过程中可认为总重量保持不变。发生变化的仅为刚度和阻尼。本部分在上文弹塑性耗能等效阻尼的基础上,讨论刚度和阻尼两个参数对地震响应的定量影响规律。其中阻尼部分仅考虑弹塑性耗能的附加阻尼发生变化,初始输入的结构本身黏滞阻尼比认为在地震中不发生变化(实际上这部分阻尼也与刚度相关,为方便起见暂不讨论,由程序默认处理)。

本部分理论借助反应谱方法的基本思想。尽管反应谱法是一种线弹性的分析方法,但通过设置不同的刚度和阻尼仍可以反映出地震中结构响应的变化(图4-6)。

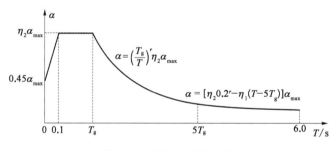

图 4-6 规范反应谱曲线

假定地震中某状态下,结构的刚度系数为 R_k,原有基本周期为 T(弹性),则损伤后的周期为:

$$T' = T / \sqrt{R_k} \qquad (4-11)$$

假定弹性周期和弹塑性周期所对应的地震影响系数分别为 α 和 α',则地震力降低系数 $R_F = \alpha'/\alpha$,对于反应谱的不同区段,有以下计算公式。

(1)T 和 T' 均在直线下降段,则:

$$R_F = \alpha'/\alpha = \frac{\eta'_2 0.2^r - \eta'_1 (T' - 5T_g)}{\eta_2 0.2^r - \eta_1 (T - 5T_g)} \qquad (4-12)$$

（2）T 和 T' 均在曲线下降段，则：

$$R_F = \alpha'/\alpha = \left(\frac{T_g}{T'}\right)^r \eta_2' \bigg/ \left(\frac{T_g}{T}\right)^r \eta_2 \qquad (4-13)$$

（3）T 在曲线下降段，T' 在直线下降段，则：

$$R_F = \alpha'/\alpha = \frac{\eta_2' 0.2^r - \eta_1'(T'-5T_g)}{\left(\dfrac{T_g}{T}\right)^r \eta_2} \qquad (4-14)$$

其中，γ、η_1、η_2 按照规范公式取值，则：

$$\gamma' = 0.9 + \frac{0.05 - (\xi + \xi_a)}{0.3 + 6(\xi + \xi_a)} \qquad (4-15)$$

$$\eta_1' = 0.02 + \frac{0.05 - (\xi + \xi_a)}{4 + 32(\xi + \xi_a)} \qquad (4-16)$$

$$\eta_2' = 1 + \frac{0.05 - (\xi + \xi_a)}{0.08 + 1.6(\xi + \xi_a)} \qquad (4-17)$$

$$\xi_a = \frac{2(1 - R_k)(R_k - \alpha)}{\pi(2R_k - \alpha - R_k^{\,2})} \qquad (4-18)$$

确定了地震力响应系数后，位移响应系数可由式(4-19)计算获得：

$$R_u = u'/u = R_F/R_k \qquad (4-19)$$

4.2.3.2 影响参数及基本规律分析

前面给出的地震力和位移响应随结构刚度退化的估算公式中主要包含了结构的基本周期 T、输入的初始阻尼比 ξ、场地特征周期 T_g 等，这三个参数分别反映了结构的高度、材料类型以及地震动参数（场地）的影响，下面分别从这三个参数上讨论相关的影响规律，最终形成在各种情况下结构响应的定性和定量结论。

（1）随刚度系数的降低，地震力逐渐降低，对于基本周期不同的结构，在相同的刚度折减系数下，周期越长，地震力下降幅度越小（图4-7）。反映在实际工程中，则表现为高度越大越柔的结构，在相同的破坏程度下地震力降低幅度会小。该结论印证了目前超高层建筑结构当高度达到一定程度时（比如500 m以上），尽管大震下出现一定的破坏，但总的地震力与弹性相比下降不明显。而200 m级的建筑往往地震力降低幅度更明显。对于位移响应，则随着基本周期的增加，弹塑性的位移系数越大，说明高度越大的结构大震下结构变形越容易被放大。

（2）对于不同的场地特征周期，地震力降低的程度不同，特征周期越长，相同刚度

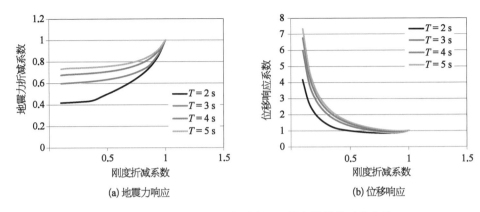

图 4-7　地震响应变化系数对应不同基本周期的对比曲线

折减情况下,地震力降低越明显,位移响应放大的可能性越低(图4-8)。从工程实践的意义上看,以北京和昆明为例,前者为8度第一组、后者为8度第三组,工程经验表明,高度基本相当的项目,在昆明的项目表现为地震力大,弹塑性分析地震力折减程度大,但位移更容易满足要求;而北京的项目则地震力相对小,弹塑性分析的地震力折减程度也小,但位移往往更难满足要求。

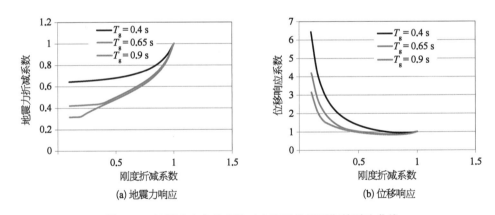

图 4-8　地震响应变化系数对应不同特征周期的对比曲线

（3）不同的初始阻尼比也会影响弹塑性分析中地震力和位移响应的变化。初始输入的阻尼比越小,弹塑性地震力折减越显著,位移响应系数越小。说明钢结构与混凝土结构相比,地震力折减的更多,而位移放大的程度更小(图4-9)。

（4）比较单独刚度折减与弹塑性耗能的等效附加阻尼比对地震力降低的贡献率(图4-10、图4-11),发现在不同的地震水平下(刚度折减系数不同),两者的贡献率差异较大,当结构刚刚有塑性发展,刚度折减不明显的时候,附加阻尼比对地震力降低发挥了主要作用;随着结构破坏程度的加剧,附加阻尼比的贡献率逐步降低,刚度退化(周期变长)发挥的作用逐渐增加,到结构破坏的后期则主要表现为刚度降低的作用。

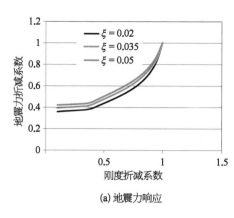

(a) 地震力响应

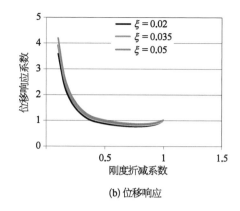

(b) 位移响应

图 4-9　地震响应变化系数对应不同初始阻尼比的对比曲线

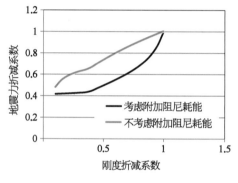

图 4-10　是否考虑塑性耗能的地震力折减系数对比曲线

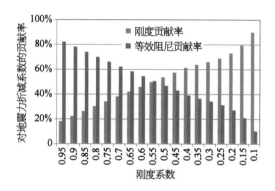

图 4-11　刚度退化与塑性耗能对地震力降低的贡献率对比

（5）单独从位移响应系数来看，并非所有结构都表现为弹塑性分析的位移大于弹性分析的结果。如图 4-7(b)、图 4-8(b)、图 4-9(b)，在刚度折减的前期一定范围内，位移响应系数是小于 1 的，这说明弹塑性分析的位移小于相应的弹性分析结果。当刚度发生较严重的退化后，则表现为弹塑性位移呈增大趋势。折减系数在 1.0 的分界线受结构的基本周期、场地特征周期以及初始附加阻尼比的影响。通常情况下越矮（周期短）的结构，越容易出现弹塑性位移小于弹性位移，场地特征周期越长、初始阻尼比越小（钢结构）也越容易出现弹塑性位移降低。而如果不考虑弹塑性耗能附加阻尼比的作用，仅计算刚度折减带来的地震力降低，则不会出现弹塑性位移小于弹性位移响应，这说明耗能作用加速了地震力的折减，其降低程度超过了刚度本身折减的速度。如果通常结构在大震作用下，刚度折减不低于 0.5 的话，在这个范围内出现弹塑性位移小于弹性位移的情况还是比较常见的。但如果结构某一层出现明显的薄弱层，则该层的位移是减小还是增大需要针对具体工程再做更深入的研究。

（6）从图 4-7(a)、图 4-8(a)、图 4-9(a)看出，如果控制结构的刚度折减系数在 0.5～0.9 的范围内，地震力的降低系数基本在 0.4～0.8 之间，则大震弹塑性地震力与小震弹性反应谱的比值将落在 2.5～5 之间，因此在抗震审查中经常将 3～5 倍作为评价弹塑性分析结果是否正常的参考标准一般是合理的。

4.2.4 特殊地震响应问题分析

前文主要借助反应谱理论的基本思想,推导了地震响应和结构刚度折减系数之间的关系。可以从基本概念上帮助设计师理解其中的相互关系。但结构在实际地震中响应的影响因素非常复杂。比如受地震波输入的影响是一个主要因素,一些特殊的地震波导致结构的响应经常不能通过反应谱的基本分析结论来涵盖。这里列举主要的两种情况:① 某些地震波导致结构的位移响应和地震力响应出现不一致,可能地震力不是很大,而位移响应却很大,结构破坏也相对严重。② 另外有一些不常见的地震波,由于其频谱特性特殊,在某一个周期处有向上突变,而结构的基本周期(或靠前的某一周期)正处在该临界周期之前,地震损坏后周期变长,正好落在该临界周期上,导致该阶振型的响应出现较显著的共振现象,最终表现为弹塑性分析的总地震力大于弹性分析结果。这种情况非常特殊,如果遇到这些情况则需要多做几条地震波,判断到底是否由于一些特殊波所致,否则需要检查结构模型或者输入参数是否有误(图 4-12)。

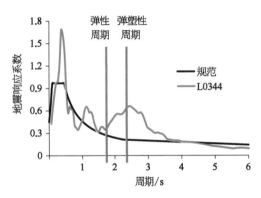

图 4-12 地震反应谱上周期增加后的响应陡增现象

4.2.5 工程案例

某金融中心办公楼地面以上共 35 层,总高 143.1 m,采用型钢混凝土框架-筒体结构,属于 B 级高度的高层建筑(图 4-13)。楼面采用钢筋混凝土现浇梁板结构。钢筋混凝土框架的抗震等级为一级,钢筋混凝土核心筒的抗震等级为一级。主楼底部框架柱截面为 1 400 mm×1 400 mm,由下至上柱截面逐步收小至 1 000 mm×1 000 mm。主楼框架梁主要截面如下:内部:450 mm×850 mm;外围:550 mm×850 mm。核心筒外围墙厚 800 mm~450 mm。

设防烈度:7 度。

场地特征周期:0.75 s。

场地类别:Ⅳ类。

设计地震分组:第二组。

利用 Abaqus 程序对该结构分别进行弹性和弹塑性时程分析(输入的地震波见图 4-14),对比地震力和位移响应的变化系数。同时考察整体结构的刚度退化情况。结构在地

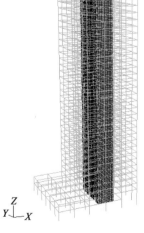

图 4-13 算例弹塑性分析模型

震中发生损伤后刚度折减的准确数值，通过软件直接获取尚有困难，可通过计算损伤后结构的模态间接得到刚度退化系数[6]，计算流程见图 4-15。

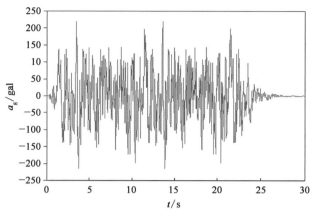

图 4-14 输入的加速度曲线

图 4-15 Abaqus 中结构历经地震损伤后模态分析流程图

由表 4-1 可知，根据弹性和弹塑性分析的对比结果，后者的地震力降低系数为 0.79，同时位移响应也有所降低，系数为 0.91。经历地震作用后周期由 3.75 s 增加为 4.22 s，据此可得到整体刚度退化系数为 0.79。根据前文给出的公式可得到地震响应变化系数的理论计算值（表 4-2），地震力和位移的折减系数分别为 0.74 和 0.94，有限元分析结果和理论计算结果基本一致。本文理论公式可用于对高层结构弹塑性响应进行定性和定量判断。

表 4-1 弹性与弹塑性时程分析响应对比

项　　目	地震力/kN	位移/m	基本周期/s
弹性①	14 995	0.530	3.75
弹塑性②	11 846	0.482	4.22
比值②/①	0.79	0.91	1.13

表 4-2 本文公式计算地震响应变化系数

相 关 参 数	计 算 值
刚度折减系数	0.79
初始阻尼比	0.04

相 关 参 数	计 算 值
特征周期/s	0.75
弹性基本周期/s	3.75
损伤后的周期/s	4.22
塑性耗能附加阻尼比	0.11
地震力响应系数	0.74
位移响应系数	0.94

4.2.6　结论

（1）将高层结构在地震中发生损伤破坏后的塑性耗能等效为阻尼耗能,给出附加阻尼比与刚度退化系数的相关公式。

（2）借助反应谱思想,以单自由度为基础,推导得出结构发生刚度退化后,地震力影响以及位移响应的变化系数公式。

（3）根据给出的公式分析相关参数的影响规律,结果显示：在地震中发生相同的刚度退化程度时,高度较大（周期长）的结构,地震力降低幅度较小；场地特征周期越长,地震力降低的幅度相对更为明显；相同情况下钢结构比混凝土结构地震力降低更为显著。在结构发生破坏的初期,塑性耗能对地震力降低的贡献率较大,随着损坏程度的提高,刚度贡献逐渐增加。

（4）对于位移响应的变化,理论公式显示,在结构损伤程度不大时,经常出现弹塑性位移小于相同情况下的弹性位移。并且高度越小（周期短）、特征周期越长、初始阻尼比越小时,越容易出现上述情况。

（5）对一个工程案例进行弹性与弹塑性时程分析,同时采用本文公式进行计算,两者结果吻合较好。

应用本文给出的公式可对高层建筑结构在地震作用中的响应变化规律进行定性和定量判断。为基于性能的抗震设计和弹塑性时程分析的结果评判提供理论参考。

4.3　基于弹塑性分析的整体响应指标分析

4.3.1　案例说明

选择10个复杂超高层工程案例,其中包含巨型框架-核心筒结构6个,普通钢筋混凝土框架-核心筒1个,钢管混凝土框架-钢筋混凝土核心筒1个,复合框架-钢筋混凝土核心筒 1 个,三塔连体巨型结构 1 个,以形成与巨型框架-核心筒的性能对照,见表 4-3。

表 4-3 弹塑性分析工程案例列表

编号	项 目 名 称	高度/m	体 系 说 明
1	合肥某中心 T1 塔楼	588	巨型框架+核心筒+伸臂桁架
2	深圳某中心大楼-1	350	巨型框架+核心筒+伸臂桁架
3	深圳某文化艺术中大楼	99.6	三塔连体巨型结构
4	苏州某中心大楼	598	巨型框架+核心筒+伸臂桁架
5	南京某超高层	539.8	巨型框架+核心筒+伸臂桁架
6	深圳某中心大楼-2	393.9	钢管混凝土巨柱框架+核心筒+伸臂桁架
7	深圳某财险总部大楼	273	钢管混凝土框架-钢筋混凝土核心筒
8	合肥某中心 T3 塔楼	362.5	巨型框架+核心筒+伸臂桁架
9	宁波某中心大楼	409	复合框架-钢筋混凝土核心筒
10	沈阳某工程 D2 塔楼	207.5	钢筋混凝土框架-核心筒

主要借助动力弹塑性分析的手段,首先在设计罕遇地震下选择多组地震波对设计结果进行充分论证,针对发现的薄弱环节采取一定的加强措施,使之能够较好满足规范要求以及设计预期的各项性能。在此基础上选择典型地震波,进行全过程的破坏模式研究,借助增量动力弹塑性分析方法的思路,进行类似于批量振动台试验的数值试验研究,结合刚度退化、周期延长、外框剪力变化、耗能以及构件破坏顺序多角度分析,重点研究结构的一般破坏特征,和直到倒塌或接近倒塌的全过程破坏规律,并基于研究结果总结超高层结构在超强地震作用下的破坏倒塌规律特征。

每个工程案例均选择合适的地震波,从小震加载开始,进行动力头弹塑性分析,并逐渐增大地震作用水平,直至结构发生严重破坏或接近倒塌,地震作用水平最大取到 9 度罕遇地震的 2 倍。

4.3.2 整体刚度退化

提取不同地震水平下的最大基底剪力与最大顶部位移,将不同的数据点连线,可获得地震剪力-位移曲线,对于弹性结果,该线应为一条直线,而如果结构进入塑性,则该线将由直线向曲线发生转变。根据剪力-位移曲线可定性判断结构刚度退化的程度。由图 4-16 可知,全部案例在 7 度罕遇地震下整体结构刚度均未出现显著退化,承载力在 9 度罕遇地震之前未出现明显下降。

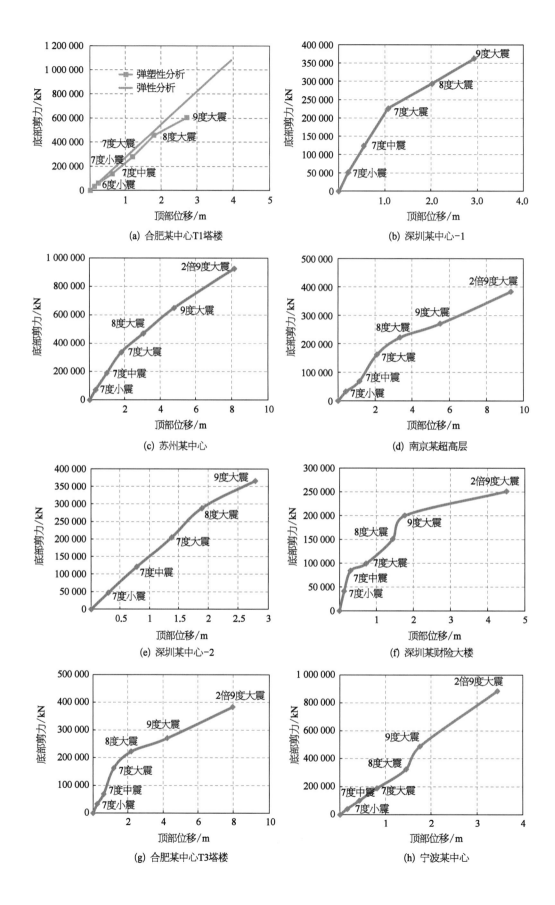

(a) 合肥某中心T1塔楼

(b) 深圳某中心-1

(c) 苏州某中心

(d) 南京某超高层

(e) 深圳某中心-2

(f) 深圳某财险大楼

(g) 合肥某中心T3塔楼

(h) 宁波某中心

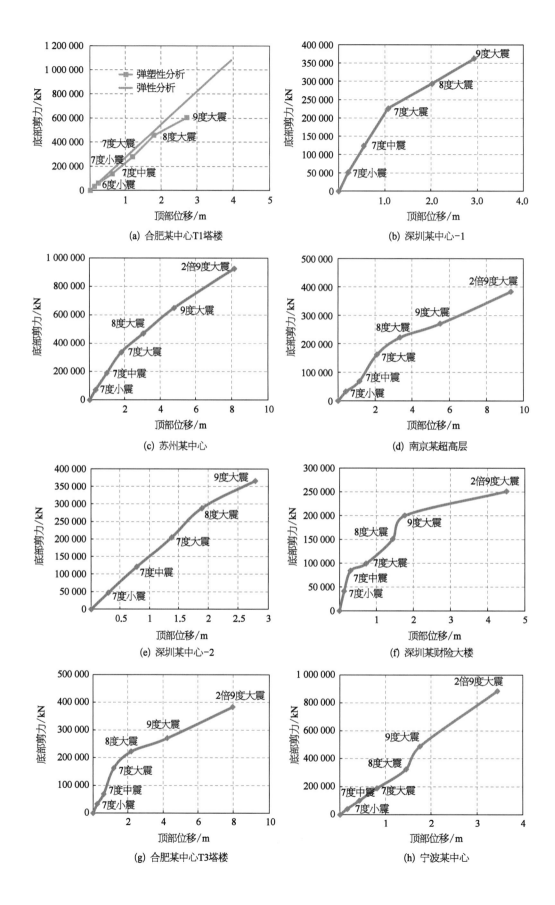

超高层建筑结构地震作用输入与响应

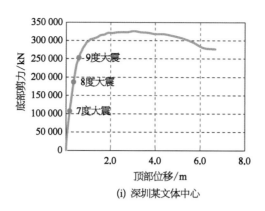

(i) 深圳某文体中心

图 4-16 不同案例地震剪力-顶部位移曲线

从剪力-位移曲线只能获知结构刚度退化的大致水平,无法显示量化程度。实际上可以在每一级地震作用结束后重新计算结构的周期,通过周期的变化间接获知结构的刚度退化量化水平。表 4-4 给出了各个案例在不同水平地震作用后的基本周期,图 4-17 为刚度退化曲线。由图可知,在设计预期的 7 度罕遇地震下,结构的刚度退化基本在 20% 以内,这与振动台试验反映出的退化程度基本上是一致的。在达到 2 倍 9 度罕遇地震水平时,结构的刚度退化程度可接近 20%。

表 4-4 不同水平地震作用后结构基本周期 单位:s

工 程 案 例	震前	7 度小震后	7 度中震后	7 度大震后	8 度大震后	9 度大震后	2 倍 9 度大震后
合肥某中心 T1 塔楼	9.64	9.68	9.73	9.95	10.32	10.51	11.51
南京某超高层	9.00	9.01	9.05	9.14	9.44	9.80	10.42
深圳某中心大楼-2	6.45	6.46	6.50	6.65	6.85	7.16	7.27
深圳某财险总部大楼	4.87	4.89	4.92	5.20	5.50	5.92	7.09
合肥某中心 T3 塔楼	7.65	7.68	7.75	8.01	8.45	8.69	10.07
宁波某中心大楼	7.61	7.66	7.67	7.88	8.12	8.36	9.06
沈阳某工程 D2 塔楼	5.02	4.95	4.83	4.90	5.00	5.20	5.90
苏州某中心大楼	8.97	8.98	9.02	9.18	9.43	9.79	10.86

另外,图 4-18 以合肥某中心 T1 为例给出两个方向的平动刚度以及扭转刚度的退化程度对比曲线,由图可知,两个方向平动刚度退化基本一致,而扭转刚度退化程度较大,该现象反映了结构发生损坏后对扭转刚度的影响更大,主要是由于核心筒连梁的破坏导致扭转刚度加速退化。

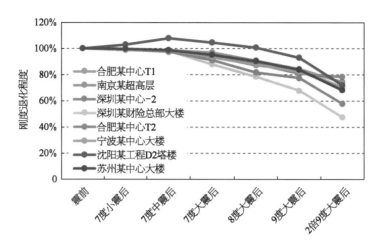

图 4-17 不同水平地震作用后结构刚度退化曲线

　　图 4-19 则给出了振动台试验实测刚度退化与数值模拟的对比曲线（两者采用的地震激励相同），由图可知，分析结果和试验数据得到的结果基本一致。

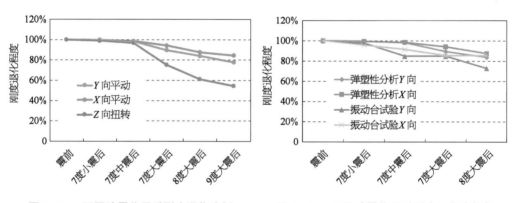

图 4-18　不同地震作用后刚度退化比例　　图 4-19　不同地震作用后刚度退化比例与振动台试验对比曲线

4.3.3　整体倒塌判断

　　通过顶部位移时程曲线可判断结构倒塌风险，当结构位移曲线出现偏向一侧时，说明结构产生了比较严重的难以恢复的损伤破坏，当不断增大地震力时，结构将最终发生倒塌。图 4-20 给出了不同案例在不同水平地震作用下的顶部位移时程对比曲线，由图看出，多数结构在 2 倍 9 度罕遇地震下发生了较为明显的位移发散现象，说明在该地震水平下倒塌风险较高。但不同结构位移开始出现侧偏的地震水平和偏移程度不同，说明其抵抗地震倒塌的能力是不同的。另外，随着地震水平的增加，位移峰值逐渐向后移动，说明结构的刚度在逐渐降低。

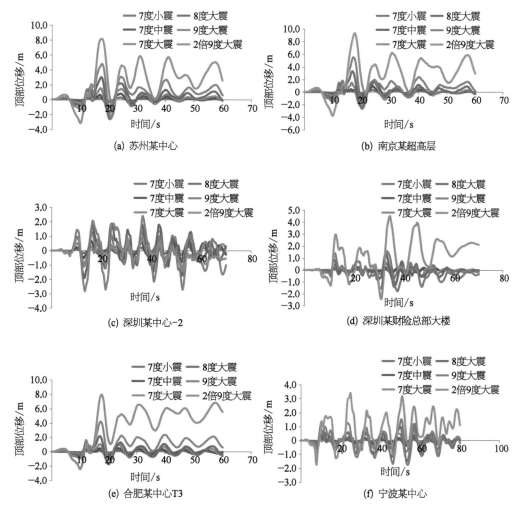

图 4-20 结构顶部位移时程对比曲线

4.3.4 集中楼层破坏判断

通过不同地震水平层间位移角曲线的形状变化,可以判断结构在哪些楼层发生相对严重的刚度退化,或集中破坏损伤。一般当某一楼层出现严重破坏,地震力进一步增大后,位移角相对其他楼层将会有较快增加。

图 4-21 给出了不同结构在不同水平地震作用下的位移角对比曲线,可以非常清晰地看出不同区域位移角增大的速度和顺序有很大的不同。以苏中某中心为例,当地震力不是很大时,主要在底部和中上部两个区域的楼层位移角增大较快,而当地震力增大到超罕遇地震时,结构的中部楼层出现明显集中破坏,位移增大迅速;深圳某中心-2则反映出另外一个重要现象,当遭遇超罕见地震时,底部发生明显破坏位移增大,而上部楼层的位移角反而减小,说明下部的破坏减小了地震作用,使得上部结构响应有所降低。

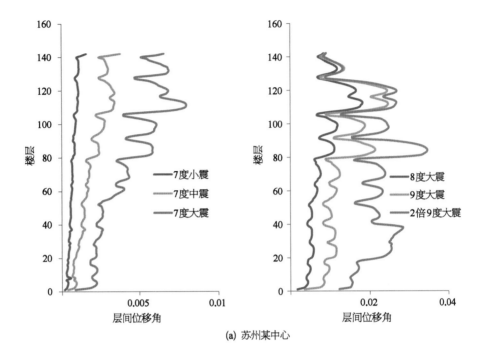

(a) 苏州某中心

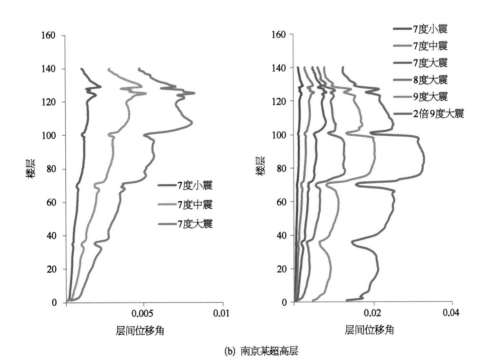

(b) 南京某超高层

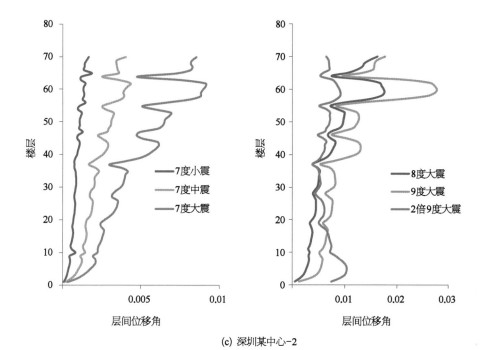

(c) 深圳某中心-2

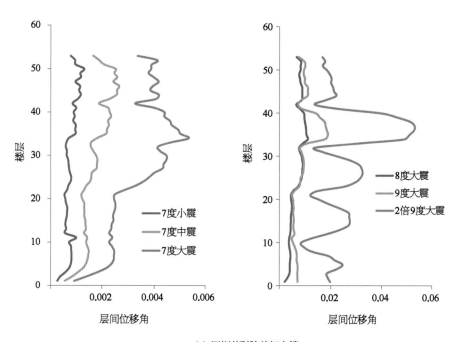

(d) 深圳某财险总部大楼

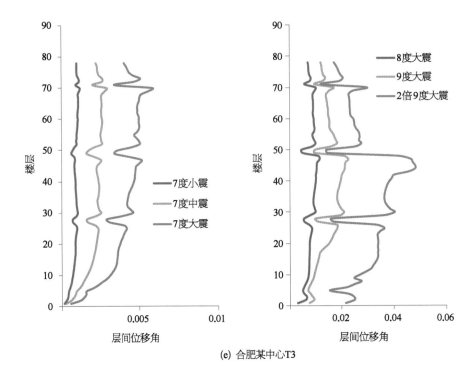

(e) 合肥某中心T3

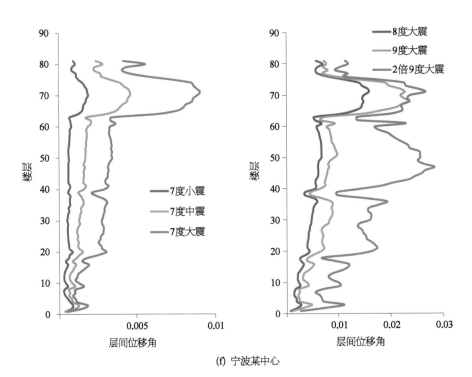

(f) 宁波某中心

图 4 - 21　层间位移角对比曲线

4.3.5 能量耗散与附加阻尼比

以合肥某中心 T1 为例，通过对不同工况下地震输入能量及各部分的能量耗能进行考察，也可以对结构的损伤破坏进行总体判断。表 4-5 给出了输入能量及各部分的能量耗散数据。其中系统阻尼耗能为整体结构计算中输入的 5% 阻尼比产生的耗能，结构发生损伤破坏后弹塑性滞回也会产生耗能作用，通过两部分能量的比例，可以得到损伤耗能的附加阻尼比（图 4-22、图 4-23）。

表 4-5 不同工况下能量耗散列表

地震水平	系统阻尼耗能	塑性损伤耗能	附加阻尼比
7 度中震	186 725	40 508	1.08%
7 度大震	574 779	337 602	2.94%
8 度大震	1 406 820	1 206 069	4.29%
9 度大震	3 210 810	3 391 647	5.28%

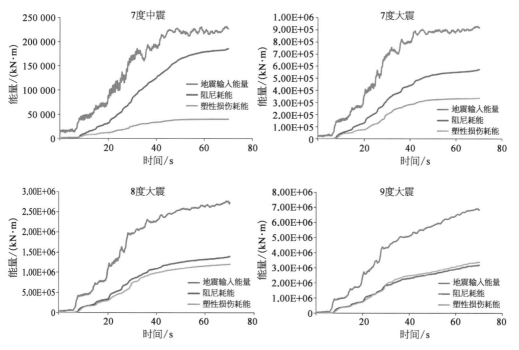

图 4-22 不同工况各部分能量耗散曲线

在地震水平较低时，输入的地震能量主要通过结构的系统阻尼耗散，随着地震强度的增加，弹塑性耗能所占比例逐渐增加。换算为附加阻尼比，7 度中震时约为 1%，7 度大震时约为 3%，9 度大震时达到 5% 以上，超过系统阻尼的耗能。

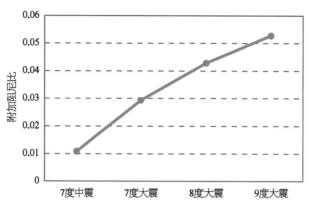

图 4 - 23　附加阻尼比随地震作用变化曲线

4.4　弹塑性分析整体位移响应周期的非一致变化规律

4.4.1　基于位移响应周期的概念判断

对超高层结构进行动力弹塑性分析后,一般从位移限值、整体刚度退化和构件损伤等多个层面进行抗震性能评价[7],而在判断整体刚度退化时,第一种是通过地震总剪力相对弹性分析的降低程度,第二种是将弹塑性分析的顶部位移时程曲线与弹性结果画在一张图中,考察两者位移响应振动周期的差异性,通过结构发生塑性以后的周期相对弹性周期的拉长程度,间接判断结构刚度退化的程度。其中第一种通过剪力降低程度的判断有时会出现异常情况,并不总能得到符合实际的判断结果,该情况在文献[7]中已进行专门讨论,分析了具体原因。第二种通过位移响应周期的变化进行间接判断刚度退化程度的方法,也并非总是有效,相关影响因素较为复杂,目前尚未看到有文献专门针对该问题进行研究。本节以一个实际超高层案例为背景,针对这个问题展开讨论,以增加对弹塑性分析结果的进一步认识,做出更加合理的概念判断。

4.4.2　周期变短工程现象

某 600 m 级超高层结构,基本自振周期 9.18 s,对其进行罕遇震弹塑性分析,下面给出典型的两组地震波的弹塑性位移和弹性位移对比结果。图 4 - 24 为一组人工波时程曲线,图 4 - 25 为一组天然波时程曲线。

图 4 - 24 中的两条曲线非常清晰地反映了工程师以往熟悉的规律:在开始阶段,弹塑性和弹性位移曲线基本重合,随着地震进程,弹塑性的振动响应周期逐渐拉长,但总体变化并不大,符合基本的概念判断。图 4 - 25 中的曲线则出现"反常",尽管在开始阶段两者基本重合,但在 30 s 以后,弹塑性的响应周期出现慢慢"缩短"趋势,在 40～50 s 之间缩小程度还比较明显。对于这个反常现象,直观上会有两种解释:一是计算

错误或者数据提取错误;二是以往的经验尚未包含这种情况。经仔细核查后并没有发现明显的计算或数据处理方面的错误,所以接下来的讨论将"尝试"解释这种现象,从更深层次的角度分析造成这种现象的原因。

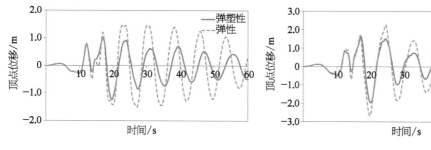

图4-24　人工波时程曲线　　　图4-25　天然波(L2574)时程曲线

在分析原因之前,先补充一个现象:对于上面所给出的两组波的响应,当考察结构构件的破坏程度时,天然波相对人工波破坏得更为严重,尤其核心筒的破坏更为明显。

4.4.3　振动位移响应周期"缩短"原因分析

4.4.3.1　简谐荷载下单自由度结构位移响应组成

根据动力学原理[8],结构的自由振动周期只取决于质量矩阵与刚度矩阵,地震作用下,质量矩阵一般不考虑变化,变化的只有刚度矩阵。结构在地震中发生破坏,刚度退化,自振周期变长是最基本的力学规律。但是结构在地震作用下的振动并非自由振动,所谓的顶点位移曲线所显示的响应周期只是对自振周期的间接反映,并不等同于自振周期,而是一种受迫振动周期,很多时候反映出的是输入地震动的周期。

以简谐荷载下单自由度结构振动为例进行说明,其振动方程为:

$$m\ddot{y} + c\dot{y} + ky = P\sin\theta t \tag{4-20}$$

其中, m 为结构的质量; k 为体系的刚度; c 为体系的阻尼系数; P 和 θ 分别为荷载幅值和频率; y 为结构的位移。

该方程的解为:

$$y(t) = -e^{-\xi\omega t}\left[B_1\cos\omega_\mathrm{d}t + (B_2\theta + B_1\xi\omega)\sin\omega_\mathrm{d}t\right] + (B_1\cos\theta t + B_2\sin\theta t) \tag{4-21}$$

其中:

$$\omega_\mathrm{d} = \omega\sqrt{1-\xi^2}$$

$$B_1 = \frac{-2\xi\omega\theta}{(\omega^2-\theta^2)^2 + 4\xi^2\omega^2\theta^2}\frac{P}{m}$$

$$B_1 = \frac{\omega^2-\theta^2}{(\omega^2-\theta^2)^2 + 4\xi^2\omega^2\theta^2}\frac{P}{m}$$

由式(4-21)可以看出，振动体系的位移解由两部分组成。第一部分为瞬态振动，又称为伴生自由振动，反映结构的自振特性；第二部分为稳态振动，主要和荷载激励频率相关。一般认为半生自由振动衰减较快，通常可以忽略，结构最终将按照外部激励的周期做稳态振动。但地震激励并非简单的简谐激励，而是具有丰富的频谱特征，尤其结构周期较长时，瞬态响应更为明显。所以对于地震激励，就不存在瞬态响应可以忽略的情况[9]。因此，在地震中结构的振动响应周期实际上是自由振动和稳态振动叠加的综合结果，不纯粹是自振周期的反映。

以 350 m 和 600 m 高的两个超高层工程为例，输入同一条波进行弹性时程分析。两者自振周期分别为 6.46 s 和 9.53 s。图 4-26 为两个结构的顶部位移时程对比曲线。结果显示，600 m 结构的位移响应周期比自振周期短很多，甚至比 350 m 结构的自振周期还要短。刚开始振动时 600 m 结构的响应周期大于 350 m 结构，20 s 以后则出现相反情况。可认为 20 s 以后 600 m 结构的振动响应主要反映的是激励强迫振动的特征。对于这条波，如果假定一个结构的弹性周期是 6.46 s，在罕遇地震下刚度出现退化后，周期拉长到 9.53 s，增加到约 1.5 倍，那么弹塑性分析的位移响应振动周期基于上述分析将有可能"缩短"。

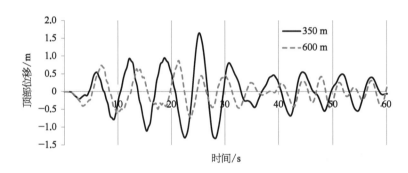

图 4-26　不同高度结构弹性分析位移响应对比曲线

4.4.3.2　阻尼的影响

实际结构发生的振动为有阻尼振动，包括系统输入的阻尼，也包括结构进入非线性后滞回耗能产生的等效阻尼。阻尼的作用主要有两个：一是使得结构响应趋向衰减，二是对自振周期产生一定的影响。关于第二个阻尼对周期的影响反映在式(4-22)中，主要是阻尼使得周期变长，当阻尼比足够小时，这种影响基本可以忽略。

$$\omega_d = \omega \sqrt{1-\xi^2} \qquad (4-22)$$

式中，ω_d 和 ω 分别为是否考虑阻尼时的自振周期；ξ 为阻尼比。

关于第一个阻尼对结构响应衰减产生的影响是否对结构振动响应周期有间接作用须进一步讨论。根据前面的分析已经得知结构实际振动响应的周期是由瞬态振动和稳态振动共同决定的，而阻尼更大程度上影响瞬态振动的衰减，这将改变瞬态振动与稳态振动叠加时两者的比例，当这两种振动的周期差别较大时，将有可能使最终合成的周期发生一定程度的变化,从而出现响应周期相对"缩短"的现象。关于这一点将在后文作进一步探讨。

4.4.3.3 地震波频谱特征的影响

前面两个方面的分析仅仅是针对有可能发生弹塑性周期"缩短"的内部条件,而地震波本身的频谱特征可能是更为重要的外部影响因素。下面分别给出本部分一开始介绍的工程案例采用的天然波的时间历程加速度曲线、反应谱曲线以及傅里叶幅值谱曲线(图 4-27~图 4-29),位移响应时程曲线见图 4-25。

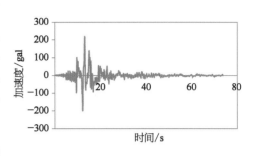

图 4-27 输入地震动加速度时程曲线

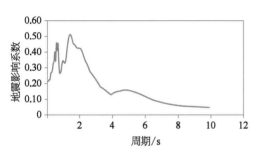

图 4-28 输入地震动反应谱曲线

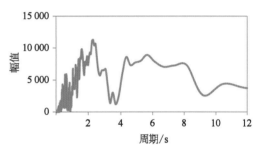

图 4-29 输入地震动傅里叶幅值谱曲线

不难看出,该条地震动有如下特征:典型的长周期地震动、在周期为 2 s 附近以及 4~8 s 之间傅里叶谱幅值较高,容易使得这个周期范围内的结构产生共振,9 s 周期附近是幅值低谷,本工程的基本周期正好在幅值谷段,这一特征对于所讨论问题的理解非常重要。

表 4-6 给出各圈完整往复振动的实际响应周期,主要给出 15~50 s 之间振动幅值较大的四个循环。从具体数值可看出,在前半段,结构的响应周期和自由振动周期并不

表 4-6 各圈完整往复振动的实际周期

周期次序	周期/s	
	弹塑性	弹 性
1	5.6	5.5
2	8.1	8.2
3	8.4	9.1
4	8.7	9.2

吻合,位移响应周期更多反映了地震动的周期成分。这是由于在结构的基本周期附近傅里叶谱幅值较低,很难使结构在基本周期上发生共振响应,此时稳态振动占主导。而弹性结构的后半段瞬态响应占的比例较高,响应周期更接近自由振动周期。对于弹塑性结构,由于结构发生损伤破坏后,等效阻尼增加,瞬态振动响应的成分衰减较快,导致其比例降低,振动响应周期仍是以稳态振动响应贡献为主。相比之下,表现出在后半段弹塑性周期相对"缩短"的现象,而本质上是一种"地震动强迫振动的激励周期比结构自由振动周期短"的响应表现。

4.4.4 理想案例的进一步论证

为了进一步验证上述分析的可靠性,排除复杂实际工程弹塑性分析中各种不确定因素造成的影响,现构造一个简单的悬臂柱模型,共 8 层、高 24 m,通过适当的质量和刚度调整,分别获得有一定差异的自振周期,来模拟实际刚度退化对自由振动周期的影响,实际结构非线性耗能的效应则通过增大阻尼比来反映(暂假定从 5% 提高到 10%),如此一来就可以进行等效弹性分析,完全排除材料非线性的影响。输入的地震动仍为前述实际工程采用的天然波。共构造三组对比试验,对比试验 1 的自振周期与前述实际工程的周期接近,在 9 s 附近;对比试验 2 的自振周期比前述实际工程的周期短,在 7~8 s 之间。另外增加一组对比试验(对比试验 3)用以反映不同等效阻尼比的影响。通过不同情况的对比来验证前述分析结论。

下面给出 3 组对比试验的位移时程曲线,可以反映不同周期段的影响,也可以反映等效阻尼比的影响。具体见表 4-7 和图 4-30,分析如下。

(1)对比试验 1 自由振动周期和前述实际工程比较接近,基本响应规律情况也非常一致,在 40~50 s 范围内长周期结构响应周期有明显的"缩短"现象。

(2)对比试验 2 自由振动周期变化情况和对比试验 1 相同,仅仅不考虑附加耗能阻尼影响,则不再出现响应周期"缩短",说明结构变柔后,阻尼不变的情况下,瞬态响应的成分并没有快速衰减,最终的响应周期仍以瞬态自由振动周期为主,相比"弹性结构",表现出响应周期"延长"。

(3)对于对比试验 3,同时减小两个周期,使其在 7~8 s 范围内变化(具体数值见表 4-7,用以模拟不同周期范围的情况),同时考虑附加阻尼的增加,结果未出现响应周期"缩短"。说明在 7~8 s 范围内结构的振动均以伴生自由振动周期为主,即最终的综合振动响应周期与自由振动周期较为接近。结合前面图 4-29 输入地震动的傅里叶幅值谱可知,在 4~8 s 范围内谱值均较高,说明当结构自由振动周期落在这个范围内时,均较容易产生基于基本周期的共振响应。因此当刚度退化后,自然出现响应周期"延长"。

通过上面理想算例的对比试验,进一步验证了前述概念分析结论的合理性。说明在罕遇地震作用下,结构刚度退化后,位移响应的振动曲线所反映出的周期是有可能"缩短"的。

表 4‑7　理想算例对比情况汇总

试验工况	模型变化情况	响应周期是否出现"缩短"
对比试验 1	自由振动周期从 8.97 s 增加到 9.34 s，阻尼比从 5%增加到 10%	有
对比试验 2	自由振动周期从 8.97 s 增加到 9.34 s，阻尼比维持 5%不变	无
对比试验 3	自由振动周期从 7.02 s 增加到 7.63 s，阻尼比从 5%增加到 10%	无

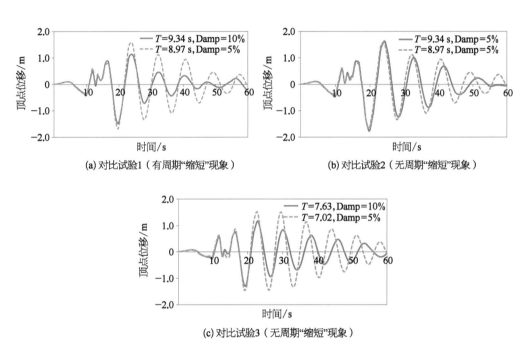

(a) 对比试验1（有周期"缩短"现象）　　(b) 对比试验2（无周期"缩短"现象）

(c) 对比试验3（无周期"缩短"现象）

图 4‑30　理想算例的位移时程对比曲线

4.4.5　震后自振周期的补充模态分析

前文详细分析了通过结构位移响应曲线考察刚度退化程度出现异常现象的原因。结构响应周期的"缩短"并不代表结构变刚。可以通过震后模态分析，重新得到结构在发生一定损伤后的振动周期[6]。对 4.4.2 节提到的工程案例进行不同强度等级的弹塑性时程分析：从 7 度小震到 2 倍 9 度大震，共分为 6 个强度等级，分别在每一级地震结束进行模态分析，得到不同地震后的自振周期，并和震前结果进行比较（表 4‑8），并据此计算刚度退化程度（表 4‑9）。从表中数据不难看出，随着地震强度的增加，结构的自振周期逐渐增加，其中 7 度罕遇地震时周期从 9.18 s 增加为 9.43 s。图 4‑31 给出了两个方向平动刚度和扭转刚度在不同强度地震后的退化程度。

表 4-8 不同强度地震后结构自振周期   单位：s

方　　向	Y 向平动	X 向平动	Z 向扭转
震前	9.181	8.965	3.740
7 度小震后	9.194	8.976	3.747
7 度中震后	9.242	9.022	3.826
7 度大震后	9.429	9.180	4.263
8 度大震后	9.693	9.428	4.670
9 度大震后	10.034	9.786	4.967
2 倍 9 度大震后	11.175	10.857	5.547

表 4-9 不同强度地震后结构刚度退化程度

方　　向	Y 向平动	X 向平动	Z 向扭转
震前	100.00％	100.00％	100.00％
7 度小震后	99.72％	99.77％	99.60％
7 度中震后	98.68％	98.75％	95.58％
7 度大震后	94.82％	95.37％	76.98％
8 度大震后	89.72％	90.43％	64.14％
9 度大震后	83.72％	83.94％	56.70％
2 倍 9 度大震后	67.49％	68.19％	45.46％

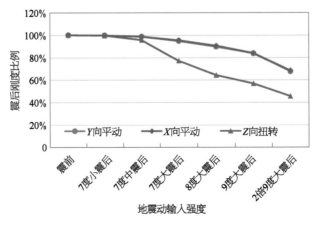

图 4-31 不同强度地震后结构刚度退化程度

由此看出，通过震后模态分析得出的结果进行刚度退化评估将更加符合概念判断，没有出现位移曲线的"反常"现象。但该方法在构造即时刚度矩阵时将受到应力水平、拉压刚度取法的影响，所得结果并不稳定，并且反映的是某时刻或者地震结束后的"瞬时特征值周期"，实际结构在地震中考虑损伤破坏后刚度矩阵将随时间不断变化，在一次往复振动过程中的响应周期是一个时间段内的综合数值，和"瞬时特征值周期"是有区别的。本文讨论的工程案例若采用地震结束时的状态进行模态分析，所得基本周期为 9.43 s，比弹性结果的 9.18 s 略有增大，该结果在一定程度上能反映最终累积损伤带来的刚度退化，但并不代表结构在整个地震过程中的最大周期。因此如何通过合理、准确计算周期变化来评判结构的刚度退化需要进一步开展研究。

为能更进一步了解结构自由振动周期的变化情况，建议在地震动输入结束后继续增加计算时间，在没有地震激励情况下结构将发生自由振动，位移曲线的振动将更加真实反映自振周期的变化。针对震后周期合理性计算和评价问题将在后续工作中进一步研究。

4.4.6　结论

本节结合实际工程分析结果、概念和理论分析、理想弹性算例验证等从多个方面对结构在地震损伤后的响应周期进行综合论证，对基本规律和结论总结如下。

（1）在罕遇地震作用下，结构刚度退化后，位移响应的振动曲线所反映出的周期通常是"延长"的，但也有可能出现"缩短"的现象。

（2）位移响应振动周期是伴生自由振动和稳态振动叠加的结果，不纯粹是自振周期的反映。

（3）当输入地震动所包含的频率周期成分在结构自由振动周期附近比例较低时，开始阶段较难直接激发以自由振动周期为主的共振响应，此时结构将主要以输入激励的其他频率（周期）进行受迫振动，瞬态响应的成分随地震进程发生变化。若结构发生非线性耗能导致阻尼增加后，瞬态响应衰减较快，两种振动叠加后的响应周期受到影响，若原自振周期较长而强迫激烈周期较短时，则较容易发生响应周期"缩短"的现象。

（4）通过弹塑性和弹性位移响应对比曲线反映的周期变化情况来判断结构总体刚度退化水平，并非完全科学合理，有可能会出现"误判"。建议结合构件的实际损伤破坏水平进行综合评判。

（5）通过震后模态分析可以获得结构发生部分损伤后的自振周期，但数值受到应力水平、拉压刚度取法的影响，稳定性需进一步研究。

4.5　基本破坏模式

4.5.1　一般破坏顺序

对于高度较大的巨型框架-核心筒结构，以合肥某中心 T1 为例，其破坏反映了一种典型的破坏模式,具体如下(图4-32)。

(1) 7度罕遇地震之前,主体结构构件未出现严重破坏。

(2) 超强地震下,第一道防线仍为核心筒,核心筒剪力墙的破坏主要发生在伸臂附近楼层,并且随着地震作用的增加,集中破坏的趋势逐渐显著。

(3) 上部楼层的墙体是较早发生严重破坏的区域。

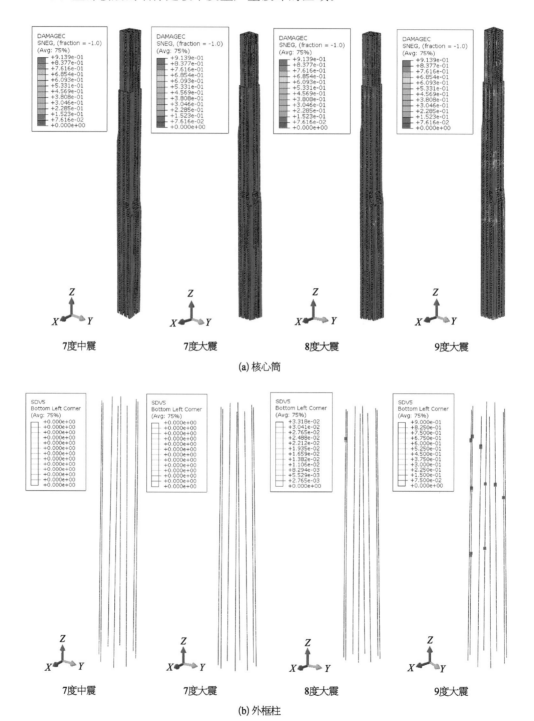

(a) 核心筒

(b) 外框柱

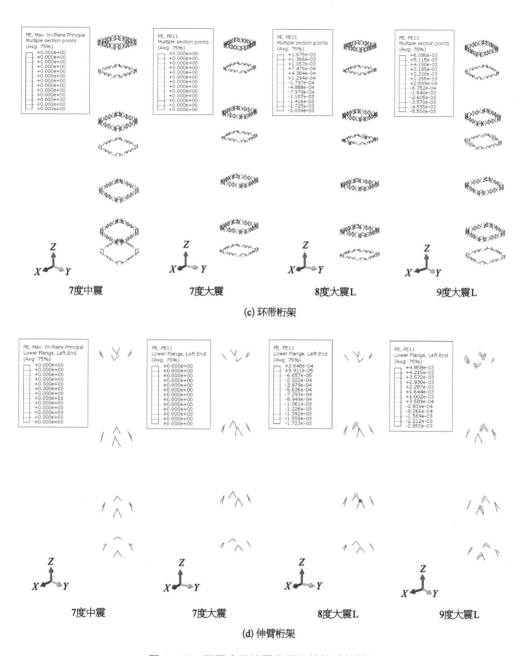

(c) 环带桁架

(d) 伸臂桁架

图 4 - 32　不同水平地震作用下结构破坏情况

（4）直到 9 度罕遇地震水平，底部约束部位墙体未见严重破坏。

（5）外框柱保持了较高的性能水平，超强地震下核心筒出现严重破坏后，与其相应楼层的外框巨柱，也发生了一定程度的破坏。

4.5.2　标准破坏模式一：特殊层集中破坏

强震下，通常在一些特殊楼层产生集中损伤破坏，如伸臂桁架附近楼层、核心筒收进刚度突变楼层等。图 4 - 33 苏州某中心的破坏就反映了这一显著规律。

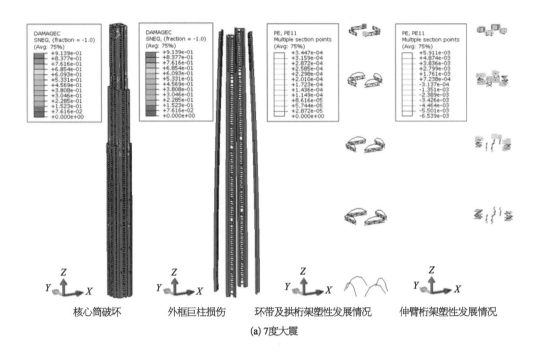

核心筒破坏　　　外框巨柱损伤　　　环带及拱桁架塑性发展情况　　　伸臂桁架塑性发展情况

(a) 7度大震

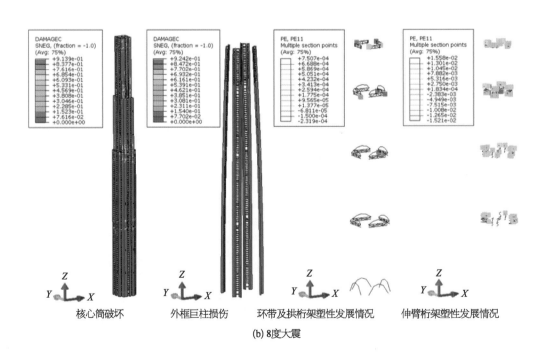

核心筒破坏　　　外框巨柱损伤　　　环带及拱桁架塑性发展情况　　　伸臂桁架塑性发展情况

(b) 8度大震

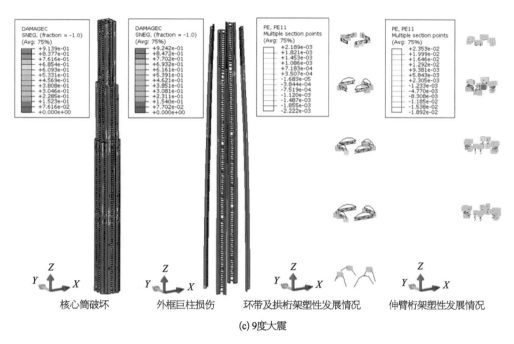

核心筒破坏　　　　外框巨柱损伤　　　　环带及拱桁架塑性发展情况　　　　伸臂桁架塑性发展情况

(c) 9度大震

图 4-33　特殊层集中破坏情况

4.5.3　标准破坏模式二：与加载方式相关的上下破坏次序

通常在一般强度地震下超高层结构的破坏并不会首先发生在底层,除去一些刚度突变产生的集中破坏外,一般结构上部的墙体会首先发生破坏,然后逐渐向下发展。但本次经过大多数案例的详细深入分析,对破坏机制有了进一步的理解,当直接作用超强地震时可能会有所不同。

以苏州某中心为例,分别给出核心筒及巨柱在从小增大的不同强度作用下的破坏发展顺序以及直接作用超强地震时不同时刻的破坏发展顺序,两者的破坏顺序有明显差别,当直接作用超强地震时,结构的集中严重破坏首先出现在底部楼层,并逐渐向上发展,这与前述分析的不同地震强度下的破坏顺序是相反的。说明结构的破坏机制与加载方式是密切相关的(图 4-34、图 4-35)。

该破坏规律将为超高层结构抗震设计需要采取加强措施的合理部位提供有利的参考。

4.5.4　标准破坏模式三：底部软弱层形成"隔震"效应

当结构遭遇超强地震时,有可能直接在底部产生集中破坏,在底部形成"隔震"效应。以深圳某中心为例,在 2 倍 9 度罕遇地震作用下,底部 10 层发生严重破坏,位移角增大明显,但上部楼层却出现了显著位移角减小的现象,说明底部几层破坏后形成类似"隔震"的作用,减小了上部结构的地震响应,降低了构件的破坏程度(图 4-36)。

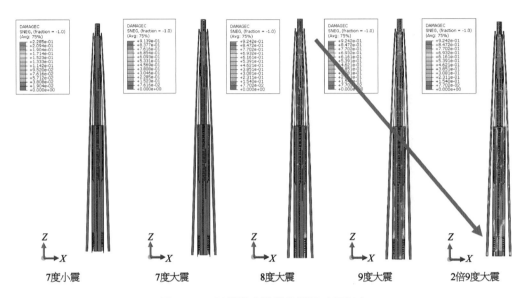

7度小震　　7度大震　　8度大震　　9度大震　　2倍9度大震

图 4 - 34　不同强度地震作用下破坏顺序

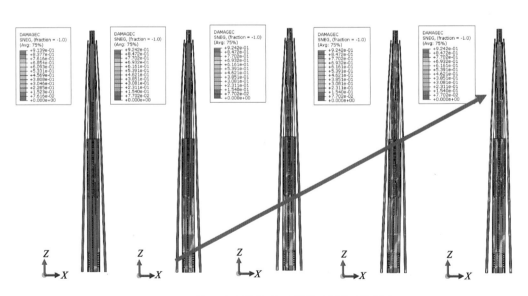

图 4 - 35　2 倍 9 度大震作用下不同时刻的破坏顺序

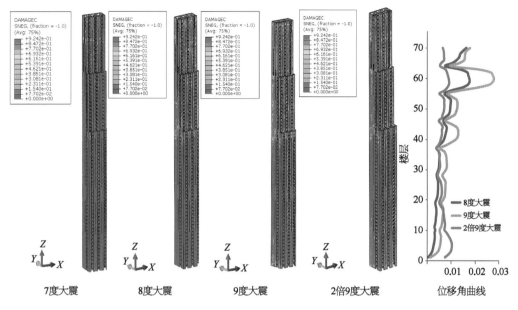

7度大震　　　8度大震　　　9度大震　　　2倍9度大震　　　位移角曲线

图 4-36　不同水平地震作用下的底部集中破坏

4.6　伸臂桁架的影响规律

当框架-核心筒结构高度较大时,为满足侧向刚度需求,通常会设置一定数量的伸臂,特别在巨型框架-核心筒体系中,伸臂桁架更为常见。伸臂一个方面会增加结构的刚度、减小侧移,但另一方面也会导致竖向刚度的突变,形成竖向不规则,竖向刚度突变对抗震来说一般是不利的。综合提供刚度和产生不规则的两个效应,最终会对结构的抗震性能产生怎样的影响,究竟是利大于弊还是弊大于利,尚无清晰定论。本部分将通过一个具体的工程案例进行对比分析讨论。

4.6.1　案例简介

以某巨型框架-核心筒结构[10]为例进行对比分析论证。该项目塔楼结构高度 350 m,采用"巨型框架＋核心筒＋伸臂桁架"结构体系,巨型框架由巨型型钢混凝土柱和环形桁架组成,8 根巨柱位于结构平面的四侧,每侧为 2 根。环形桁架设置于设备层,共 8 道。为提高整体结构抗侧刚度,增强核心筒和巨型框架之间的共同作用,沿结构高度一共设置了 3 道伸臂桁架。体系构成见图 4-37。本项目

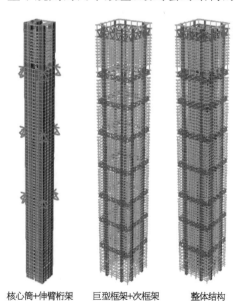

核心筒+伸臂桁架　　巨型框架+次框架　　整体结构

图 4-37　结构体系构成

基本抗震设防烈度为7度，设计地震分组为第一组，Ⅱ类场地，场地特征周期0.35 s。

4.6.2　对比结果分析

对结构进行不同地震水平下的动力弹塑性时程分析，并将伸臂去除后与原结构进行对比。图4-38为不同地震水平下有无伸臂的位移角对比曲线，可以清晰地看出，当结构经历小震作用时，增设伸臂的结构位移角明显降低，说明伸臂对于增加结构的侧向刚度具有明显的效果。而在预设的大震作用下两者的差别明显减小，部分楼层的位移

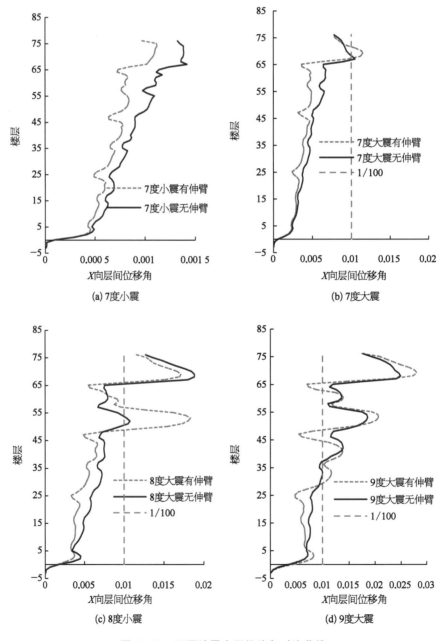

图4-38　不同地震水平位移角对比曲线

角带伸臂结构反而更大,当继续增大地震力,超过一度的水平时,带伸臂结构在第二道伸臂层上方局部楼层位移角显著增大,远大于无伸臂结构,说明伸臂的刚度突变加剧了局部位置的破坏,会造成非常不利的影响;当地震力增加到九度水平时,两个结构的位移角曲线又趋于一致。说明在不同水平的地震作用下,伸臂带来的效果具有明显的不同。

为进一步了解伸臂产生的影响,对结构的位移响应曲线进行分析(图4-39),获得结构在不同水平地震作用的震后周期(表4-10),进一步根据周期变化获得结构刚度退化曲线(图4-40)。由图4-40可知,在地震作用不太大时,增设伸臂的结构确实表现出更快的刚度退化速度,但是在超强地震下,无伸臂结构的刚度退化反而更快。说明当结构遭遇的地震水平不足以引起严重的结构破坏时,伸臂带来的刚度突变通常给核心筒带来较为不利的局部破坏;在超罕遇地震作用下,结构发生较严重破坏后,伸臂也出现屈服,但伸臂的存在可减小破坏程度和延缓整体倒塌(图4-41)。

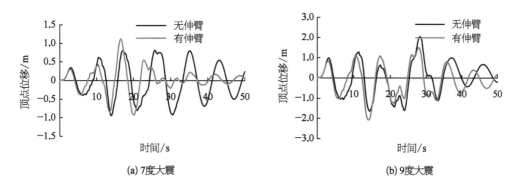

(a) 7度大震   (b) 9度大震

图 4-39　不同水平地震下结构顶部位移时程曲线对比

表 4-10　不同水平地震作用结构震后周期　　　　　　　　　单位:s

有无伸臂	7 度小震	7 度大震	9 度大震
有	6.5	6.9	7.3
无	7.9	8.1	8.8

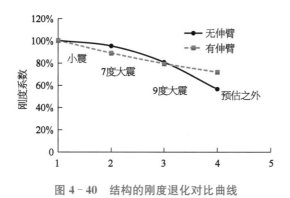

图 4-40　结构的刚度退化对比曲线

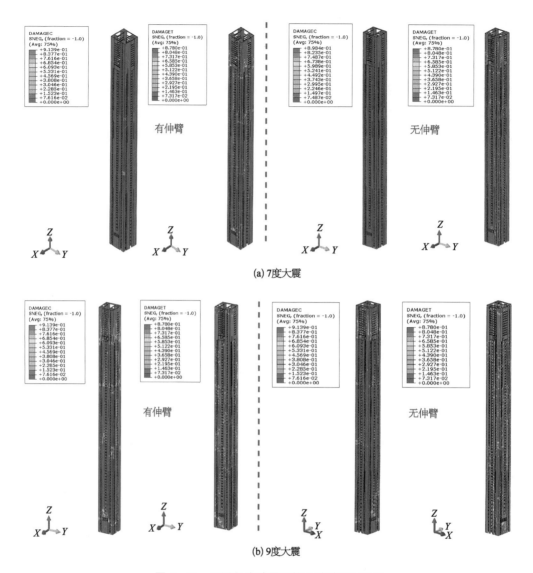

(a) 7度大震

(b) 9度大震

图 4 - 41　不同强度地震下核心筒破坏对比图

4.6.3　结论

伸臂能提高结构的刚度,但将导致刚度突变。当结构遭遇的地震水平不足以引起严重的结构破坏时,伸臂带来的刚度突变通常会给核心筒带来较为不利的局部破坏;在超罕遇地震作用下,结构严重破坏后,伸臂也会出现屈服,但伸臂的存在可能延缓结构破坏,增大抵抗倒塌的能力,应根据设防目标和破坏模式合理确定伸臂刚度。

4.7　核心筒竖向收进突变的影响规律

在巨型框架-核心筒结构中,核心筒沿竖向分阶段逐步收进几乎是必然存在的,因为建筑功能在高度范围内存在不同的分区,结构本身刚度也需要逐渐减小。核心筒不仅仅在墙体厚度上存在变化,在布置形式上也会逐渐发生变化,在立面收进处往往会导致一些刚度突变。规范中仅对上刚下柔结构的刚度突变有规定,而这种由于芯筒收进带来的突变,通常是上柔下刚,在规范中并无明确的规定。但大量的弹塑性分析和振动台试验均发现在核心筒收进突变的上方经常出现较为明显的损伤破坏。从当前来看,这种不利影响尚未受到足够的重视。本节将关注这一问题,开展较为深入的讨论研究,从受力机理上予以明确,并尝试给出合理的加强措施。

4.7.1　核心筒刚度突变的概念与理论分析

为便于研究,构造一个存在核心筒竖向收进的单榀受力体系,如图4-42,结构共30层,从21层开始,剪力墙开始出现尺寸收进。对收进体系和无收进体系分别进行反应谱分析,对比结构的内力、变形情况。

两个结构的楼层刚度比曲线对比如图4-43所示。该刚度采用整体抗侧刚度,即楼层剪力与层间位移角的比值。由图可看出,两个结构都满足规范的抗侧刚度规则性要求。仅是对于墙体收进结构,在收进的上下层出现下方刚度明显大于上方楼层刚度的情况,但规范中并未对这一比值做出限制。

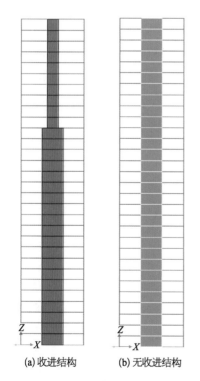

(a) 收进结构　　(b) 无收进结构

图4-42　核心筒是否收进模型

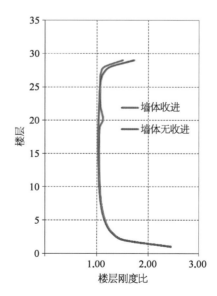

图4-43　核心筒是否收进楼层刚度比

核心筒收进结构周期略长,总地震和倾覆弯矩均比无收进结构略有降低,具体对比见表4-11。

表 4 - 11　核心筒是否收进总地震响应对比

	收进结构	无收进结构
前 3 周期/s	5.487, 1.631, 0.821	5.355, 1.409, 0.638
基底总剪力/kN	3 964	4 218
总倾覆弯矩/kN·m	285 404	300 234

从楼层剪力和倾覆弯矩曲线对比图上看出(图 4 - 44～图 4 - 51),核心筒收进结构在收进楼层的总地震力并未出现明显突变。但是从核心筒和外框分担的地震力来看,当核心筒收进以后,刚度减小,相对分担的剪力有所降低,但其分担的倾覆弯矩不降反升,具体见图 4 - 49(b)和图 4 - 51(b),无论从绝对倾覆弯矩还是从弯矩比例来看,在核心筒收进的上方楼层,墙体承担的倾覆弯矩比无收进结构明显增加。这说明在核心筒变弱以后,反而承担了更大的倾覆弯矩,这对墙体来说是非常不利的,可能也是导致墙体发生破坏的主要原因。

对上述核心筒减弱后倾覆弯矩不降反升的现象做进一步概念和理论分析。提取外框柱轴力曲线,由图 4 - 52 可知,核心筒收进后,外框轴分担的轴力明显降低,而轴力引起的倾覆弯矩占外框柱整体倾覆弯矩的比例在大部分楼层为 95% 以上,在下部楼层甚至接近 100%。对于核心筒收进结构,尽管上部楼层外框柱的局部弯矩明显增加,但局部弯矩在总体弯矩中所占比例很低,因此轴力降低后,外框柱分担的总倾覆弯矩下降,从而使得核心筒倾覆弯矩增加(图 4 - 52～图 4 - 55)。

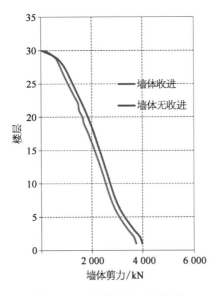

图 4 - 44　楼层剪力对比曲线

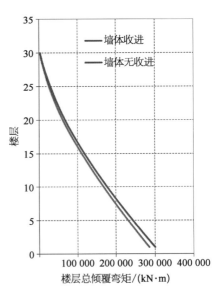

图 4 - 45　楼层倾覆弯矩对比曲线

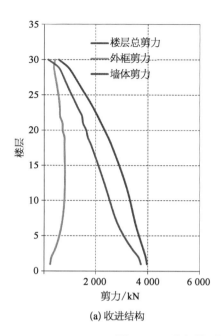
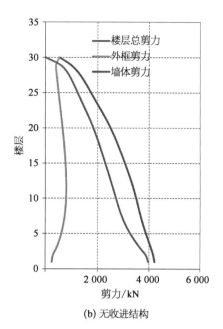

(a) 收进结构　　　　　　　　　(b) 无收进结构

图 4‑46　外框柱、剪力墙及楼层剪力对比曲线

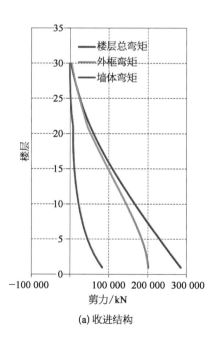
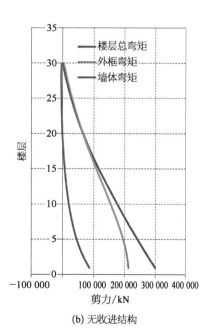

(a) 收进结构　　　　　　　　　(b) 无收进结构

图 4‑47　外框柱、剪力墙及楼层倾覆力矩对比曲线

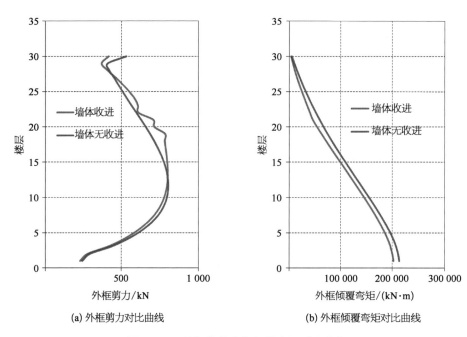

(a) 外框剪力对比曲线　　　　　(b) 外框倾覆弯矩对比曲线

图 4‑48　外框柱剪力与倾覆力矩对比曲线

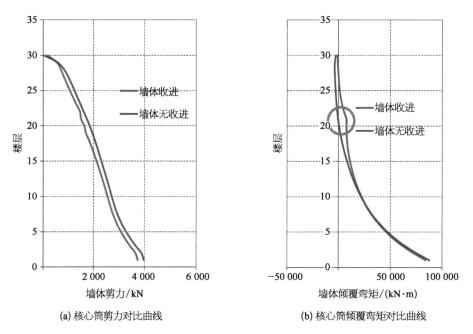

(a) 核心筒剪力对比曲线　　　　　(b) 核心筒倾覆弯矩对比曲线

图 4‑49　核心筒剪力与倾覆力矩对比曲线

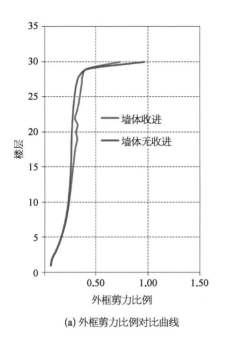

(a) 外框剪力比例对比曲线

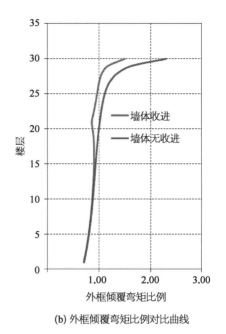

(b) 外框倾覆弯矩比例对比曲线

图 4‑50　外框柱剪力与倾覆力矩分担比例对比曲线

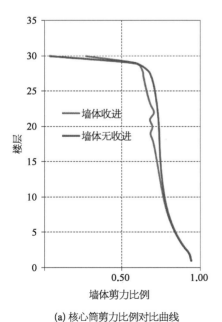

(a) 核心筒剪力比例对比曲线

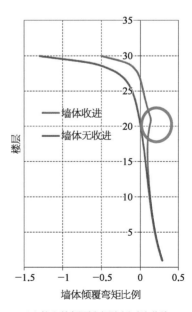

(b) 核心筒倾覆弯矩比例对比曲线

图 4‑51　核心筒剪力与倾覆力矩分担比例对比曲线

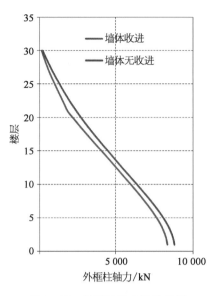

图 4-52 外框柱轴力对比曲线

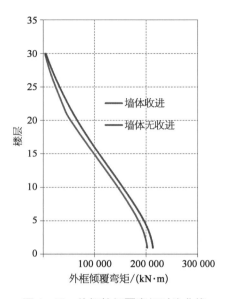

图 4-53 外框柱倾覆弯矩对比曲线

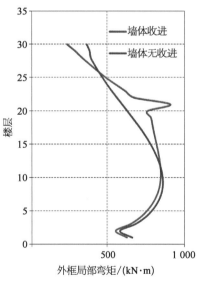

图 4-54 外框柱局部弯矩对比曲线

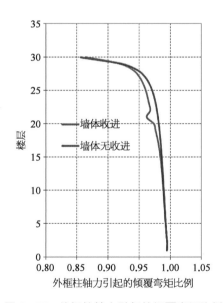

图 4-55 外框柱轴力引起的倾覆弯矩比例

超高层建筑结构地震作用输入与响应

　　导致这一现象的根本原因在于核心筒收进后,梁的有效跨度变大,刚度降低,梁的剪力和弯矩减小,从而使得与其相连的外框柱轴力和局部弯矩降低,在楼层总倾覆弯矩基本不变的情况下,核心筒分担的倾覆弯矩将会提高(图 4-56)。

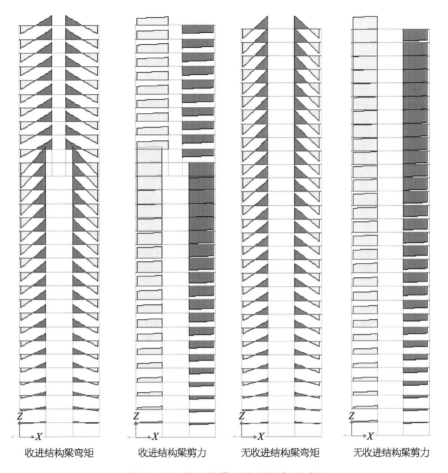

收进结构梁弯矩　　　收进结构梁剪力　　　无收进结构梁弯矩　　　无收进结构梁剪力

图 4-56　核心筒是否收进梁内力对比

上述概念可以根据框架-核心筒结构协同变形理论进行分析,根据第 5 章的研究,巨型框架-核心筒结构考虑柱轴力贡献(倾覆弯矩)的协同受力变形微分方程为:

$$\frac{d^4 y}{d\xi^4} - \lambda^2 \frac{d^2 y}{d\xi^2} = \frac{p(\xi)}{EJ_w + \eta_1 \eta_2 \eta_3 b^2 EA} \tag{4-23}$$

$$\left. \begin{array}{c} \lambda = \sqrt{\dfrac{C_F}{EJ_w + \eta_1 \eta_2 \eta_3 b^2 EA}} \\[4mm] \xi = \dfrac{x}{H} \end{array} \right\} \tag{4-24}$$

式中,η_2 表示水平约束构件的刚度的影响。

核心筒分担的倾覆弯矩与外框柱轴力引起的倾覆弯矩之间有一定的比例,若定义前者的比例为 M_w,则有:

$$M_w = \frac{1}{1 + \eta_1 \eta_2 \eta_3 \dfrac{b^2 A}{J_w}} \tag{4-25}$$

当核心筒收进后,式(4-25)中有两个参数 η_2 和 J_w 同时减小,当 η_2 下降的程度大于 J_w 时,M_w 将会出现增加。通常 J_w 取决于全部楼层的等效刚度,局部楼层的收进对 J_w 影响不大,因此往往 η_2 的下降比例更大,使得核心筒的弯矩比例升高。

基于以上分析,在条件允许的情况下,可以适当增加核心筒收进上方楼层的楼面梁的刚度,减缓与其相连的柱轴力下降程度,从而一定程度增大外框倾覆弯矩的分担比例,减轻收进后墙体的抗弯负担。仍以前述案例进行说明,核心筒收进层及其下层梁刚度增大 1.5 倍,收进以上楼层增大 2 倍后,总体刚度略有增加,变化大的为剪力和倾覆弯矩在外框和核心筒之间的分配情况,加强梁后,核心筒收进上方楼层外框剪力明显增加,与不加强方案相比,核心筒承担的倾覆弯矩明显降低(图 4-57~图 4-59)。

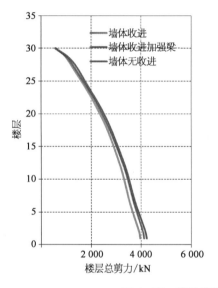
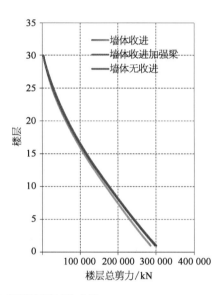

图 4-57 楼层总剪力和倾覆弯矩对比曲线

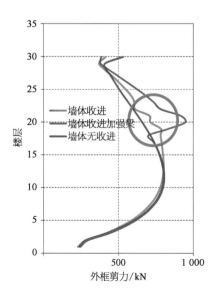
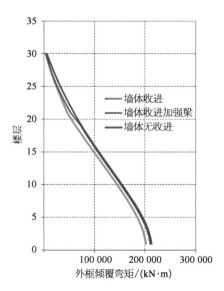

图 4-58 外框柱剪力和倾覆弯矩对比曲线

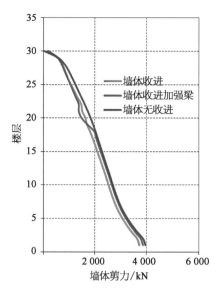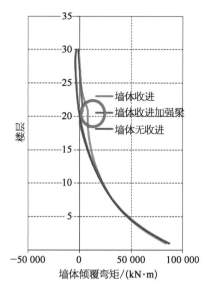

图 4-59　核心筒剪力和倾覆弯矩对比曲线

4.7.2　核心筒刚度突变与承载力突变的协调性分析

前一小节论述了核心筒收进刚度突变导致内力突变的基本规律和内在原因。主要结论表明,核心筒收进将导致上方墙体地震内力增加,同时墙体截面减小后在基本配筋不变的情况下(未采取加强措施),其承载力将会降低,如此一来,内力增加而承载能力下降,必然出现收进上方位置在地震中成为薄弱环节,当地震作用达到一定强度后,将首先在这些位置出现损伤破坏。这是刚度突变和承载力突变不协调所致。这与规范中要求软弱层和薄弱层不应出现在同一层的说法类似,但又有本质不同,规范中强调的是下方楼层不宜偏弱,本节论证的问题是上方刚度减小的问题。关于改善的措施,一是减小刚度突变带来的内力增加,如前节所述的一些措施;二是尽可能提高突变楼层墙体的承载能力,要避免收进位置不出现薄弱环节需要做到"截面减小承载能力不减或增加",但这一目标通常较难实现,或者需要增加过多的钢材,因此在实际工程中一般做到适度加强,即通过钢筋或钢材的加强使得收进相关区域能够满足预设罕遇地震下的性能目标即可,这在工程操作中是具有实际意义和可行性的。在超罕遇地震下是否要保证相关区域不首先发生破坏,可综合经济成本以及功能需求做具体考虑。

4.7.3　结论与对策

本节对巨型框架-核心筒结构体系中核心筒收进刚度突变带来的不利影响进行了详细论证,剖析了核心筒收进导致内力增大的基本规律和内在原因,给出了减小内力的若干措施;论证了刚度突变和承载力减小的不协调矛盾是导致强震下收进相关区域集中破坏的主要原因,给出了适度提高承载能力减小集中破坏的工程操作原则。

（1）核心筒刚度突变经常导致上方墙体集中破坏，本质上是由于刚度突变和承载力突变不协调所致。

（2）在设计中可通过三种措施减轻芯筒突变带来的集中破坏：① 直接通过对相关区域加强配筋或增配型钢/钢板抵抗内力突变；② 可以适当增加核心筒收进上方楼层的楼面梁的刚度，减缓与其相连的柱轴力下降程度，从而一定程度增大外框倾覆弯矩的分担比例，减轻收进后墙体的抗弯负担；③ 当普通楼层楼面梁与墙体采用铰接时，可在芯筒收进的上方部分楼层做刚接处理，可能的话，墙体内型钢做对穿处理，从而增大楼面梁在协调内外弯矩时的作用。

4.8 楼板开洞的影响规律

楼板作为超高层结构的组成部分之一，不仅要承担竖向荷载作用，同时也要有效地传递和承担水平作用。《建筑抗震设计规范》[11]、《高层建筑混凝土结构技术规程》[12]均对高层建筑的楼板开洞提出了规则性与开洞率的要求。实际高层及超高层结构在罕遇地震下的弹塑性分析结果显示，楼板会发生较为严重的拉裂现象。在巨型结构中，核心筒内、外楼板对结构整体性能影响的规律性以及与普通结构的差别尚缺乏深入研究。文献[13]和文献[14]研究楼板开洞对框架结构与高层结构的影响，比较了不同开洞形式及开洞率对结构的影响，主要根据扭转响应等整体设计参数来比较楼板开洞的影响。文献[15]研究了楼板开洞对框架-剪力墙结构的影响，通过框架柱的内力来比较开洞的影响大小。文献[16]通过周期、弹性层间位移角等指标研究了楼板开洞对高层结构抗震性能的影响。但以上分析都基于弹性分析，比较了楼板开洞对小震设计指标的影响。文献[17]采用弹塑性分析方法研究了楼板开洞形式对框架结构的影响，认为楼板对结构整体刚度有不可忽视的作用，但结论是否具有普遍性，对目前大量采用的巨型框架-核心筒结构是否适用还需要论证。

本节将通过具体工程实例，采用弹塑性分析的手段，研究核心筒内外楼板开洞对巨型框架-核心筒结构抗震性能的影响。

4.8.1 案例介绍

某巨型框架-核心筒结构主楼结构高度为 598 m，顶部塔冠高度为 729 m，高宽比约 8.7，外框架由 8 根巨柱、5 道外伸臂桁架、12 道环带桁架组成，整体结构由环带桁架分成 12 个区段，如图 4 - 60 所示。巨柱外形呈长方形，尺寸由底层 3.75 m×5.20 m 随着高度方向逐渐减小至 1.80 m×1.80 m。核心筒在平面上呈正方形，底部为典型的 4×4 核心筒，在高度为 190 m 处墙切角，高度 343 m 处翼墙消去成为 2×2 核心筒。本项目基本抗震设防烈度为 7 度，设计地震分组为第一组，Ⅲ类场地。

原模型中核心筒内楼板开洞率较大，芯筒内开洞率达到 72%。为了研究核心筒内

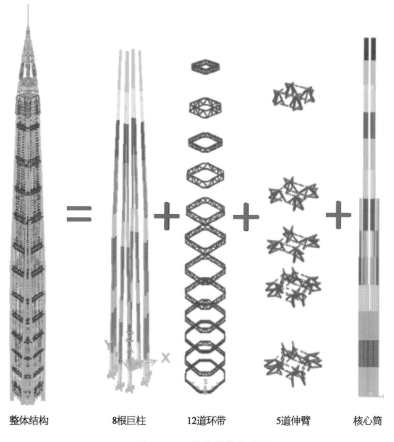

| 整体结构 | 8根巨柱 | 12道环带 | 5道伸臂 | 核心筒 |

图 4 - 60　整体结构构成图

楼板对巨型结构的影响,在原模型的基础上做一定简化,截取核心筒收进处以上两区楼层(下部包含一道加强层,上部包含两道加强层),实际模型高度为 114 m,并将上部楼层荷载输入至截取模型顶部的竖向构件上。项目基本结构模型如图 4 - 61 所示。原模型在核心筒内楼板有部分开洞,为了对比核心筒内楼板的影响,分别将核心筒内楼板开洞补齐(以下简称模型一)、将核心筒内楼板全部删除(以下简称模型二)。典型楼板布置如图 4 - 62 所示。

4.8.2　基于推覆分析的筒内楼板影响研究

推覆分析是基于某种侧向荷载分布模式的不断增大作用力水平的静力非线性分析方法,可以考察在不同地震作用水平下结构的性能发展过程。本处首先采用推覆分析方法,大致考察核心筒内有无楼板对整体刚度、整体抗震性能产生的影响。

首先进行有无楼板的动力特性分析,结构的基本周期对比见表 4 - 12。将核心筒内楼板删除后,结构周期从 3.127 s 增加至 3.243 s,周期增长了 3.7%,在考虑总质量不变的情况下,大约相当于总侧向刚度降低为原来的 93%。说明核心筒内楼板对整体结构影响不大。

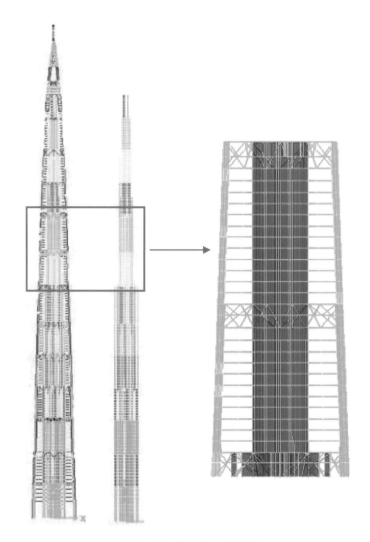

图 4 - 61　基本结构模型图

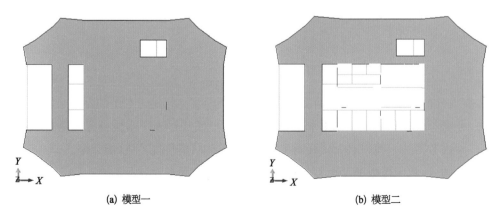

(a) 模型一　　　　　　　　　　　　(b) 模型二

图 4 - 62　典型楼层平面图

表 4‑12　基本周期对比表

模　型	基本周期/s
模型一	3.127
模型二	3.243

推覆分析中侧向力以惯性力的方式施加,各层侧向力比值为楼层质量比值,且考虑 9 区以上地震力的总累积传递,施加在截取模型的 9 区顶部。

结构 X 与 Y 方向的基底剪力-位移曲线如图 4‑63 所示。从图中可以看出,当地震力较小时,模型一与模型二得到的曲线基本重合;随着地震力增大,两者差值逐渐增大;当地震作用达到一定值时,曲线间距趋于平缓,说明核心筒内楼板对结构地震作用响应的影响先增大后减小。各个阶段对应的地震作用水平将通过后文动力计算进一步分析。

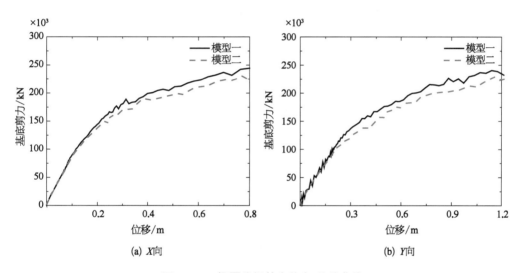

图 4‑63　推覆分析基底剪力-位移曲线

4.8.3　基于动力弹塑性分析的筒内楼板影响研究

前面通过推覆分析方法分析了核心筒内楼板对结构承载力及刚度的影响,而地震作用是一种复杂的动力作用过程,通过动力弹塑性时程分析更能真实反映各个时刻地震作用引起的结构响应。对模型一与模型二分别按照 7 度小震,6 度、7 度、8 度大震地震作用输入地震波,进行弹塑性时程分析,比较核心筒内楼板对结构整体性能的影响,主要比较的参数包括结构总地震力、结构变形以及结构的破坏情况。分析结果如下。

1) 地震力的对比

如表 4‑13 所示,从基底剪力绝对值比较来看,6 度大震作用下,模型二与模型一地震力相差 14%;其余三种地震作用情况下,两个模型地震力相差基本在 5% 以内。

地震作用	模型一	模型二	模型二/模型一
7 度小震	53 554	51 950	97.00％
6 度大震	108 780	93 803	86.23％
7 度大震	158 217	150 367	95.04％
8 度大震	168 623	159 546	94.62％

2）水平位移的对比

提取结构顶部节点位移如表 4－14 所示，7 度小震作用下，两个模型位移相差最小，仅 1.5％；7 度大震作用下，位移相差最大，约 15％；顶点位移最大值差值随着地震力的增大先增大后减小。

表 4－14　不同水平地震作用下的顶点位移　　　　单位：m

地震作用	模型一	模型二	模型二/模型一
7 度小震	0.116	0.114	98.45％
6 度大震	0.302	0.281	92.92％
7 度大震	0.665	0.764	115.03％
8 度大震	0.987	1.036	105.03％

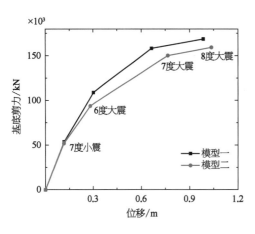

图 4－64　不同地震作用下剪力-位移曲线

提取不同地震作用下，基底剪力的最大值与顶点位移最大值，得到剪力-位移曲线如图 4－64 所示。曲线在 7 度小震之前基本重合，在大震作用下，两条曲线差值先增大后减小。

3）位移角的对比

由表 4－15 可以看出，结构层间位移角与顶点位移类似，在 7 度大震作用下相差最大，差值约 23％。层间位移角最大值差值随着地震力的增大先增大后减小。

图 4－65 为不同地震作用下两个模型层间位移角曲线对比，从图中可以看出，结构在 7 度小震作用下，两个模型层间位移角曲线基本重合；大震作用下，模型二层间位移角最大值大于模型一的层间位移角最大值，并且差值在 7 度大震作用的时候表现最为明显。说明随着地震作用的加大，楼板的影响先增大后减小。

表 4 - 15   不同水平地震作用下的最大位移角

地震作用	模型一	模型二	模型二/模型一
7 度小震	1/582	1/586	99.32%
6 度大震	1/247	1/232	106.47%
7 度大震	1/109	1/88	123.86%
8 度大震	1/57	1/53	107.55%

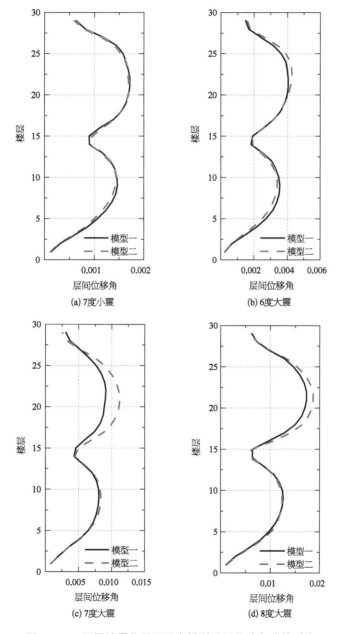

图 4 - 65   不同地震作用下两个模型层间位移角曲线对比

4) 墙体损伤的对比

不同地震作用下,墙体损伤对比如图 4-66～图 4-69 所示。小震及 6 度大震作用

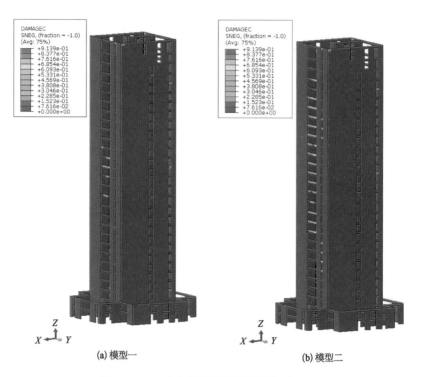

(a) 模型一　　　　　　　　　　　　　　(b) 模型二

图 4-66　7 度小震作用下墙体损伤对比图

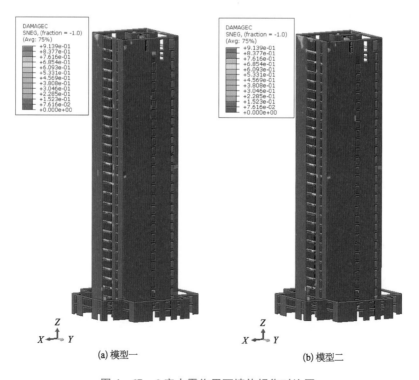

(a) 模型一　　　　　　　　　　　　　　(b) 模型二

图 4-67　6 度大震作用下墙体损伤对比图

超高层建筑结构地震作用输入与响应

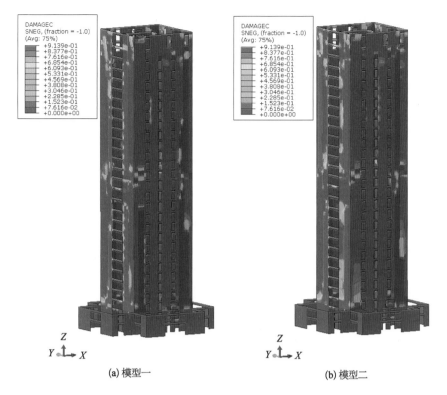

(a) 模型一   (b) 模型二

图 4 - 68　7 度大震作用下墙体损伤对比图

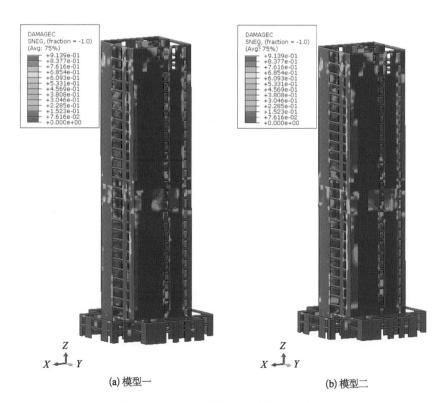

(a) 模型一   (b) 模型二

图 4 - 69　8 度大震作用下墙体损伤对比图

下，两个模型墙体损伤轻微，部分连梁损伤明显；7度大震作用下，部分墙体发生较为严重的破坏；8度大震作用下，整体墙肢损伤严重。楼板开洞对结构损伤影响并不明显。当墙体损伤较轻，整体性能较好时，核心筒楼板对结构的加强作用较小；当墙体损伤严重时，核心筒楼板对结构可以起到一定的加强作用；但当墙体发生严重破坏以后，楼板起到的作用也逐渐减弱。

4.8.4 核心筒外楼板影响研究

前文分析了核心筒内有无楼板对巨型结构抗震性能的影响，总体看来，芯筒内楼板的影响程度不大。本节将探讨芯筒外楼板对结构抗震性能的影响。仍以原模型为例，将核心筒内楼板与芯筒外楼板一起删除，作为模型三，对其做推覆分析，得到剪力-位移曲线如图4-70所示。从图中可以看出，当模型中将芯筒外楼板删除时，三个模型仅在地震力较小时，曲线基本重合；随着地震力的加大，模型二、模型三与模型一的地震力差值逐渐增大，模型三表现出的地震力降低程度更明显。说明芯筒外楼板对结构地震作用响应的影响大于核心筒内楼板。

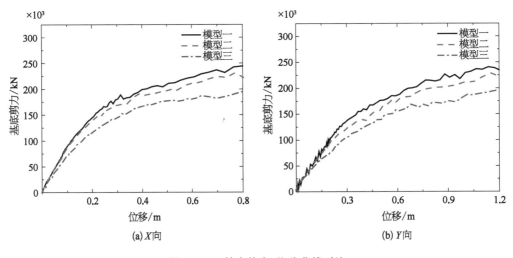

图4-70 基底剪力-位移曲线对比

巨型结构中由于加强层（伸臂、环带桁架）的存在，可有效增大结构抗侧刚度和整体性，减小水平位移。那么，核心筒内、外楼板对巨型结构的影响相比对普通框架-核心筒结构的影响又有多大区别呢？仍以原模型为基础，删除加强伸臂与环带桁架，形成普通框架-核心筒结构的模型一、模型二、模型三，分别对其做推覆分析，得到基底剪力-位移曲线如图4-71所示。从图中可以看出，对于普通框架-核心筒结构，仅删除核心筒内楼板时，曲线差异与巨型结构类似，即在地震力较小时，曲线基本重合；随着地震力的增大，曲线差距逐渐增大，最后趋于平缓，且影响程度与巨型结构无明显差别。同时将芯筒外楼板也删除时，可以看出，推覆分析得到的承载力曲线明显低于模型一与模型二。说明对于普通框架-核心筒结构，外框楼板可以有效提高结构刚度，加强结构整体性能，

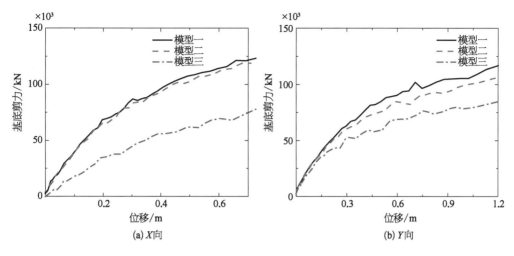

图 4-71　无加强层模型基底剪力-位移曲线对比

提高结构整体抗震性能。

结合图 4-70、图 4-71 可知,无论对于巨型结构或者普通框架-核心筒结构,核心筒内楼板对结构整体性能的影响有限;芯筒外楼板对结构性能影响较大,尤其表现在普通框架-核心筒结构中。巨型结构中的伸臂与环带桁架可以将外框架与核心筒有效地结合起来,形成共同抗侧体系,芯筒外楼板的作用贡献相对较低。对于普通框架-核心筒,当取消楼板后,外框仅通过框架梁与核心筒联系在一起,因此,整个抗震性能受到的影响较大。

4.8.5　结论与对策

通过案例对比分析,研究了核心筒内、外楼板开洞对巨型框架-核心筒结构的抗震性能的影响,结论与对策如下。

(1)巨型结构在小震作用下,核心筒内有无楼板对结构响应影响不大。

(2)在大震作用下,巨型结构中的核心筒内楼板可以在一定程度上提高结构刚度,减小结构位移;当地震作用达到一定程度后,继续增大地震力时楼板对结构性能发挥的作用开始减小。

(3)核心筒内楼板开洞对巨型结构的性能影响并不显著,特别是结构发生严重破坏以后。

(4)芯筒外楼板对结构影响较大,且对于普通框架-核心筒结构的影响明显大于对巨型结构的影响。

综合以上可认为,当巨型框架-核心筒结构存在多道伸臂和环带桁架时,楼板对整体结构抗震性能的贡献相对较小,尤其核心筒内局部楼层开洞一般不会对水平抗震能力产生明显的不利影响,可适当放松开洞后的加强措施;对于普通稀柱框架-核心筒的楼板大开洞则需要严格构造措施。

4.9 连梁刚度退化的影响规律

通常认为采用框架-核心筒体系的高层建筑,当在地震作用下连梁发生破坏刚度退化后,结构的动力特性将发生明显的改变,结构变柔,周期加长,地震力明显下降,连梁发挥"保险丝"作用,作为第一道防线,保护主要墙肢,使其免遭严重破坏。最经典的案例就是林同炎设计的马那瓜美洲银行大厦(地下2层,地上18层,总高61 m,筒中筒结构),在遭受6.5级强烈地震后,马那瓜市中心511个街区成为一片废墟,而这座18层的美洲银行大厦保持巍然不倒,从此成为连梁"保险丝"的柔性经典(图4-72、图4-73)。

超高层建筑结构地震作用输入与响应

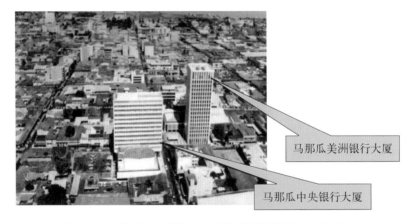

图4-72 马那瓜美洲银行大厦震前照片(图片来自网络)

图4-73 马那瓜美洲银行大厦震后照片(图片来自网络)

但当结构高度较大时,特别是对于巨型框架-核心筒结构,在地震中连梁是否仍然能发挥如此理想的效果? 实际工程发现可能并非如此,本部分通过具体工程案例针对这一问题展开探讨。

4.9.1 工程简介

苏州某中心主塔楼为综合体项目,含有办公、SOHO、公寓、酒店及观光等建筑功能。塔楼共 138 层,竖向分为 12 个区,主体建筑上人高度(结构高度)为 598 m,塔冠最高点为 729 m。该塔楼设有五层地下室,包括设备用房,卸货区、车库。裙房 9 层、裙房主屋顶 67.3 m。本项目占地面积约 16 573 m²。地上总建筑面积约 37.5 m²,其中塔楼建筑面积约为 34.3 万 m²,裙楼建筑面积约为 3.2 万 m²。地下室约 12 万 m²。结构体系如图 4-74 所示,详细描述见 4.8.1 节。

4.9.2 连梁刚度退化对动力特性的影响

为了解连梁刚度退化对结构动力特性的影响,分别考虑连梁无折减以及折减系数取 0.3 两种情况,同时改变楼层数量来模拟 600 m、200 m 和 100 m 不同高度结构受连梁刚度退化产生的不同影响。

图 4-75 和图 4-76 分别给出了连梁刚度退化对不同结构基本周期及各阶周期的影响。主要规律及分析如下。

(1) 随结构高度增加,连梁刚度退化对平动周期的影响逐渐减弱,但对扭转周期的影响呈增大趋势。说明连梁对平动刚度和扭转刚度的贡献是不同的。高度越大,核心筒抗弯刚度的贡献逐渐增大,而连梁对超高层巨型结构的抗弯贡献是较弱的。

(2) 连梁对不同阶次周期的贡献是不同的,对于平动周期通常存在某一阶次(定义为奇点周期),在该阶次时连梁刚度退化影响最大,并且高度越大,该奇点周期出现的阶次越高。当高度较小时,可能基本周期即为奇点周期。而对于扭转周期则通常随着阶次的增大连梁刚度退化的影响逐渐减弱。说明连梁对于核心筒抗弯刚度的影响程度与发生反弯变形的区间高度与墙肢宽度的倍数是有内在关系的。

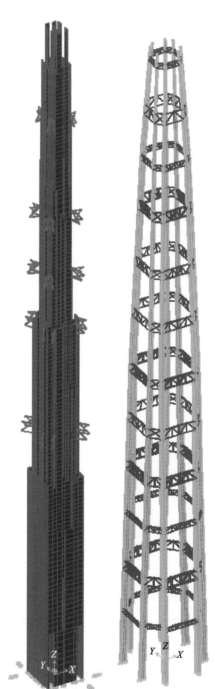

(a) 核心筒与伸臂桁架 　(b) 巨柱与环带桁架

图 4-74　主抗侧力体系关系

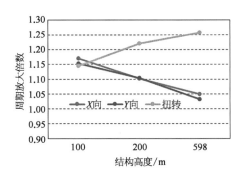

图 4-75　连梁刚度退化对不同高度结构基本周期的影响

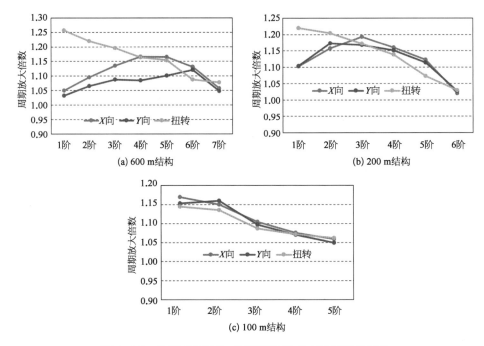

(a) 600 m结构

(b) 200 m结构

(c) 100 m结构

图 4-76　连梁刚度退化对不同高度结构各阶周期的影响

4.9.3　连梁刚度退化对地震响应的影响

为了解连梁刚度退化对结构动力特性的影响,分别考虑连梁无折减以及折减系数取 0.3 两种情况,同时改变楼层数量来模拟 600 m、200 m 和 100 m 不同高度结构受连梁刚度退化的不同影响。进行反应谱分析,对比结果如图 4-77～图 4-81。由图可知。

（1）随着结构高度的增加,连梁刚度退化对总地震力的影响呈降低趋势,当高度达到 600 m 级时,总地震剪力和倾覆力矩降低分别在 7％与 5％以内,且靠近顶部楼层降低相对较多。

（2）楼层位移角曲线基本呈增加趋势,当达到 600 m 级时,最大增加超过 1.2 倍,且主要增大区域在底部附近楼层以及高区各相邻伸臂加强层之间的中间区段。说明连梁刚度对整体抗弯刚度影响虽然不大,但对局部区段核心筒的抗弯刚度有一定影响。这是高度较大的巨型框架-核心筒结构的一个基本特征。

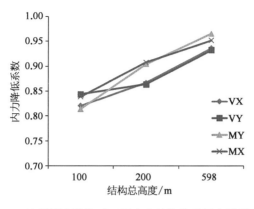

图 4-77 连梁刚度退化对不同高度结构总地震力的影响曲线

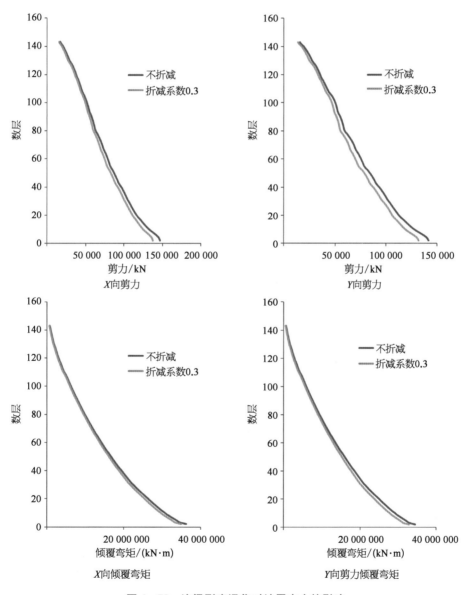

X向剪力

Y向剪力

X向倾覆弯矩

Y向剪力倾覆弯矩

图 4-78 连梁刚度退化对地震内力的影响

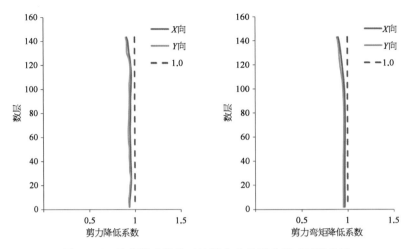

图 4-79　连梁刚度退化对地震内力的影响折减系数曲线

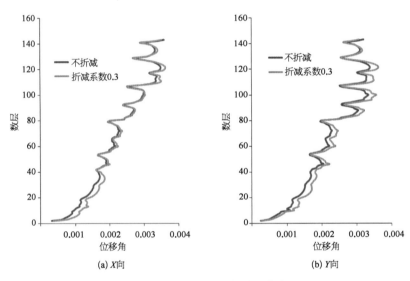

(a) X向　　　　　　　　　　　(b) Y向

图 4-80　层间位移角对比曲线

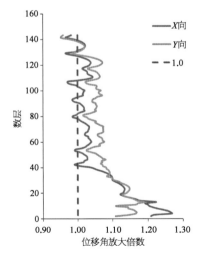

图 4-81　层间位移角增大倍数曲线

4.9.4 局部区段连梁刚度退化对地震响应的影响

根据工程实践经验,巨型框架-核心筒结构在地震中连梁刚度退化程度沿楼层分布并不均匀,经常在上部首先发生破坏。本部分选择 12 区进行研究,将该区连梁折减到 0.3,并与未折减模型进行比较。主要研究影响较大的 Y 向。对比如图 4-82~图 4-86。

(1)局部区段的连梁刚度折减对各层地震剪力和倾覆弯矩的影响均较小,基本在 1%以内。

(2)局部区段的连梁刚度折减对该区段的位移有较大影响,放大系数最大超过 10%。

(3)局部区段的连梁刚度折减对该区段外框剪力分担比例有较低影响,对其他楼基本无影响;但对整楼范围内的外框倾覆弯矩分担比例均产生一定影响,但影响程度在 5%以内。

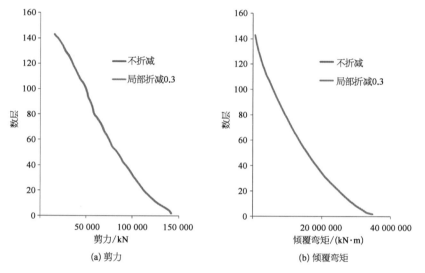

(a) 剪力 (b) 倾覆弯矩

图 4-82 内力对比曲线

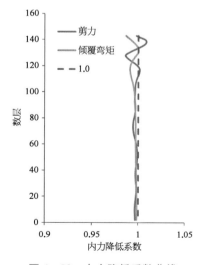

图 4-83 内力降低系数曲线

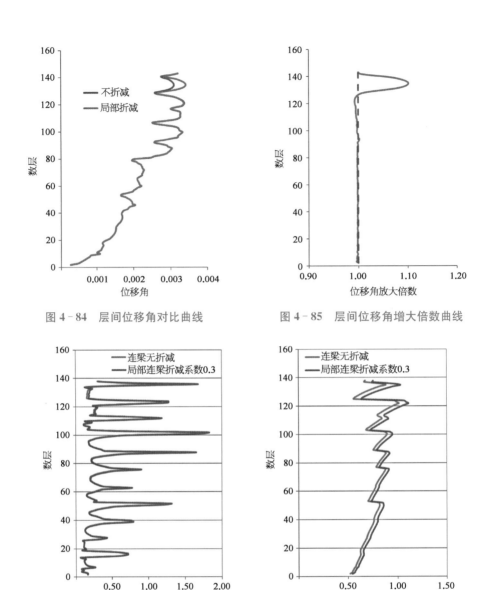

图 4-84　层间位移角对比曲线

图 4-85　层间位移角增大倍数曲线

(a) 剪力

(b) 倾覆弯矩

图 4-86　外框剪力与倾覆弯矩比例对比曲线

4.9.5　局部区段连梁刚度退化对强肢内力的影响

由前述分析可知,局部楼层的连梁发生刚度退化后,对楼层的总内力影响不大,但对位移产生较大影响,那么对具体墙肢内力的影响究竟如何呢? 这对了解连梁影响结构在地震中的性能将有较大帮助。取出 12 区典型墙体的内力对比如下(图 4-87～图 4-89)。

(1) 连梁刚度退化对强肢的剪力没有明显影响。

(2) 连梁刚度退化对区段内墙肢轴力产生较大影响,沿竖向呈现正弦波形式,下半段减小,上半段增加,且增大比例较大,连梁刚度退化后强肢承担的轴力可能增加数倍。

(3) 墙肢的局部弯矩也呈增大趋势,且区段两端增加多中间增加少。

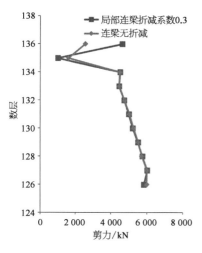

图 4‑87 墙肢剪力对比曲线

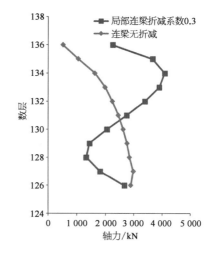

图 4‑88 墙肢轴力对比曲线

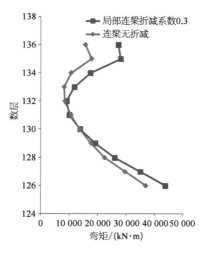

图 4‑89 墙肢局部弯矩对比曲线

综合以上,对于高度较大的巨型框架-核心筒结构,当局部区段的连梁发生刚度退化后,尽管总地震内力略有降低,但相关影响范围内的墙肢内力可能增加,并且通常主要表现为局部弯矩增加,轴力较大幅度提高。在实际地震中,如果连梁较早发生破坏,有可能导致墙体更易发生压弯或拉弯破坏。

4.9.6 结论与对策

本章通过案例研究,对连梁刚度退化带来的影响进行了讨论,主要结论与对策如下。

(1)连梁刚度退化对不同高度结构的动力特性产生影响不同,随结构高度增加,连梁刚度退化对平动周期的影响逐渐减弱,但对扭转周期的影响呈增大趋势。连梁过早破坏可能引起扭转不利,建议设计中增加验算不同连梁刚度折减系数下的扭转效应。

(2)连梁对不同阶次周期的贡献是不同的,对于平动周期通常存在某一阶次(定义为奇点周期),在该阶次时连梁刚度退化影响最大,并且高度越大,该奇点周期出现的阶次越高。而对于扭转周期则通常随着阶次的增大连梁刚度退化的影响逐渐减弱。

（3）随着结构高度的增加，连梁刚度退化对总地震力的影响呈降低趋势。相比内力，连梁刚度退化对位移影响较大，说明结构的刚度退化程度大于地震力的降低程度。

（4）对于高度较大的巨型框架-核心筒结构而言，当局部区段的连梁发生刚度退化后，尽管总地震内力略有降低，但相关影响范围内的墙肢内力可能增加，并且通常主要表现为局部弯矩增加，轴力较大幅度提高。在实际地震中，如果连梁较早发生破坏，有可能导致墙体更易发生压弯或拉弯破坏。因此当局部高度区域连梁过早发生破坏时需采用必要的加强措施。

（5）连梁刚度退化对总地震力和局部墙体内力的影响经常并非一致，这与结构高度和体系形式有较大关系，并非连梁较早耗能就能对墙肢形成保护。

本部分对连梁刚度退化的影响基本规律及机理的分析，有助于在实际项目设计中合理确定连梁的刚度和承载能力，使得结构具有最优的抗震性能。

4.10　地震波计算结果离散性及对结构薄弱环节判断的影响

进行时程分析时，由于地震波具有较大的不确定性导致不同波的结果离散性较大，通常要求采取多组波进行计算。那么对于弹塑性分析，这种离散性到底是更大还是更小？当地震波具有较大离散性时，其对结构破坏模式和薄弱环节的反应是否受到影响呢？以往有些观点认为，尽管地震波的离散性较大，但对结构薄弱环节的反应应该是一致的。本节通过一个案例来说明地震波不确定性带来计算结果离散性以及对破坏模式产生的影响。

4.10.1　案例说明

合肥某中心 T1 塔楼，建筑高度 588 m，结构高度 555.6 m，选用 7 组地震波，包括 2 组人工波和 5 组天然波。7 度罕遇地震波峰值为 220 gal，采用三向同时输入，主、次、竖方向幅值比为 1.0∶0.85∶0.65（表 4-16、图 4-90）。

表 4-16　所用地震波

类　型	地 震 波 组	方　向	对应地震波
人工波	L7501/L7502	主	L7501
		次	L7502
		竖	L7503
	L7504/L7505	主	L7504
		次	L7505
		竖	L7506

类 型	地 震 波 组	方 向	对应地震波
天然波	L0055/L0056	主	L0055
		次	L0056
		竖	L0057(UP)
	L952/L953	主	L952
		次	L953
		竖	L954(UP)
	L2572/L2574	主	L2574
		次	L2572
		竖	US2573(UP)
	LMEX001/LMEX002	次	LMEX001
		主	LMEX002
		竖	LMEX003(UP)
	LMEX026/LMEX027	主	LMEX026
		次	LMEX027
		竖	LMEX028(UP)

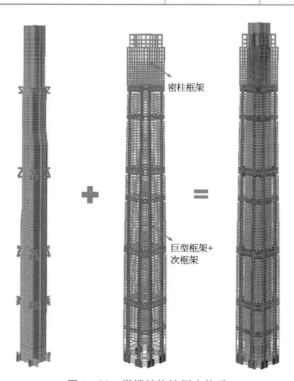

密柱框架

巨型框架+
次框架

图 4-90 塔楼结构抗侧力体系

4.10.2 不同波计算结果离散性分析

为便于比较,将弹性和弹塑性计算所得最大地震剪力以及最大层间位移角分别放到同一个柱状图中,如图 4-91 所示。位移角曲线如图 4-92 所示。

(1) 弹塑性和弹性结果相比,地震力普遍降低,位移有增加也有降低,以降低为主。

(2) 各条波的结果离散性较大:对于地震力,弹性地震力离散性较大,弹塑性分析的结果离散性相对较低;而对于位移,弹性和弹塑性结果均有较大的离散性,弹塑性的离散性有增大的趋势。

超高层建筑结构地震作用输入与响应

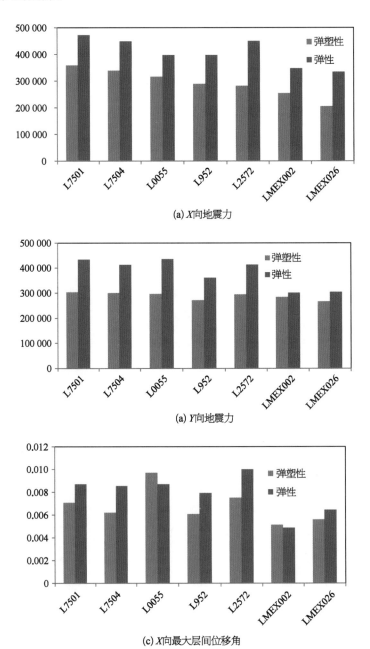

(a) X向地震力

(a) Y向地震力

(c) X向最大层间位移角

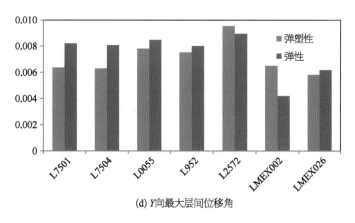

(d) Y向最大层间位移角

图 4-91 不同地震波地震力与位移角响应对比

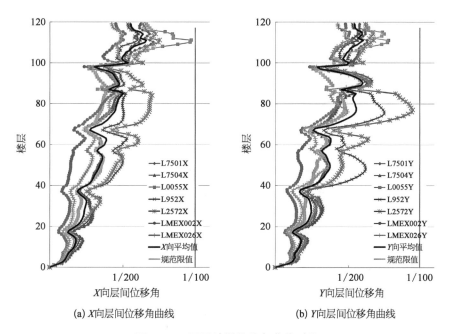

(a) X向层间位移角曲线 (b) Y向层间位移角曲线

图 4-92 不同地震位移角曲线对比

4.10.3 不同波频谱特征对结构薄弱环节的影响

选择三组典型地震波 L952、L7501 和 LMEX001,观察核心筒的破坏模式,如图 4-93 所示,三组波作用下,结构发生严重破坏的位置有明显不同。

为了解不同波导致结构不同破坏的原因,从地震动的频谱特征进行分析,同时结合结构的自振特性,可以有清晰的了解。

L7501 波作用下,破坏首先出现在核心筒上部有收进的部位,这个位置基本上和结构三阶平动振型的一个拐点比较接近。从这条波的反应谱以及傅里叶幅值谱来看,在

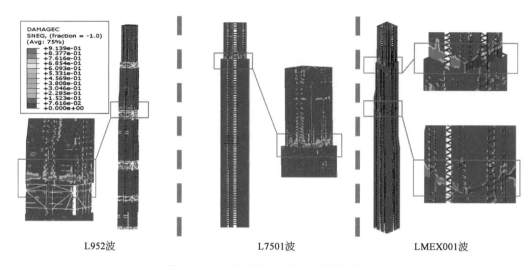

L952波   L7501波   LMEX001波

图 4-93   不同波作用下核心筒破坏模式

结构一阶周期 T_1 所在位置，谱值并不高，T_3 所在位置地震波比反应谱明显偏高，导致高阶振型的响应比较明显，充分激发了上部拐点以上的变形响应，加上这个位置存在刚度突变，最终导致出现严重的破坏（图 4-94、图 4-95）。

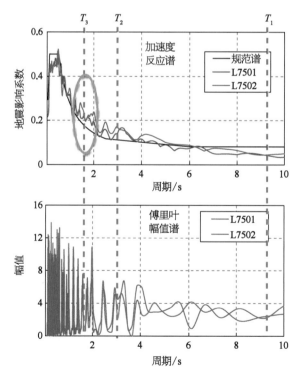

图 4-94   L7501 波谱比较

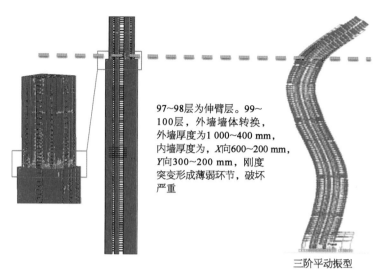

97~98层为伸臂层。99~
100层,外墙墙体转换,
外墙厚度为1 000~400 mm,
内墙厚度为,X向600~200 mm,
Y向300~200 mm,刚度
突变形成薄弱环节,破坏
严重

三阶平动振型

图4-95 L7501波组破坏情况

L952天然波,则明显出现在长周期9.5 s处有明显的谱值增大,一阶振型充分激发,导致在核心筒中部在有刚度突变的地方出现了明显破坏,T_3所对应位置的响应不大,高阶振型不明显,未激发出上部的破坏(图4-96、图4-97)。

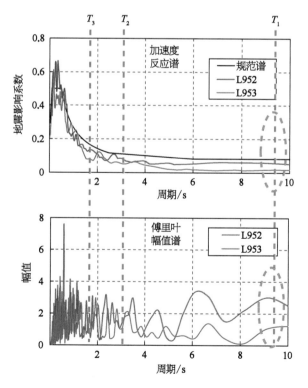

图4-96 L952波谱比较

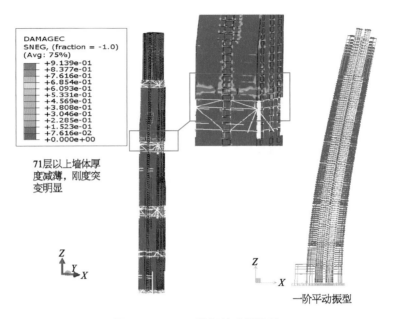

DAMAGEC
SNEG, (fraction = −1.0)
(Avg: 75%)
+9.139e−01
+8.377e−01
+7.616e−01
+6.854e−01
+6.093e−01
+5.331e−01
+4.569e−01
+3.808e−01
+3.046e−01
+2.285e−01
+1.523e−01
+7.616e−02
+0.000e+00

71层以上墙体厚
度减薄，刚度突
变明显

一阶平动振型

图 4-97　L952 波组的破坏情况

墨西哥 LMEX001 波组则出现了两个谱值较大的位置，分别对应 T_2 和 T_3 的位置，而在 T_1 位置则明显偏低，说明基本周期的响应较低，二、三阶振型拐点处分别出现了比较严重的破坏(图 4-98、图 4-99)。

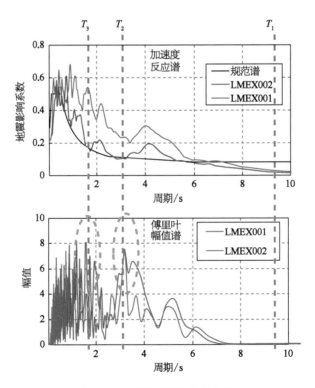

图 4-98　LMEX001 波谱比较

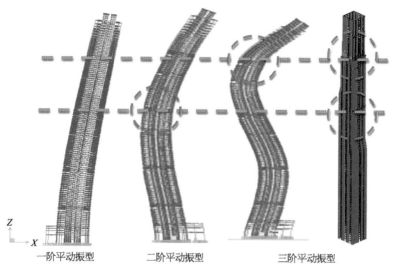

一阶平动振型　　　　二阶平动振型　　　　三阶平动振型

图 4-99　LMEX001 波组的破坏情况

以上分析说明：不同地震波的结果不仅整体指标离散性大，而且对结构破坏机制和薄弱环节的反映也有较大差别；为全面评价结构的抗震性能，发现潜在的薄弱环节，有必要选择不同频谱特征的地震波，并结合结构的前三阶自振周期；结构刚度突变容易引起集中破坏，宜避开在振型反弯点附近产生突变。

4.11　本章小结

本章主要针对动力弹塑性分析结果用于指导结构性能设计中的若干问题展开研究讨论，同时结合概念和理论推导研究超高层结构的非线性地震响应规律。简要总结如下。

（1）对高层建筑结构刚度退化与地震响应关系开展理论研究，对一般性规律和若干特殊现象给出理论判断和解释。

（2）基于多个案例的地震全过程弹塑性分析，从整体指标、构件层面、能量耗散等角度分别总结超高层结构刚度退化和损伤破坏的一般规律。

（3）对结构刚度退化和位移响应振动周期变化的相关性进行理论研究，提出非一致性变化规律和合理判断方法。

（4）针对超高层结构伸臂突变、核心筒收进、楼板开洞以及连梁刚度退化等四个专题开展响应规律研究，提出合理的应对策略。

（5）对不同地震波计算结果的离散性特征开展研究，阐明不同地震波频谱特征与结构振型特征不利性叠加的破坏机理，为科学设计提供参考。

参考文献

［1］　GB 50011—2010建筑抗震设计规范［S］. 北京：中国建筑工业出版社，2010.

［2］　JGJ3—2010高层建筑混凝土结构技术规程［S］.北京：中国建筑工业出版社,2011.

［3］　李承铭,安东亚.地震作用下结构弹塑性时程分析位移响应研究［C］.//第十二届高层建筑抗震技术交流会.北京：北京建筑设计研究院,2009.

［4］　刘大海.高层建筑抗震设计.北京：中国建筑工业出版社,1993.

［5］　江晓峰,陈以一.固定阻尼系数对结果弹塑性时程分析的误差影响.结构工程师,2008,24(1)：51－55.

［6］　安东亚,李承铭.地震中结构损伤后动力特性分析方法研究.建筑结构,2011,41(S1)：253－255.

［7］　汪大绥,安东亚,崔家春.动力弹塑性分析结果用于指导结构性能设计的若干问题［J］.建筑结构,2017,47(12)：1－10.

［8］　R. 克拉夫,J. 彭津.结构动力学［M］.王光远,等译.北京：高层教育出版社,2006.

［9］　祁皑,范宏伟,陈永祥.简谐荷载作用下伴生自由振动的研究［J］.地震工程与工程振动,2002,22(6)：156－161.

［10］　包联进,钱鹏,童骏,等.深湾汇云中心 T1 塔楼结构设计［J］.建筑结构,2017,47(12)：41－47.

［11］　GB 50011—2010建筑抗震设计规范［S］.北京：中国建筑工业出版社,2010.

［12］　JGJ3—2010高层建筑混凝土结构技术规程［S］.北京：中国建筑工业出版社,2010.

［13］　于晓慧,尹新生,赵哲.楼板开洞对规则性框架结构的影响分析［J］.吉林建筑工程学院学报,2011,28(5)：17－20.

［14］　王斌.楼板开洞高层结构地震响应研究［J］.江苏建筑,2013(5)：27－31.

［15］　王彦.楼板开洞在水平地震力作用下结构性能分析［J］.工程与建设,2011,25(2)：225－226.

［16］　张敬书,马志敏,莫庸,等.楼板局部开洞对高层建筑结构整体抗震性能影响的分析［J］.四川建筑科学研究,2009,35(2)：189－193.

［17］　宋京京,秦文明.楼板开洞对 RC 框架结构抗震性能影响的弹塑性分析［J］.安徽建筑 2016,23(2)：183－184/187.

框架-核心筒结构外框二道防线

5.1 概述

框架-核心筒结构如果要实现双重抗侧力体系,外框作为二道防线需要同时具有一定的强度(承载力)和刚度。美国 International Building Code 2000[1] 和 ASCE-16[2] 规定:框架-核心筒结构为满足双重防线,地震作用下框架部分设计层剪力不小于层总剪力的 25%;美国 Uniform Building Code 1997[3] 对双重抗侧力的框剪结构要求其框架能独立承担底部设计剪力的 25%。我国规范目前的做法是通过外框柱内力的调整实现强度满足一定要求,同时控制根据刚度分配的计算剪力比例不要太小[4,5]。2021 年颁布的《建筑与市政工程抗震通用规范》[6] 明确规定:框架-核心筒结构、筒中筒结构等筒体结构,外框架应有足够刚度,确保结构具有明显的双重抗侧力特征;《超限高层建筑工程抗震设防专项审查技术要点》(2015)[7] 中规定:超高的框架-核心筒结构,其混凝土内筒和外框之间的刚度宜有一个合适的比例,框架部分计算分配的楼层地震剪力,除底部的个别楼层、加强层及其相邻上下层外,多数不低于基底剪力的 8% 且不宜低于 10%,最小值不宜低于 5%。对于超限高层建筑,除了剪力调整规定外还对外框刚度提出要求,其核心控制思想在于通过强度和刚度两个层面的控制共同保证外框二道防线的能力。在实际工程的设计中发现[8],当结构高度较大时,特别是巨型框架-核心筒结构,外框柱的剪力比例经常很难满足要求,很多处在 2%~3% 之间,甚至有些接近 0。对于这些结构,较易做到通过剪力调整满足强度的要求,而调整刚度使其满足最小剪力比例的控制往往存在很大困难,或者需要付出非常大的经济成本,文献[9]列举了 390 m 和 468 m 高的两个框架-核心筒案例,为满足按刚度控制的外框剪力限值,直接材料造价需要增加 3 500 万元和 4 000 万元。

由于最小剪力限值控制要求对设计产生的巨大影响,不少学者针对该控制的合理性开展了一系列研究[8-15],主要有三种观点:① 强调以强度控制为主,放松刚度控制,通过性能化分析保证结构性能;② 放松外框防线,通过加强核心筒实现整体性能满足要求;③ 维持现有强度和刚度双控的思想,但对刚度控制方法进行优化和细化。这三种方法都有可取之处,但均未彻底解决"刚度控制"的困惑。而解决这一问题的核心在于如何对外框刚度进行合理评估。对于框架-剪力墙结构,通常采用连续化方法可以建立框架剪力分担比例和框架刚度特征值之间的量化关系,且两者之间具有同向增减关系[16-18],由于在实际工程中直接计算外框刚度并不容易,因此采用通过控制剪力分担比例,来间接控制外框刚度,从逻辑上是合理的。但框架刚度特征值反映的是平均的楼层框架抗推刚度(剪切刚度)与剪力墙抗弯刚度的比值,当框架组合成一个共同受力体系时,两者之间相互作用关系复杂,框架的刚度特征值并不能反映框架部分在整体结构中对抗侧刚度的真实贡献,尤其当结构的总高度较大时,框架承担的抗倾覆贡献加大,这一部分刚度贡献并未不能通过刚度特征值合理反映出来,此时仅通过剪力分担比例对框架-核心筒结构外框刚度进行评价是片面的。针对如果放开剪力分担比例应该如何合理评判外框刚度贡献的问题,本章提出两种新的评估方法,一种是直接计算法,一种是间接评估法,也可以两种方法综合使用相互印证。通过案例初步对两种方法进行应用验证。在此基础上,提出一种外框柱承载力设计方法。

5.2 协同变形理论及外框剪力比例规律

5.2.1 框架-剪力墙协同工作理论引述

由于框架与剪力墙协同工作的复杂性,设计人员与研究人员在该问题上投入了巨大的精力来发展各种近似理论与方法,其中应用最为广泛的是连续体方法[18],该方法用一种等效模型来代替整个复杂建筑结构。从 20 世纪 40 年代开始出现该方法[19]。L. Chitty(1947)[20]研究了均布侧向力作用下通过横杆相连的平行梁模型,并建立了控制微分方程。在后续研究中她将该方法应用在一座承受水平荷载的高层建筑,并且在应用中忽略了柱子的轴向变形[21]。随后,来自世界各地的学者,又对前人提出的连续体模型进行不断地修正研究工作[22-27]。其中能最全面解决结构在水平荷载下受力问题的模型由 Stafford Smith 和 Coull 在 1991 年提出[28],该模型后来被成功应用于一些高层建筑的稳定和动力分析[29-35]。

框架-剪力墙结构在水平荷载作用下内力和变形计算的协同工作基本理论,分如下两个步骤进行:

(1)求某一方向内力时,将该方向各片剪力墙合并成一片总剪力墙,框架合并成总框架,同一层的连梁合并成总连梁,对总剪力墙、总框架和总连梁进行协同工作分析,解决水平荷载在总剪力墙和总框架之间的分配,求得总剪力墙和总框架的总内力,并计算结构的侧向位移。

(2)按等效抗弯刚度比,将总剪力墙的内力分配给每片墙,将总框架的总剪力按柱的抗侧刚度分配给框架的各柱。

根据该理论建立的高层结构侧移 $y(x)$ 的微分方程为:

$$\frac{d^4 y}{dx^4} - \frac{C_F}{EJ_w}\frac{d^2 y}{dx^2} = \frac{p(x)}{EJ_w} \tag{5-1}$$

令

$$\left.\begin{array}{c} \lambda = H\sqrt{C_F/EJ_w} \\ \xi = x/H \end{array}\right\} \qquad (5-2)$$

则微分方程可以写成：

$$\frac{d^4 y}{d\xi^4} - \lambda^2 \frac{d^2 y}{d\xi^2} = \frac{H^4}{EJ_w} p(\xi) \qquad (5-3)$$

式中，EJ_w 为总剪力墙抗弯刚度；C_F 为总框架抗推刚度；λ 为框剪结构刚度特征值，它与框架抗推刚度与剪力墙结构抗弯刚度的比值成正比；ξ 为相对坐标系，坐标原点取在固定端处；H 为结构总高度；p 为侧向荷载形式。

四阶非齐次常微分方程(5-3)的一般解为：

$$y = C_1 + C_2\xi + A\,\mathrm{sh}\,\lambda\xi + B\,\mathrm{ch}\,\lambda\xi + y_1 \qquad (5-4)$$

根据边界条件可得到不同荷载形式下的侧向变形曲线表达形式，为节约篇幅，仅列出在均布荷载作用下解的形式以及剪力墙分担的剪力 V_w 表达式：

$$y = \frac{qH^4}{EJ_w\lambda^4}\left[\left(\frac{1+\lambda\,\mathrm{sh}\,\lambda}{\mathrm{ch}\,\lambda}\right)(\mathrm{ch}\,\lambda\xi - 1) - \lambda\,\mathrm{sh}\,\lambda\xi + \lambda^2\xi\left(1 - \frac{\xi}{2}\right)\right] \qquad (5-5)$$

$$V_w = \frac{qH}{\lambda}\left[\lambda\,\mathrm{ch}\,\lambda\xi - \left(\frac{1+\lambda\,\mathrm{sh}\,\lambda}{\mathrm{ch}\,\lambda}\right)\mathrm{sh}\,\lambda\xi\right] \qquad (5-6)$$

5.2.2 框架-核心筒协同工作理论推导

框架-剪力墙结构协同工作基本理论不能直接应用到框架-核心筒体系中，需要进行修正，增加考虑外框柱轴力对抗倾覆的贡献。框架-核心筒结构当考虑外框柱的轴向变形后的受力简图如图 5-1，框架柱合并后的总截面积为 A。

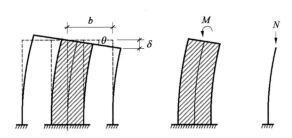

图 5-1 基本受力简图

考虑弯矩的影响和柱轴力的影响。假定楼盖无限刚，柱子的轴向变形为：

$$\delta = b\theta = \frac{b\,dy}{dx} \qquad (5-7)$$

柱子轴力：

$$N = \frac{\delta EA}{dx} = \frac{bEAd^2y}{dx^2} \tag{5-8}$$

柱轴力传递给核心筒的约束弯矩：

$$M = Nb = \frac{b^2EAd^2y}{dx^2} \tag{5-9}$$

约束弯矩连续化，则单位高度上的约束弯矩可写成：

$$m(x) = \frac{dM}{dx} = \frac{b^2EAd^3y}{dx^3} \tag{5-10}$$

根据基本受力体系建立基本微分方程如下：

$$EJ_w \frac{d^2y}{dx^2} = M_w \tag{5-11}$$

$$EJ_w \frac{d^3y}{dx^3} = -V_w - m(x) \tag{5-12}$$

$$\begin{aligned} EJ_w \frac{d^4y}{dx^4} &= -\frac{V_w}{dx} - \frac{dm(x)}{dx} = p_w - \frac{dm(x)}{dx} \\ &= p(x) - p_F - \frac{b^2EAd^4y}{dx^4} \\ &= p(x) + C_F \frac{d^2y}{dx^2} - \frac{b^2EAd^4y}{dx^4} \end{aligned} \tag{5-13}$$

经整理，微分方程如下：

$$\frac{d^4y}{dx^4} - \frac{C_F}{EJ_w + b^2EA} \cdot \frac{d^2y}{dx^2} = \frac{p(x)}{EJ_w + b^2EA} \tag{5-14}$$

令

$$\left. \begin{aligned} \lambda &= \sqrt{\frac{C_F}{EJ_w + b^2EA}} \\ \xi &= \frac{x}{H} \end{aligned} \right\} \tag{5-15}$$

则微分方程可写成：

$$\frac{d^4y}{d\xi^4} - \lambda^2 \frac{d^2y}{d\xi^2} = \frac{p(\xi)}{EJ_w + b^2EA} \tag{5-16}$$

上述推导过程，是在假定楼盖刚度无穷大的前提下推导的，实际情况并非如此，柱子的轴向作用并没有这么大，应考虑一定程度的折减。该折减包含三个方面：第一个方面，剪力墙本身既包含了弯曲变形，也包含了剪切变形，只有弯曲变形产生的转角会使柱产生轴向反作用,剪切变形与柱之间仅传递水平相互作用,不会引起柱的轴力;第二个方面,核心筒产生的转角也不会全部转化为柱的轴向变形,传递的程度还取决于水平约束构件的抗弯刚度(比如楼面梁、楼板、伸臂桁架等);第三个方面,柱子相对于核心筒的布置位置与受力方向的相关性导致并非所有柱子的有效力臂都为相同的数值 b。以上三个因素的折减可分别用三个系数 η_1、η_2 和 η_3 表示。其中 η_3 一般可取 $0.6 \sim 0.8$;η_2 的差异性较大,应根据实际情况合理估算,这也是设计师可以灵活发挥的一个参数,可通过调整结构方案改变 η_2 的大小;η_1 的取值一般根据剪力墙的高宽比按如下方式进行估算。

在均布荷载作用下,剪力墙的弯曲变形和剪切变形分别由下式进行计算:

$$\Delta_w = \frac{V_0 H^3}{8 E I_q} \tag{5-17}$$

$$\Delta_V = \frac{\mu V_0 H}{2 G A_q} \tag{5-18}$$

其中,I_q 和 A_q 分别为剪力墙的截面惯性矩和截面面积,中间变量 V_0 为其所受的剪力。式(5-17)与式(5-18)相除,得到剪力墙的弯曲变形与剪切变形的比例:

$$\frac{\Delta_w}{\Delta_V} = \frac{H^2 G A_q}{4 \mu E I_q} \tag{5-19}$$

对于混凝土结构一般取 $G = 0.4E$,考虑核心筒一般为薄壁筒体,形状系数可大约取为 2.0。式(5-19)可进一步写为:

$$\frac{\Delta_w}{\Delta_V} = \frac{H^2 A_q}{20 I_q} \tag{5-20}$$

若核心筒进一步等效为边长为 a 的正方形等厚度薄壁筒体,则有:

$$I_q = \frac{A a^2}{6} \tag{5-21}$$

将式(5-21)带入式(5-20),则有:

$$\frac{\Delta_w}{\Delta_V} = 0.3 \left(\frac{H}{a} \right)^2 = 0.3 \gamma^2 \tag{5-22}$$

式中,γ 为核心筒的高宽比。

则核心筒剪力墙的弯曲变形系数为:

$$\eta_1 = \frac{\gamma^2}{\gamma^2 + 3.3} \tag{5-23}$$

综上,考虑柱轴力贡献(倾覆弯矩)的协同受力变形微分方程为:

$$\frac{d^4 y}{d\xi^4} - \lambda^2 \frac{d^2 y}{d\xi^2} = \frac{p(\xi)}{EJ_w + \eta_1 \eta_2 \eta_3 b^2 EA} \tag{5-24}$$

$$\left. \begin{array}{l} \lambda = \sqrt{\dfrac{C_F}{EJ_w + \eta_1 \eta_2 \eta_3 b^2 EA}} \\[3mm] \xi = \dfrac{x}{H} \end{array} \right\} \tag{5-25}$$

令 $J_{weq} = J_w + \eta_1 \eta_2 \eta_3 b^2 A$，则有：

$$\frac{d^4 y}{d\xi^4} - \lambda^2 \frac{d^2 y}{d\xi^2} = \frac{p(\xi)}{EJ_{weq}} \tag{5-26}$$

$$\lambda = \sqrt{\frac{C_F}{EJ_{weq}}} \tag{5-27}$$

结构的变形曲线可根据式(5-5)改写为：

$$y = \frac{qH^4}{EJ_{weq}\lambda^4}\left[\left(\frac{1 + \lambda \operatorname{sh}\lambda}{\operatorname{ch}\lambda}\right)(\operatorname{ch}\lambda\xi - 1) - \lambda \operatorname{sh}\lambda\xi + \lambda^2 \xi\left(1 - \frac{\xi}{2}\right)\right] \tag{5-28}$$

式(5-28)和框架-剪力墙体系的微分方程形式完全相同，只是 λ 值计算不同，以及方程右边剪力墙的等效刚度部分增加了外框柱的轴向刚度贡献成分。该数学微分方程的力学概念解释为：考虑柱子的轴向刚度贡献后，增加了柱子对于剪力墙的弯矩反作用，使得核心筒的弯曲变形减小，等效于核心筒的等效抗弯刚度增加，由 EJ_w 变为 EJ_{weq}；同时刚度特征值 λ 减小，意味着框架柱发挥的抗剪作用降低，而抗弯贡献增大。

对于巨型框架-核心筒结构，往往外框柱的力臂更大，且通常设有伸臂等加强层，使得其抗弯作用进一步增大，即 η_2、η_3 增大，这将导致 λ 进一步降低，最终使得巨型框架-核心筒结构外框剪力分担比例更低。

均布荷载下，框架-核心筒结构的变形曲线及外框剪力分担比例曲线如图 5-2、图 5-3 所示。

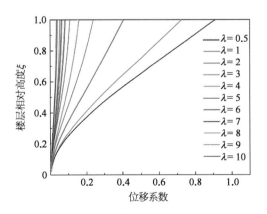

图 5-2　框架-核心筒结构变形曲线

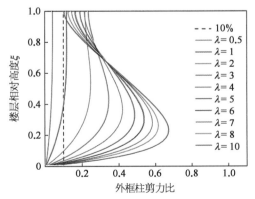

图 5-3　框架-核心筒结构外框
剪力分担比例曲线

5.2.3 数值分析案例验证

以某超高层框架-核心筒结构为参考,进行适当简化,得到的基本结构分析模型参数如下(图5-4)。

总高200 m,层高均为4.0 m,共50层。外框平面尺寸为40 m×40 m,核心筒平面尺寸20 m×20 m。

基本构件截面为:1~20层:柱1 500×1 500 mm,墙体800 mm,混凝土C60;21~40层:柱1 200×1 200 mm,墙体600 mm,混凝土C50;41~50层:柱1 000×1 000 mm,墙体400 mm,混凝土C40。

框架梁:尺寸为600×900 mm。

楼板:尺寸为120 mm,混凝土C30。

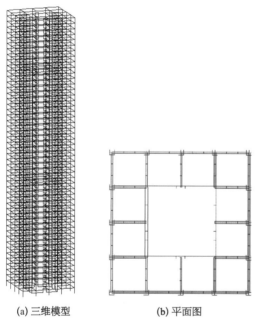

(a) 三维模型　　　　(b) 平面图

图5-4　基本结构模型图

图5-5　巨柱框架+环带外框模型

为比较巨型框架的影响,在原普通框架-核心筒结构的基础上,将四个角部的外框柱调整为巨型柱,同时缩小其他框架柱截面(柱子总数量和总截面面积不变),另外增设四道加强环带桁架,作为小柱的转换支撑层(表5-1、图5-5)。

分析工况为水平单向地震下的反应谱分析和均布加速度荷载模式下的等效静力分析,由于主要关注剪力的分担比例,并不关心力的绝对数值,对于线弹性分析,可将地震作用水平统一到7度小震(0.1g)。

不同模型计算得到的外框剪力比例对比曲线见由图5-6。曲线数据验证了前述理论分析的两点结论和规律:① 设置环带或伸臂加强层后,除了加强层及附近楼层外框柱剪力比例提高外,普通楼层的分担率反而更低;② 采用巨柱框架后,普通楼层的外框剪力比例进一步降低。

表 5‑1　框架柱截面尺寸

截面号	普通柱 截面尺寸	巨柱 截面尺寸	次柱 截面尺寸
1	1 500	2 598	866
2	1 200	2 078	693
3	1 000	1 732	577

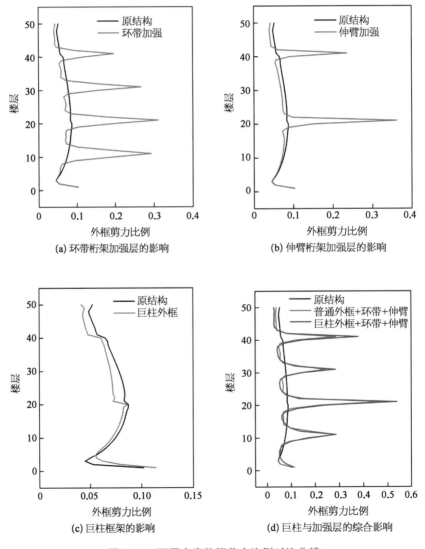

(a) 环带桁架加强层的影响　　　(b) 伸臂桁架加强层的影响

(c) 巨柱框架的影响　　　(d) 巨柱与加强层的综合影响

图 5‑6　不同方案外框剪力比例对比曲线

本部分比较楼面梁两端连接方式对外框剪力分担率的影响。对于楼面梁采用钢梁的混合结构形式，钢梁两端经常采用铰接。如图 5-7，若楼面梁两端采用铰接，对于下部楼层，外框剪力有所减小，上部楼层外框剪力增加明显。该结果从另一个方面说明，减弱内筒和外框连接的整体性，有助于外框柱的剪力分担比例沿结构高度更加趋于均匀，但通常并不建议采用这一理念提高框剪比。

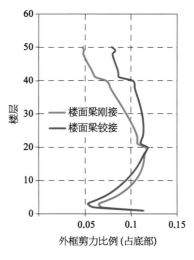

图 5-7　不同楼面梁连接方式
外框剪力比例曲线

5.2.4　典型工程案例统计

表 5-2 列举了一些典型工程案例的外框内力分担比例，实际设计中如果外框架无法设置斜向构件，大部分超高层框架-核心筒结构很难满足规范要求，甚至框架承担的地震剪力仅为结构总剪力的 3%～4%，而此时外框倾覆弯矩的分担比例一般也在 40% 以上。

表 5-2　典型框架-核心筒结构外框分担地震力比例[8]

序号	工程名称	塔楼高度/m	外框承担地震剪力比例	外框承担倾覆力矩比例	外　框　形　式
1	南亚之门	258	7%～20%	>50%	巨型框架，23 层以上为斜柱
2	武汉中心	438	5%～10%	>50%	巨型框架（8 根巨柱＋8 根框架柱）
3	苏州九龙仓	450	5%～15%	>50%	巨型框架（8 根巨柱＋8 根框架柱）
4	长沙国金中心	440	5%～10%	>40%	巨型框架（8 根巨柱＋12 根框架柱）
5	大连绿地	518	4%～20%	>45%	巨型框架（6 根巨柱＋6 根框架柱）
6	天津周大福	530	5%～10%	>50%	巨型框架，部分为斜柱
7	北京 Z15 地块	510	8%～50%	>80%	巨型框架支撑
8	天津 117 大厦	597	30%～70%	>80%	巨型框架支撑
9	武汉绿地中心	606	5%～10%	>52%	巨型框架，底部角柱增加偏心支撑
10	上海中心	632	15%～40%	>50%	巨型框架，巨柱为斜柱

序号	工程名称	塔楼高度/m	外框承担地震剪力比例	外框承担倾覆力矩比例	外 框 形 式
11	南京金鹰天地	368	8%～16%	>40%	劲性混凝土框架柱(20根)+钢梁+环带+伸臂,三塔连体
12	深圳平安金融中心	588	7%～50%	>70%	巨型框架支撑(8根巨柱),35层以下巨柱向内倾斜
13	天津于家堡03-08地块项目	297	4%～5%	—	巨型框架-核心筒(8根)
14	昆明置地广场	248.5	6%～13%	>45%	普通框架-核心筒

5.3 外框内力比例与抗震性能的关系

从概念上容易判断出,对于框架-核心筒结构,外框刚度越大,其对减轻、减缓核心筒地震破坏发挥的作用就更大,文献[9]给出的振动台试验统计数据和弹塑性分析案例结果再次证明了这一观点。外框刚度的大小通常反映在内力分担比例上,包括剪力分担比例(简称"框剪比")和倾覆弯矩分担比例(简称"框倾比")。目前的规范规定和相关研究多关注外框剪力比例,而对倾覆弯矩的分担比例关注不足,也没有明确的限定。一般来说,对于同一个结构,增加外框刚度,其剪力分担比例和倾覆弯矩分担比例会同时提高,反之亦然。但对于不同结构,两者的具体数值分布区间有较大的差异性。用"外框剪力比例"单一指标表达外框相对刚度的大小是否充分,存在较大疑问。在讨论外框刚度的合理表达指标之前,有必要对"框剪比"和"框倾比"对结构抗震性能影响的敏感性进行研究。本节通过不同的数值分析案例对这一问题进行讨论说明。

5.3.1 单榀结构分析对比

1)分析模型

设计一个单榀的框架和剪力墙协同受力模型,分析模型见图5-8。

2)加载方式

采用顶部施加水平位移的方式进行加载,模拟推覆分析。

3)框架柱的倾覆力矩与剪力分担比例变化控制方法

由于框架柱的倾覆弯矩与剪力分担比例都受制于框架部分刚度与剪力墙刚度的相对比例,因此仅调整柱子的截面刚度会导致倾覆弯矩和剪力两个内力参数同时变化,而且是同向变化,难以考察单参数的影响规律。为了实现两个内力参数的单独变化,采取在框架柱约束端将不同方向的自由度用有一定刚度的弹簧进行约束。通过竖向弹簧和

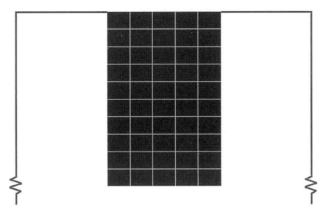

图 5-8 单榀模型图

水平弹簧刚度的改变来实现控制外框柱倾覆弯矩分担比例和剪力分担比例两个内力参数的独立变化。

4) 分析结果

如图5-9和图5-10所示,当维持外框剪力比例不变(10.6%),改变外框倾覆弯矩的分担比例,从46.8%逐渐降低到6%,结果显示承载力出现明显下降,同时延性显著降低;而当维持外框倾覆弯矩不变(46.8%),改变剪力分担系数,从10.6%逐渐降为0,则出现承载力的一定程度下降,延性基本保持不变。由此说明,外框倾覆弯矩的变化对整体结构的承载能力和延性影响更为明显。

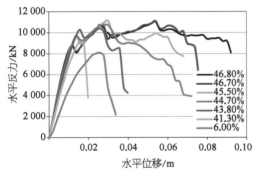

图 5-9 不同外框倾覆弯矩对应的
承载力曲线

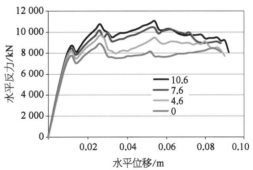

图 5-10 不同外框剪力比例对应的
承载力曲线

5.3.2 50层框架-核心筒结构对比分析

1) 模型及分析工况

基本模型仍然采用前文5.2.3节使用过的50层的框架-核心筒模型,进行动力弹塑性分析,输入双向地震波。为了更清晰地了解结构的破坏情况,将7度罕遇地震(220 gal)放大1.2倍,即峰值为264 gal。基本模型的分析结果显示核心筒在底部1~2层出现了严重损坏,受压刚度退化基本上沿所有墙肢贯通,同时外框柱也大部分在底部出现了塑性铰。在此模型的基础上，对底部三层外框柱截面进行不同程度的放大，可以达到提高外框剪力比例的目的。同时由于倾覆弯矩的比例来自整个结构高度上外框的综合刚度，局部楼层的外框柱增大对倾覆弯矩比例影响不大。详细柱截面及底部三层分担的剪力和倾覆弯矩比例见表5-3。

表5-3 不同模型外框剪力(倾覆弯矩)比例汇总

模型编号		ZHU1.5	ZHU1.8	ZHU2.0	ZHU2.2	ZHU2.5	ZHU3.0	SHENBI
柱截面边长/m		1.0	1.8	2.0	2.2	2.5	3.0	1.0
柱线刚度增大系数		1.00	1.73	2.37	3.15	4.63	8.00	1.00
外框剪力比例	1层	14.9%	22.1%	27.4%	32.9%	41.2%	54.2%	14.9%
	2层	4.1%	5.8%	7.8%	10.8%	16.8%	30.4%	3.7%
	3层	5.5%	8.1%	10.5%	13.8%	20.3%	35.7%	11.0%
外框倾覆弯矩比例	1层	37.9%	38.7%	39.3%	39.9%	40.9%	42.9%	43.3%
	2层	37.1%	37.6%	38.0%	38.3%	39.0%	40.4%	42.5%
	3层	36.7%	37.2%	37.4%	37.7%	38.1%	38.8%	42.2%

另外，若要控制剪力分担比例基本不变，而单独改变局部楼层的倾覆弯矩则更为困难。由伸臂的作用机理可知，其对改变局部楼层的倾覆弯矩效果显著，而基本不会改变加强层以外楼层的剪力分担比例，因此可以考虑在第四层设置一道伸臂，以此达到增加下部三层外框柱倾覆弯矩比例的目的。具体数值见表5-3。图5-11～图5-13给出了相应的曲线。

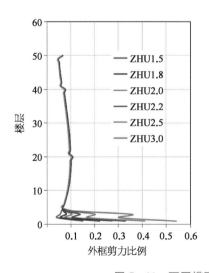
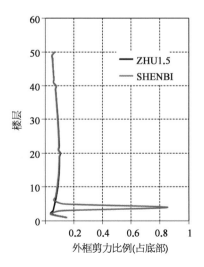

图5-11 不同模型外框剪力比例曲线

超高层建筑结构地震作用输入与响应

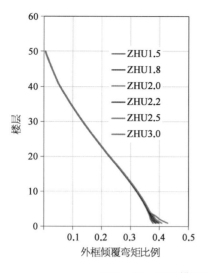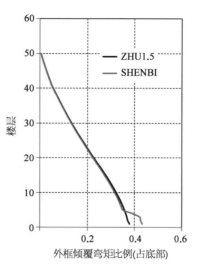

图 5-12 不同模型外框倾覆弯矩比例曲线

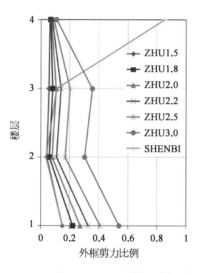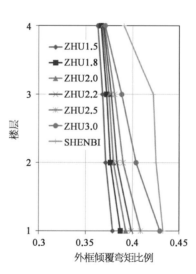

图 5-13 不同模型外框剪力及倾覆弯矩比例曲线(底部四层)

2）分析结果

分析结果显示：以外框剪力最小的 2 层为例，当通过不断增大外框柱截面（从 1.5 m 增大到 2.5 m），使外框剪力分担比例系数从 4.1% 提高到 16.8% 时，对结构的整体性能影响不大，特别是核心筒的破坏程度改善不明显，整体结构顶部位移曲线偏移中心轴线的现象未能完全改变，但柱本身的破坏得到明显改善——当外框截面增大到 1.8 m 时，即不再出现受压损坏。而当外框柱截面进一步增大到 3.0 m 时，弹性分析的外框剪力比例已经达到 30.4%，结构性能才有本质的改变——芯筒底部不再有明显的贯通破坏，顶部位移曲线也不再偏离中心线。此时倾覆弯矩的比例已经从 37.1% 增大到 40.4%。说明当外框剪力比例在 15% 以下变化时，对结构性能的影响非常有限。而这个范围经常是大部分超高层结构花了很大的经济成本后仍然未能突破的范围。

而通过在 4 层增设伸臂后,下部 3 层的倾覆弯矩有明显的增大,如 2 层从 37.1% 提高到 42.5%,同时底部 3 层的剪力分担比例基本没有上升,其中 2 层从 4.1% 降为 3.7%,分析结果显示结构的抗震性能得到本质的改善,核心筒墙肢不再有明显破坏,顶部位移也不再偏离中心线,同时外框柱的性能也出现本质的改善,不再出现刚度退化现象。

通过以上分析可得到以下结论。

(1) 超高层框架-核心筒结构主要表现为弯曲变形,特别是核心筒墙肢的损坏多基于整体弯曲变形引起的受压或受拉破坏,抗剪承载能力通常较为富余。

(2) 提高外框剪力分担比例对框架-核心筒结构的抗震性能有一定影响,但效果非常微弱,特别是在较小的比例范围(如 15% 以内)发生变化时;只有大幅度提高外框剪力比例才能明显提高整体结构的性能,而此时倾覆弯矩的比例也提高了,同时造成经济成本剧增。

(3) 通过提高外框倾覆弯矩的比例,对改善整体结构性能,特别是实现双重防线的目的效果非常显著;而提高外框倾覆弯矩的途径更具操作性。

(4) 通过提高外框刚度可以起到改善双重抗震防线的目的,但并不一定要控制外框分担的剪力比例;而通过加强外框和芯筒之间的联系,提高整体性,对整体抗震性能更为有利。通过设置伸臂桁架即是一种有效的措施,此时除了设置伸臂的楼层以外的普通楼层的剪力分担系数通常是降低的。

(5) 通过在下部区域设置伸臂,对改善底部核心筒的性能有明显效果。

不同模型结构损伤图形(图 5 - 14～图 5 - 21)。

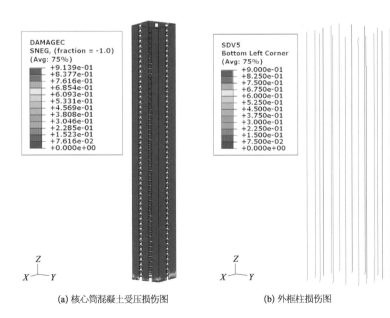

(a) 核心筒混凝土受压损伤图   (b) 外框柱损伤图

(c) 外框柱损伤图（底层放大）

图 5-14　模型—ZHU1.5

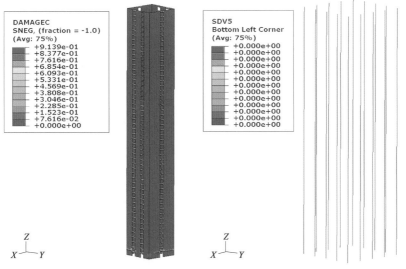

(a) 核心筒混凝土受压损伤图　　　　　(b) 外框柱损伤图

图 5-15　模型—ZHU1.8

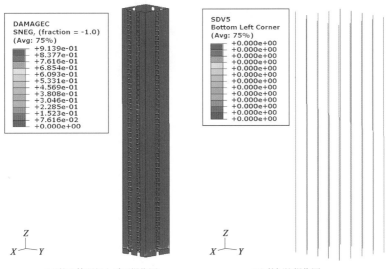

(a) 核心筒混凝土受压损伤图　　　　　(b) 外框柱损伤图

图 5-16　模型—ZHU2.0

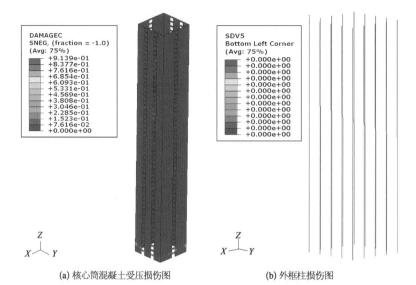

(a) 核心筒混凝土受压损伤图　　　　　　　　(b) 外框柱损伤图

图 5‑17　模型—ZHU2.2

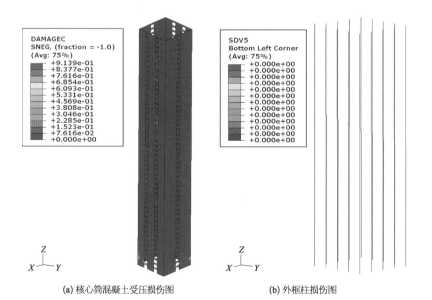

(a) 核心筒混凝土受压损伤图　　　　　　　　(b) 外框柱损伤图

图 5‑18　模型—ZHU2.5

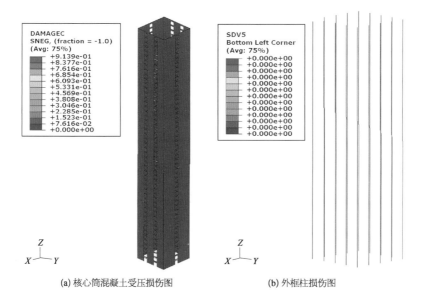

(a) 核心筒混凝土受压损伤图　　　　　　　　(b) 外框柱损伤图

图 5‑19　模型－ZHU3.0

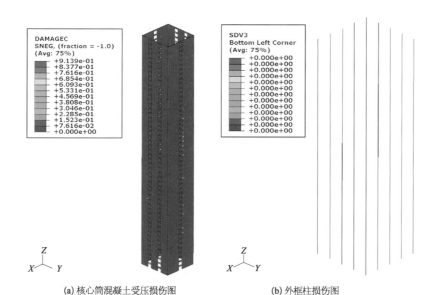

(a) 核心筒混凝土受压损伤图　　　　　　　　(b) 外框柱损伤图

图 5‑20　模型－SHEBI

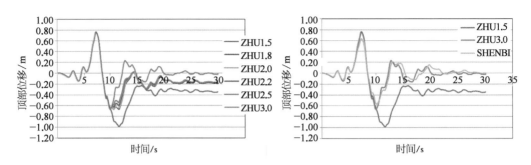

图 5 - 21　不同模型结构顶部位移时程曲线

5.3.3　外框剪力比例随地震作用水平的变化规律

通常概念认为,随地震作用增加,核心筒首先会发生刚度退化,外框剪力比例将随之增加。但在实际工程中发现,并非总是符合这一规律。图 5 - 22 给出了 8 个实际工程案例在不同水平地震作用下外框柱剪力分担比例变化曲线,由图可知,随着地震强度的增加,外框分担的剪力比例并非一直增加,有些仅有小幅度增加,有的甚至先减小后增大。

以苏州某中心为例,从 7 度小震开始,随地震强度的增加外框剪力比例逐渐增加,9 度大震时达到最大,2 倍 9 度大震又出现降低。说明在整个过程中核心筒首先出现破坏,地震力向外框转移,9 度大震以后,外框也出现了较为严重破坏,剪力分担比例开始降低。从定量来看,9 度大震的外框剪力比例约为 7 度小震的 2 倍。说明本结构具有良好的双重抗侧机制,外框和核心筒分阶段发挥作用,相互支撑,能够较好地抵御预期外的超强地震作用。

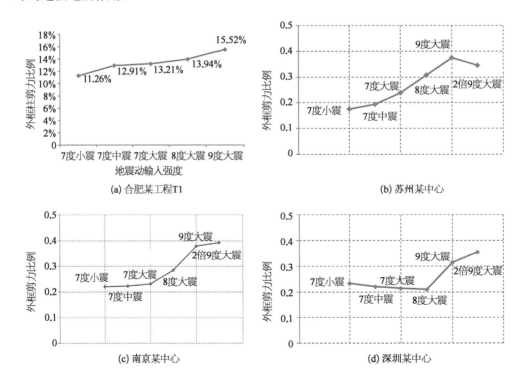

超高层建筑结构地震作用输入与响应

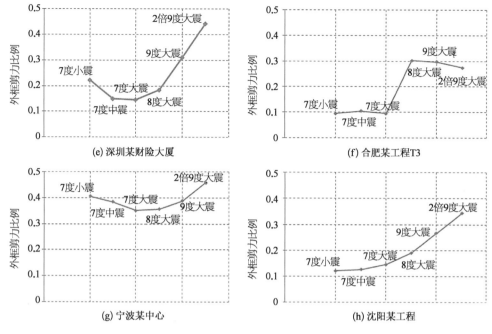

图 5‑22　不同水平地震下外框柱剪力比例变化曲线

这些实际结构外框剪力分担比例的变化曲线特征可为研究复杂超高层结构二道抗震防线提供有力的数据支撑。

5.4　外框刚度贡献评估理论

5.4.1　外框刚度贡献与内力分担比例的关系

当框架‑核心筒结构高度较大时,总体变形的弯曲成分增加。在抵抗水平地震作用中,一个方面是指抵抗水平地震剪力,更重要的是要抵抗水平地震带来的倾覆弯矩作用。从外框对整体结构刚度贡献来看,当结构总体刚度不能满足变形要求时,通常采取在不同高度增加伸臂,或采用巨型外框形式等措施,可以起到有效地增加侧向刚度的目的。

通常外框的刚度对剪力分担系数和倾覆弯矩分担系数具有相同的增减关系,即提高外框刚度时,两个分担系数都会增加,反之会减小。为了便于说明,本文定义了两个参数——抗倾覆刚度和抗剪刚度。认为外框刚度由这两项组成(实际上这两个刚度较难分开),这样定义后,将有利于考察两者哪个贡献更大。构造一个 50 层的框架‑核心筒结构案例,各层层高均为 4 m。为了减少不确定性的影响因素,全部核心筒剪力墙为统一厚度 600 mm,柱截面尺寸均为 1 800 mm×1 800 mm,梁截面尺寸为 600 mm×900 mm,梁柱之间及梁与核心筒之间均采取刚接。施加沿高度均匀分布的侧向力,通过考察不同情况下的水平变形,来对比刚度的变化。模型如图 5‑23 所示。基本模型各部分剪力、倾覆弯矩及其分担比例见图 5‑24、图 5‑25,符合普通框架‑核心筒结构的基本规律特征。

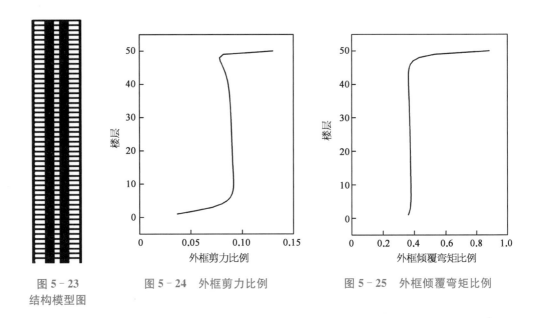

图 5-23
结构模型图

图 5-24 外框剪力比例

图 5-25 外框倾覆弯矩比例

超高层建筑结构地震作用输入与响应

为了将外框抗剪与抗倾覆刚度剥离开,采取如下的处理方式:当仅考察抗剪刚度贡献时,将每层连接核心筒与框架柱之间的框架梁两端设为铰接,这样框架柱仅发生水平协调变形抵抗剪力,而不会有轴力产生,将不会存在整体轴力产生的抗倾覆刚度;当仅考察抗倾覆刚度时则将每层柱两端设为铰接,这样每层都是摇摆柱,可以承担竖向轴力形成整体抗倾覆刚度,但不能承担剪力,无抗剪刚度。

在 50 层基本模型的基础上,调整楼层的数量,并根据上述处理措施改变连接方式,通过计算各个模型的顶部侧向位移,反算结构的相对刚度变化,从而考察外框刚度对总体刚度的贡献,以及外框抗剪刚度、抗倾覆刚度在总体刚度中的贡献比例。具体计算数据和曲线分别见表 5-4、表 5-5 和图 5-26、图 5-27。

表 5-4　不同模型工况顶部侧向位移　　　　　　　　　　　　　　单位: m

总楼层数	抗剪抗倾覆	无抗倾覆刚度	无抗剪刚度
50	2.099E-01	3.339E-01	2.162E-01
30	3.098E-02	4.804E-02	3.294E-02
20	7.476E-03	1.118E-02	8.217E-03
10	8.550E-04	1.165E-03	9.750E-04
5	1.240E-04	1.520E-04	1.380E-04
3	3.050E-05	3.470E-05	3.310E-05
2	1.010E-05	1.090E-05	1.060E-05
1	1.690E-06	1.740E-06	1.750E-06

表 5-5　不同模型工况外框刚度贡献率

总楼层数	外框总刚度贡献	外框抗倾覆刚度贡献比例	外框抗剪刚度贡献比例
50	59.14%	95.18%	4.82%
30	55.16%	89.67%	10.33%
20	49.60%	83.31%	16.69%
10	36.37%	72.09%	27.91%
5	22.58%	66.67%	33.33%
3	14.10%	61.76%	38.24%
2	7.92%	61.54%	38.46%
1	4.14%	45.45%	54.55%

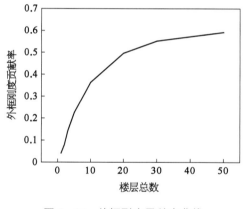

图 5-26　外框刚度贡献率曲线

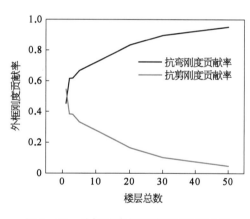

图 5-27　外框抗弯与抗剪刚度比例曲线

分析图 5-26 与图 5-27,可以得到三点具有重要意义的结论。

(1)在核心筒与外框柱截面尺寸不发生改变即构件相对刚度不变的情况下,结构总高度越大,外框柱刚度对总体结构抗侧刚度的贡献率越大(可能超过50%)。

(2)外框柱抗倾覆刚度与抗剪刚度在外框总刚度中所占的比例随结构总高度增加呈现相反的变化趋势,前者随结构高度逐渐增加,后者逐渐减小;楼层数量较少时,两者的贡献相当;当结构高度较大时,抗倾覆刚度的贡献可以达到95%以上,抗剪刚度的贡献可忽略不计。

(3)当连接核心筒和框架柱的梁两端均采用铰接时,将不利于外框抗倾覆刚度的发挥,整体抗侧效率较低;当采用这种连接方式时,可通过加强层或伸臂改善倾覆弯矩的分配比例。

5.4.2 外框刚度贡献直接计算法

1）基本算法

对框架-核心筒结构外框刚度的合理评估,应该建立在外框对整个结构抵抗侧向变形的贡献评估上,在这一贡献中不应忽略抗弯刚度的重要组成。

框架和核心筒剪力墙的刚度分为抗弯刚度和抗剪刚度,当两者在地震中协同工作时,其变形为弯曲和剪切的综合变形,较难区分不同成分变形的比例,为此可不区分变形成分,统一用抗侧刚度来反映结构抵抗变形的能力。分别用 K_C、K_W 表示结构总刚度、核心筒刚度。而核心筒与外框两个分体系组成框架-核心筒的统一抗侧体系后,整体结构的受力变形形态与两个分体系均不相同,其抗侧刚度并不等于两个分体系的独立刚度直接相加,因此直接定义框架分体系的刚度是没有意义的。为了推导方便,本文将框架对整体结构的刚度贡献定义为 K_F,即整体刚度相对于纯核心筒刚度的增量,可称为框架的"广义刚度",进一步定义外框刚度贡献率为 $\lambda = \dfrac{K_F}{K_C}$。体系的刚度可以通过给结构施加某种侧向力,根据位移反算获得。方便起见,在结构顶部施加集中力 V,在相同侧向集中力作用下,整体结构的位移为 u_C,仅核心筒时位移为 u_W,则有:

结构总刚度为:

$$K_C = \frac{V}{u_C} \tag{5-29}$$

核心筒刚度为:

$$K_W = \frac{V}{u_W} \tag{5-30}$$

外框广义刚度为:

$$K_F = K_C - K_W \tag{5-31}$$

外框刚度贡献率为:

$$\lambda = \frac{K_F}{K_C} = \frac{K_C - K_W}{K_C} = \frac{u_C(u_W - u_C)}{u_C u_W} \tag{5-32}$$

u_C 和 u_W 可以通过在设计软件中施加侧向集中荷载工况获得,由此很方便就能获取外框刚度贡献率。通过此计算获得的外框刚度贡献是外框刚度在每个楼层处的综合反映,考虑了楼层位置的影响,是一种相对简便的处理模式,而且能更为合理地体现高度较大时抗弯刚度的影响。

2）工程算例

选择 8 个典型框架-核心筒工程案例,包括普通稀柱框架、巨型框架以及是否设置伸臂和环带、斜柱等不同情况,见表 5-6,这些项目均是正常设计、满足规范各项基本指标,且已经通过抗震审查的项目,部分项目已经竣工。分别根据前述算法,在结构顶部施加侧向集中荷载,计算整体结构或核心筒的楼层侧向位移曲线,进一步得到外框刚度贡献率随楼层的变化曲线,具体见图 5 - 28～图 5 - 35。对于设置了伸臂或环带的情况,同时给出伸臂或环带的贡献。

表 5 - 6　工程案例列表

案　例	工　程　名　称	结构高度/m	体　系　特　征
案例 1	合肥某工程 D3	246.6	普通稀柱框架-核心筒
案例 2	合肥某工程 D4	295	普通稀柱框架-核心筒
案例 3	南宁某财富中心	330	普通稀柱框架-核心筒
案例 4	山西某工程 1	251.7	稀柱框架-核心筒＋环带桁架
案例 5	山西某工程 2	161.5	稀柱框架-核心筒＋环带＋伸臂桁架(X 向)
案例 6	深圳某中心	350	巨型框架-核心筒＋伸臂＋环带桁架
案例 7	合肥某工程 T1	555.6	巨型框架-核心筒＋伸臂＋环带桁架
案例 8	天津某中心	443	倾斜角柱/倾斜柱框架-核心筒＋环带桁架

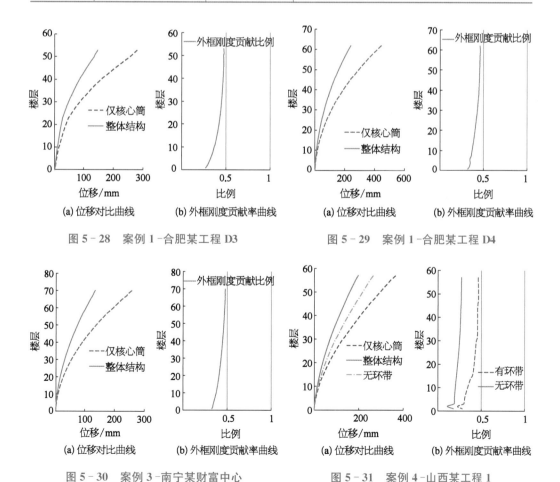

图 5 - 28　案例 1 -合肥某工程 D3

图 5 - 29　案例 1 -合肥某工程 D4

图 5 - 30　案例 3 -南宁某财富中心

图 5 - 31　案例 4 -山西某工程 1

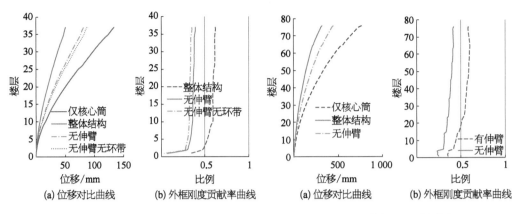

图 5-32　案例 5-山西某工程 2　　　　　　　图 5-33　案例 6-深圳某中心

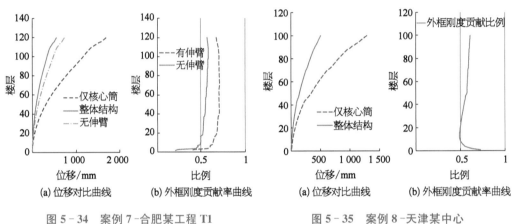

图 5-34　案例 7-合肥某工程 T1　　　　　　　图 5-35　案例 8-天津某中心

由上述图 5-28~图 5-35 可以看出,框架-核心筒结构外框刚度的贡献率具有如下特征。

(1) 普通稀柱框架-核心筒结构外框刚度贡献率沿楼层缓慢增加,下部可达到30%,上部接近 50%。

(2) 当外框发挥作用较弱时,通过增设环带和伸臂桁架可以提高外框刚度贡献率,当伸臂和环带同时存在时,环带的作用会降低。

(3) 相比普通框架-核心筒结构,巨型框架-核心筒的外框刚度贡献率更高,可以超过 50%,且结构总高度越大,该比例越高。

(4) 在抵抗地震变形方面外框发挥的刚度作用可能接近或超过 50%。外框与核心筒在刚度方面能够实现并肩作战。

5.4.3　外框刚度贡献间接评估法

1) 基本概念

除了前述直接计算外框刚度贡献率的方法,还可以采用一种间接的、简便的评估方法,通过构建一种新的指标来反映外框柱的刚度贡献。

由于框架-核心筒的抗侧刚度是由外框架与核心筒两部分组成,两者之间的贡献比例与结构的自振周期分布特征之间存在某种联系,主要反映在二阶平动周期与一阶平动周期的比值(本文定义为二阶平动周期比)。纯剪切型结构与纯弯曲变形结构二阶平动周期比值的理论数值是不同的,文献[36]给出了理想弯曲型和剪切型悬臂结构(质量和刚度均匀分布)的前两阶平动自振周期的理论表达式,由式(5-33)~式(5-36)可知,纯弯曲结构(近似于剪力墙结构)的二阶平动周期比为 0.16,纯剪切结构(近似于框架结构)为 0.33,而框架-核心筒结构应介于两者之间。

(1)弯曲型结构

$$T_1 = 1.786 H^2 \sqrt{\frac{G_i}{gEI}} = 1.786 \sqrt{\frac{8G_i H^4}{8gEI}} = 1.612 \sqrt{\frac{G_i H^4}{8EI}} = 1.612 \sqrt{u_T} \quad (5-33)$$

$$T_2 = 0.285 H^2 \sqrt{\frac{G_i}{gEI}} = 0.257 \sqrt{u_T} \quad (5-34)$$

式中,T_1、T_2 为结构的一、二阶平动自振周期;G_i 为结构沿高度方向单位长度重力荷载;g 为重力加速度;EI 为结构的抗弯刚度;u_T 为假定的结构顶点水平位移。

(2)剪切型结构

$$T_1 = 3.997 H \sqrt{\frac{G_i}{gGA}} = 3.997 \sqrt{\frac{2G_i H^2}{2gGA}} = 1.805 \sqrt{\frac{G_i H^2}{2GA}} = 1.805 \sqrt{u_T} \quad (5-35)$$

$$T_2 = 1.333 H \sqrt{\frac{G_i}{gGA}} = 0.602 \sqrt{u_T} \quad (5-36)$$

式中,GA 为结构抗剪刚度。

文献[36]还统计了 414 个各类超高层结构的自振周期,指出二阶平动周期比值的均值为 0.28。表 5-7 数据是从文献[36]统计数据中选择的几个高度较大的工程的周期数值,图 5-36 是柱状分布图。

表 5-7 工程项目周期及其比值列表

案 例	高度/m	T_1	T_2	二阶平动周期比
天津某工程 1	597	9.06	2.93	0.323
深圳某工程	588	8.85	2.50	0.282
上海某工程 2	580	9.05	3.06	0.338
武汉某工程	575	8.62	2.72	0.316
北京某工程	524	7.33	2.26	0.308

案　例	高度/m	T_1	T_2	二阶平动周期比
上海某工程 3	492	6.62	2.09	0.316
天津某工程 2	443	7.93	2.64	0.333
广州某工程	438	7.57	2.20	0.291
上海某工程 4	420	6.52	1.68	0.258

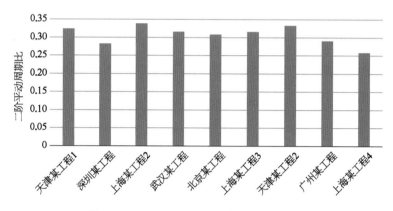

图 5-36　不同工程二阶平动周期比柱状图

表 5-7 中的二阶平动周期比的绝对数值越大是否说明外框刚度的贡献越大？其实并非绝对如此,因为二阶周期比值一方面决定于框架比例,另一方面受核心筒自身剪切成分的影响,即墙肢高宽比、连梁高度、数量以及洞口都会产生影响,并且后者的影响是难以进行量化研究的。但总体上,核心筒弯曲成分更大,框架部分剪切成分更大,当框架和核心筒墙体组成框架-核心筒结构协同受力时,整体结构相比单纯的核心筒弯曲变形成分将会减小,剪切变形成分将会增加。从而整体结构的二阶平动周期比的数值相对纯核心筒将会增大,通过这种增大的数值可以间接评判外框刚度的贡献。

首先通过一个简单的单榀案例来说明影响二阶平动周期比相关因素的一些基本规律。

如图 5-37 所示,30 层单榀平面结构,基本模型柱截面尺寸均为 1 000 mm×1 000 mm,梁截面尺寸均为 500 mm×800 mm,墙体厚 400 mm。不改变构件截面尺寸的情况下调整楼层数量分别为 30 层、20 层和 10 层,以模拟不同高度结构。另外在 30 层模型基础上增设两道伸臂,形成对比模型。

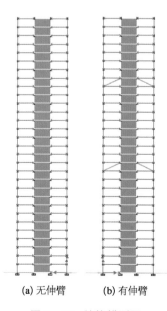

　(a) 无伸臂　　　(b) 有伸臂

图 5-37　结构模型图

表 5-8 和图 5-38~图 5-40 给出了不同模型下结构的周期、二阶平动周期比以及平动周期比的增量。其中平动周期比增量为框架-核心筒结构二阶平动周期比相对于纯核心筒剪力墙二阶平动周期比增加的数值。由图表数据可知。

（1）当构件截面不变时，随高度增加，外框部分二阶平动周期比基本不变，核心筒部分缓慢降低，框架-核心筒二阶平动周期比增量逐渐增加，说明外框柱刚度贡献随总高度逐渐增加。

表 5-8　基本案例各分体系的周期及比值

分 体 系	周期及比值	30 层	20 层	10 层
框架-核心筒	T1	5.355	2.987	1.113
	T2	1.409	0.756	0.258
	T2/T1	0.263	0.253	0.232
墙体部分	T1	4.151	1.850	0.470
	T2	0.670	0.303	0.083
	T2/T1	0.161	0.164	0.177
框架部分	T1	7.512	4.732	2.217
	T2	2.424	1.530	0.694
	T2/T1	0.323	0.323	0.313

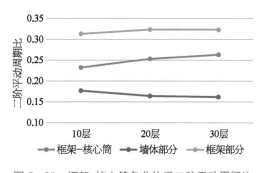

图 5-38　框架-核心筒各分体系二阶平动周期比

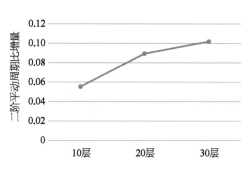

图 5-39　框架-核心筒二阶平动周期比增量

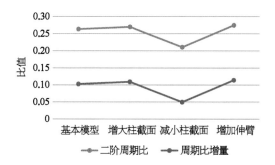

图 5-40　框架刚度对二阶平动周期比及增量的影响

（2）当采取增加外框柱刚度措施后，二阶平动周期比随之增加，说明外框刚度贡献越大，二阶平动周期比增量越大。

由以上分析可知，外框的刚度贡献与框架-核心筒结构二阶平动周期比增量保持同向增减关系，二阶平动周期比增量可以作为评判外框刚度的一个间接指标。采用该指标与采用通常力学概念判断的结果具有一致性。

2）工程算例

针对表 5-7 中的 8 个实际工程项目，分别计算不同情况下二阶周期比及其增量，并与外框刚度贡献率进行对照，如图 5-41～图 5-44，得出如下规律特征。

（1）所选工程的二阶平动周期在 0.215～0.331 之间，相对核心筒的增量在 0.012～0.071 之间。

（2）高度较大的巨型框架-核心筒结构二阶平动周期比增量较大，伸臂/环带具有正向影响。

（3）二阶平动周期比增量与外框刚度贡献率具有线性相关性。可以根据二阶平动周期比增量对外框刚度贡献大小进行间接评估。

超高层建筑结构地震作用输入与响应

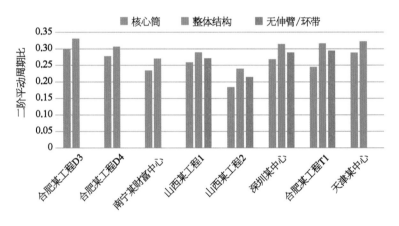

图 5-41　不同工程二阶平动周期比

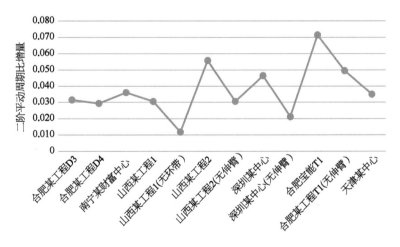

图 5-42　不同工程二阶平动周期比增量

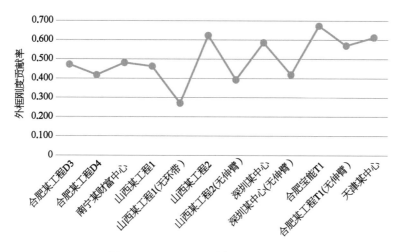

图 5-43 不同工程外框刚度贡献率

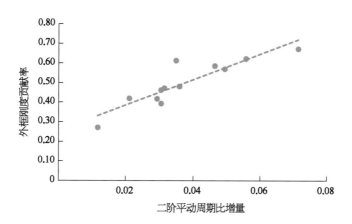

图 5-44 二阶平动周期比增量与外框刚度贡献率相关性

5.4.4 外框刚度贡献的指标区间

根据前文所述的两种方法可以对框架-核心筒结构外框刚度贡献进行评估,根据实际工程中具体计算数值范围,可以大致将外框刚度贡献大小分为三个区段,即贡献较低、贡献中等以及贡献较大,对应的指标范围如表 5-9。

表 5-9 外框刚度贡献评估标准

	直接刚度贡献率	二阶周期比增量
较　低	<0.3	<0.02
中　等	0.3~0.5	0.02~0.04
较　高	>0.5	>0.04

根据表 5-9,当满足 80% 以上的楼层外框刚度贡献超过 50%,即在抗侧方面大于核心筒时,认为外框刚度发挥较高,小于 30% 时,则认为外框刚度为较低水平。这一评估标准主要用于设计者通过简单的方法更加清晰地了解所设计的结构方案的受力特征,从而更有针对性地采取抗震措施。

5.4.5 工程案例

1) 深圳某工程

深圳某工程[37],塔楼结构高度 350 m,采用"巨型框架+核心筒+伸臂桁架"结构体系,巨型框架由巨型型钢混凝土柱和环形桁架组成,8 根巨柱位于结构平面的四侧,每侧为 2 根。环形桁架设置于设备层,共 8 道。为提高整体结构抗侧刚度,增强核心筒和巨型框架之间的共同作用,沿结构高度一共设置了 3 道伸臂桁架。体系构成见图 5-45。本项目基本抗震设防烈度为 7 度,设计地震分组为第一组,Ⅱ类场地,场地特征周期 0.35 s。

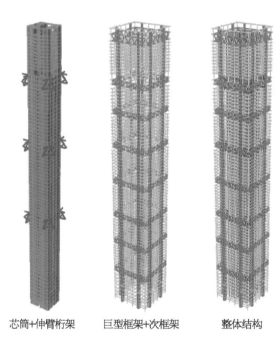

芯筒+伸臂桁架　　　巨型框架+次框架　　　整体结构

图 5-45　结构体系构成

通过对该结构进行小震下的反应谱分析获得外框巨柱的内力比例[38],从巨柱分担的剪力比例和倾覆力矩比例来看(图 5-46、图 5-47),除加强层及其相邻层外,普通楼层外框剪力分担比例普遍较低,其中 43 个楼层外框剪力比例在 5% 以下,超过楼层总数的一半,说明巨柱承担的剪力比例很低。而从外框承担的倾覆力矩来看,大部分楼层的分担比例在 50% 以上。这说明该结构外框的作用以抵抗倾覆力矩为主。采用本文提出的外框刚度贡献的直接计算方法,通过计算得出的外框刚度贡献率曲线如图 5-48 所示,20 层以上的贡献率均大于 0.5,说明该工程巨型外框的实际刚度贡献较大。另外,采用本文提出的间接刚度法,其二阶周期平动周期比的增量为0.048,根据表5-9,也可判定外框的刚度贡献较大。由此可见,无论采用直接刚度法还是间接刚度法进行评估,所得到的结论均为外框具有较大的刚度贡献,这与通过倾覆力矩的分担情况所得结论具有一致性,而与通过剪力分担比例进行判断存在较大差异。但相比较于通过倾覆弯矩进行评估,本文提出的直接刚度法或间接刚度法具有更好的适用性,是一个综合刚度的概念而且无论结构的高度和楼层数量有多少,都能较好地反映各部分结构的刚度贡献情况,而采用倾覆弯矩当结构高度不大时可能存在较大出入。

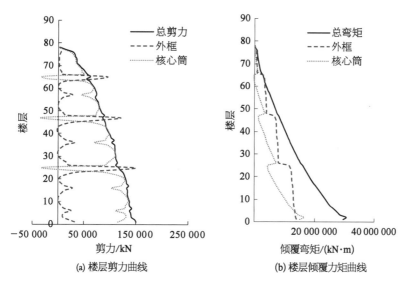

(a) 楼层剪力曲线   (b) 楼层倾覆力矩曲线

图 5 - 46　楼层剪力与倾覆力矩曲线

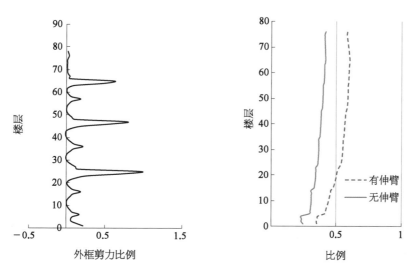

图 5 - 47　外框剪力比例曲线   图 5 - 48　外框刚度贡献率曲线

通过不断增大地震力的弹塑性时程分析对结构的抗震性能进行评估,结果表明该结构具有超越设计罕遇地震水平的抗震能力:7度罕遇地震下整体结构刚度退化较轻,总体为轻度破坏；超过 7 度罕遇地震后破坏逐渐发展，直到 9 度罕遇地震，结构在所输入地震波作用下仍然保持直立，核心筒与伸臂相连部位发生较严重破坏，外框巨柱性能表现良好，始终未出现严重破坏，如图 5-49、图 5-50 所示。说明本工程外框发挥了良好的二道防线的能力，且安全储备较大。

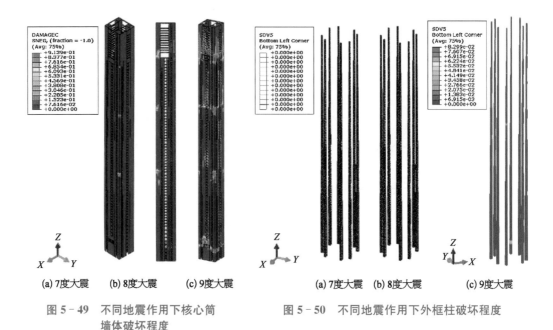

图 5-49　不同地震作用下核心筒墙体破坏程度

图 5-50　不同地震作用下外框柱破坏程度

2）合肥某工程 1

除了前面介绍的深圳某超高层案例，本部分选择表 5-6 中的另外一个案例（合肥某工程 1）采用本文方法进行简要分析说明。

本工程地上 119 层，地下 5 层，建筑高度 588 m，结构高度 555.6 m。采用巨型框架-核心筒＋伸臂桁架结构体系。巨型框架由 8 根巨型型钢混凝土柱和环带桁架组成，7 道环带桁架，4 道伸臂桁架。详细的结构布置和尺寸见文献[39]，设防烈度为 7 度 0.1g。

根据图 5-34，该结构大部分楼层的外框直接刚度贡献率达到 70%，二阶平动周期比增量也在 0.07 以上，根据表 5-9 进行判断，外框刚度贡献处于较高的水平。而外框剪力分担比仅 11%，对该结构进行不断增大地震力的动力弹塑性分析，同时考察外框剪力变化情况以及结构刚度退化过程。外框柱剪力分担比例的增加速度较慢，到 9 度大震水平，整体刚度退化达到 20% 时（图 5-51），其分担比例仅上升到 15.52%（图 5-52），说明在抵抗整个地震剪力方面核心筒仍然发挥着主导作用，而外框巨柱则主要通过承担抗弯作用发挥抗侧贡献。而在整个地震过程中外框巨柱都保持了较高的性能，仅在伸臂的集中楼层发生了明显破坏（图 5-53）。

以上分析表明，采用文本建议的直接刚度评估法和间接刚度评估法对外框刚度贡献进行评估，能够获得更为合理的评价结果。

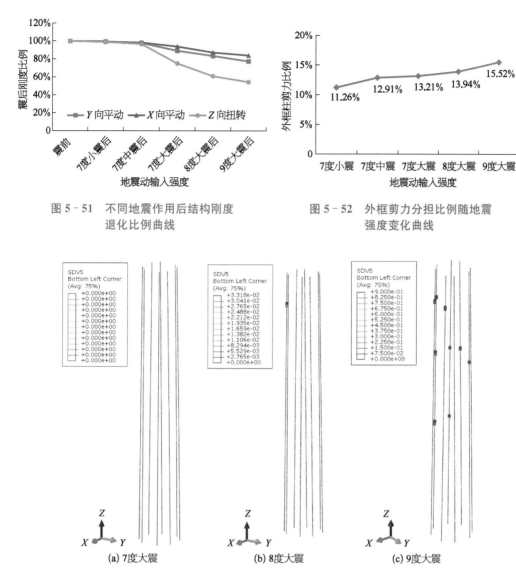

图 5-51　不同地震作用后结构刚度
退化比例曲线

图 5-52　外框剪力分担比例随地震
强度变化曲线

(a) 7度大震　　　　　　(b) 8度大震　　　　　　(c) 9度大震

图 5-53　外框柱损伤破坏过程

5.5　伪弹塑性设计方法

5.5.1　控制目标

从结构安全角度来讲,无论双重防线还是单道防线,都应在可能发生的大震作用下保证结构不倒。对框架-核心筒结构来说,仅仅保证结构不发生倒塌,并非一定是达到了理想的双重防线——比如可以将第一道防线做得足够强,使其在大震下处于弹性,单靠第一道防线就可以保证抗震安全,但这绝非一个好的设计,可能会导致过于保守和成本增加较大。通常希望结构在大震中具有良好的延性,通过耗能减小地震力,因此应允许结构发生一定程度的破坏,而这种破坏又通常首先出现在第一道防线(核心筒)中,由前文的研究结论可知,一旦内筒发生比较严重的破坏,外框对于阻止这种破坏所能发挥的效果非常有限,这种情况下外框柱所起到的主要作用为抵抗重新分配的地震作用,防止总体侧移持续增大,对内筒一定程度上提供侧向支撑作用。因此,要实现结构良好的延性和抗震性能,有两条途径:一是优化第一道防线的设计,使核心筒本身成为一种双重抗震体系,即充分发挥连梁的耗能作用,大震下通过连梁的合理破坏耗散地震能量,改变结构动力特性,降低地震响应,保护主要墙肢免遭破坏;二是科学设计第二道防线,使其在第一道防线出现比较严重破坏后,仍具有抵抗后续地震作用的较大"潜力",逐渐充分发挥作用,降低倒塌风险,保证结构安全。根据第 4 章的研究结论,已经表明上述第一条途径对整体结构的抗震性能具有良好的效果,可作为概念设计的有力手段。本部分内容主要是探讨宏观双重防线的控制目标,即上述第二条途径的实现方法。

如果在芯筒发生严重破坏之后,外框柱也随即出现比较严重破坏的话,将会导致结构倒塌的风险增大。因此,需要通过科学合理的设计,确保芯筒严重破坏后"外框靠得住",即控制外框柱在预期的罕遇地震作用下的性能水平是通过二道防线实现结构安全的关键。

5.5.2　设计方法

有了控制目标以后,要解决的就是设计方法的问题,即通过什么样的方法确保外框柱能够在核心筒发生严重破坏后尚能维持在较轻的破坏程度,或者不发生破坏。

目前常规的双重防线设计方法还是通过小震设计,控制外框柱分担的地震剪力比例,或按照承载力进行调整,具体方法见第 1 章中关于规范条文的梳理。按照这种设计方法得出的结果,对于外框柱在大震下的性能是难以预期的,有可能性能良好,也有可能达不到预期效果。那么是否可以采用基于性能的设计方法,采用目前常见的"大震不屈服"或"大震弹性"的思想对外框柱进行控制? 直接采用这种方法也存在问题——尽管规范中对于"不屈服"设计和"弹性"设计均有明确的承载力设计公式,但构件的内力均是基于线弹性分析的结果,对于框架-核心筒结构,进行线弹性大震分析将导致的问题有两个,一是总地震力比实际情况严重偏大,二是线弹性分析无法反映实际地震力分担比例的变化,因此得到的外框柱内力有可能偏大,也有可能偏小,以此内力为依据进行设计,也无法保证性能。既然线弹性分析得到的内力无法作为设计依据,那么弹塑性分析呢? 弹塑性分析的内力作为设计依据同样存在争议,原因有二:一是弹塑性分析需要配筋信息,在没有完整的设计结果之前,外框柱是没有配筋信息的;二是即便是根据预估的配筋进行弹塑性分析,得到的内力也是结构在大震下发生损伤破坏刚度退化后的内力,更有可能是外框柱本身破坏后的内力,根据这种降低以后的内力进行设计,也无法确保性能。

由以上分析可知,确保外框柱性能的首要问题在于明确外框柱在预期大震下的合理内力,也即承载能力需求。当前的设计方法和手段均无法实现这种目的。第二个问题是明确了承载能力需求后,如何进行配筋设计。针对这两个问题,本文提出如下解决方案。

(1)提出一种新的计算分析方法——"伪弹塑性大震分析方法"[40],该方法的基本特征在于:在整体结构的大震弹塑性分析中,并非全部结构构件都设为非线性材料参数,而是根据需要有选择地指定非线性材料特征,针对框架-核心筒结构体系,是将外框柱设为理想弹性,核心筒剪力墙和框架梁等其他构件设定为非线性材料。在这个基础上进行大震弹塑性分析,从而得到外框柱的内力需求。

(2)之所以要采用"伪弹塑性大震分析方法",是因为在地震过程中,若核心筒发生明显破坏,整体刚度退化后,总的地震力降低,外框柱实际承担的地震力有可能提高也有可能降低(与完全弹性分析相比)。因此,若进行理想弹性分析,采用弹性计算得到的内力结果进行外框柱设计是不能保证安全的。相反,若采用完全弹塑性分析,如果外框柱发生一定程度的损伤破坏,所得到的外框柱内力也是偏小的,即采用完全弹塑性分析的内力去进行构件截面和配筋设计从概念上也无法保证结构不发生破坏。鉴于以上原因,线弹性分析和完全弹塑性分析的结果都不能作为外框柱设计的依据。要实现理想的双重防线,应该满足在第一道防线出现严重破坏后,第二道防线能有效发挥作用,并且第二道防线不应有较严重的损坏(否则两道防线均严重破坏将导致结构倒塌风险加大)。因此可假定第二道防线不发生破坏(计算程序中可将外框柱设为弹性),进行"伪弹塑性"大震分析,由此得到外框柱的承载能力需求,该数值与完全弹性或完全弹塑性分析的结果可能存在较大差别,根据该结果进行外框柱设计从概念上讲是可以保证安全的。这也正是"伪弹塑性大震分析方法"的根本意义所在。

(3)在获得了二道防线的能力需求后,根据得到的内力进行外框柱(二道防线)的截面和配筋设计(考虑必要的荷载组合)。采用"不屈服"的设计思想,地震力采用标准值,不考虑与抗震等级有关的增大系数,截面承载力也采用标准值,材料强度按标准值计算。

(4)进行"伪弹塑性大震分析"时,应选择满足规范参数要求和数量要求的地震波,地震波峰值取满足相应场地和烈度要求的罕遇地震峰值,在满足此输入条件的结构响应的最大层间位移角应小于规范限值(如 1/100),当位移不能满足要求时说明原设计不合理,应调整设计方案再进行双重防线的抗震设计。

该方法与现有按一般双重抗震防线进行结构设计从概念上以及操作流程上有本质差别。其基本思想是在大震设计中,保持外框柱弹性,但问题的关键是怎样保证其为弹性,同时做到不浪费。现有的方法没有给出实现这种目的的解决手段。按照小震设计,控制小震外框剪力分担比例,是没办法确保大震下外框性能的,按所谓的"大震不屈服"或"大震弹性"也没有明确给出采用什么方法计算外框柱的承载能力需求,"弹性计算"还是"弹塑性计算"均不科学,此两种方法都有可能导致计算内力结果的偏大或偏小。因此本文方法的核心内容在于提出一种计算保证外框性能所需要的内力结果的合理方法,进而形成一套设计流程。

因此,本方法的核心内容可概括为:在提出框架-核心筒结构体系双重抗震防线安全的控制目标和设计原则后,创建一种新的计算分析方法"伪弹塑性大震分析方法",根据该方法可以获得满足二道防线性能预期的外框柱承载能力需求,继而根据此内力对外框柱采用"不屈服"原则进行截面和配筋设计。最终形成一整套关于框架-核心筒结构体系双重抗震防线安全的设计方法[41]。

本设计方法与目前规范规定的方法相比具备以下几点优势。

(1)无须限制外框柱按照刚度分配的地震剪力比例,设计不会陷入为了满足该比例限值而不合理增大柱子断面从而导致地震力增加的无限循环。

(2)外框柱的内力需求可以明确获得,做到有的放矢,定量设计。而不是规定一个缺乏明确依据的剪力比例系数,而结构的实际二道防线性能还有可能得不到控制。

(3)本方法概念清晰,操作简单,设计结果可控。

(4)更安全、更合理、更节省。

5.5.3 设计步骤和流程

根据上节的技术解决方案,提出如下设计步骤和流程建议(图5-54)。

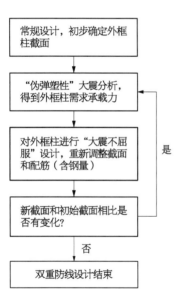

图5-54 双重防线设计流程图

(1)进行常规设计与分析。

(2)进行预期的大震分析——将外框柱设为弹性,芯筒和其他构件均按实际弹塑性考虑。得到大震作用下芯筒损坏以后,外框柱需要承担的弹性地震力。

(3)根据第(2)步得到的地震力,并考虑其他荷载组合,对外框柱进行"不屈服"设计(这里的"不屈服"与通常所说的"大震不屈服"概念不同,后者不能真正保证大震下柱子不坏,或者过于保守,或者偏于危险)。

5.5.4 案例验证

仍采用5.2.3节的标准案例,由前述分析可知,除底层以外,各层外框柱的剪力比例基本都在10%以内,在7度罕遇地震下,核心筒底部出现了较为严重的破坏,但外框柱仍然保持良好性能。为了进一步发现问题,将地震力放大1.3倍,则芯筒破坏程度进一步加重,并且外框柱在底部也出现严重破坏(图5-55),从整体位移响应曲线看(图5-61),结构出现了偏向一侧的不可恢复的变形,可认为结构接近倒塌。说明在该地震水平作用下,芯筒发生严重破坏后,外框承载能力不足,无法抵抗后续地震作用。

原设计外框柱配筋率平均在2.5%。对结构进行"伪弹塑性分析",根据得到的内力,进行"大震不屈服"设计,此时外框柱截面维持不变,底部几层配筋率提高到6%(略超筋,可通过增加钢骨实现)。对新的设计模型进行完全的弹塑性大震分析,发现整体地震力基本维持不变,外框剪力的比例也变化不大,但外框柱的性能得到明显改善,处于轻度损坏程度,整体变形稳定,没有出现不可恢复的侧移。说明此方案的外框柱起到了第二道防线的作用。另外,从芯筒的破坏程度来看,在新的方案中,芯筒仍然破坏严重,这说明通过提高外框柱的承载能力,对防止芯筒的严重破坏意义不大,前面的章节也有类似的结论(图5-55～图5-62)。同时,也验证了另外一个结论——通过提高外框承载能力(不一定增加刚度),是可以实现整个结构的双重抗震防线的。

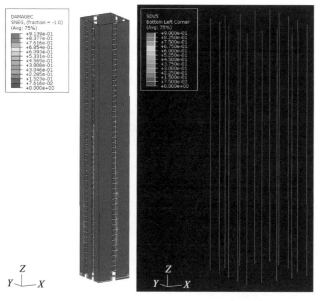

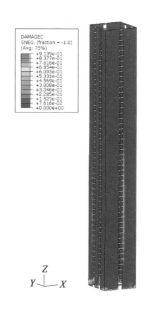

(a) 核心筒损伤图　　　　(b) 外框柱损伤图

图 5-55　常规设计方法大震弹塑性分析

图 5-56　伪弹塑性分析(外框柱设为弹性)核心筒破坏图

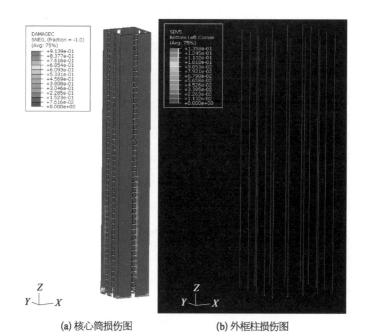

(a) 核心筒损伤图　　　　(b) 外框柱损伤图

图 5-57　外框不屈服设计(截面不变增加配筋)

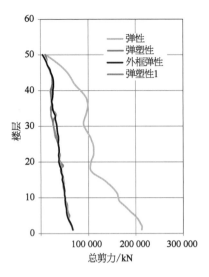

图 5‑58　不同模型楼层总剪力曲线

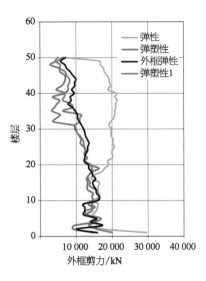

图 5‑59　不同模型外框剪力曲线

超高层建筑结构地震作用输入与响应

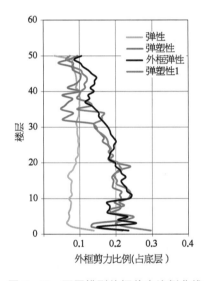

图 5‑60　不同模型外框剪力比例曲线

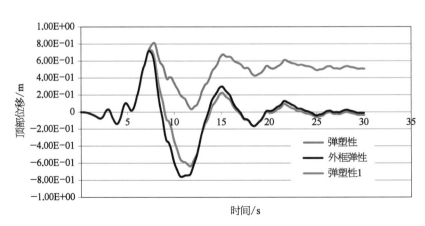

图 5‑61　不同模型顶部位移时程曲线

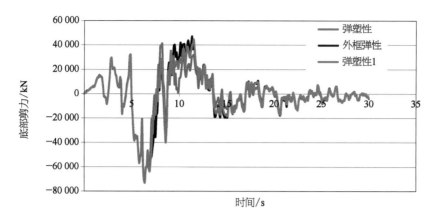

图 5‑62 不同模型底部总剪力时程曲线

5.6 本章小结

（1）从满足抗震安全的角度，框架-核心筒结构体系既可以设计为核心筒与外框架组成的双重抗侧力体系，也可以设计为仅核心筒承担水平地震作用的单重抗侧力体系。两者的设计方法和控制指标不同，结构成本也存在差异，哪种设计方法更加经济需结合具体情况而定。通常双重体系更加符合抗震概念，但在现有规范体系和审查制度下，满足双重体系的设计经常存在不经济的现象。

（2）要实现外框架起到第二道防线的作用，需要外框同时具备足够的承载能力和刚度，外框刚度越大，其对减轻、减缓核心筒地震破坏能够发挥的作用就更大。目前对外框承载力和刚度的控制均转化为对框剪比的控制是欠妥的，此时承载力条件比较容易实现，但是刚度条件在结构高度较大时特别对于巨型框架-核心筒结构一般较难实现。

（3）根据框架-核心筒结构协同受力关系的理论推导和数值案例分析得出的框剪比的一般规律为：框剪比曲线形状通常呈现中间大两头小的规律，即中间高度范围的框剪比较大，上下两侧区域相对较低；设置环带或伸臂加强层后，除了加强层及附近楼层框剪比例提高外，普通楼层的框剪比反而更低；采用巨柱框架后，普通楼层的框剪比进一步降低；楼面梁采用刚接相对铰接上部区域的框剪比进一步降低。

（4）外框刚度的大小应通过框剪比和框倾比两个指标共同反映，从两者对整体结构抗震性能的影响程度看，当高度较大时"框倾比"的影响更为显著。过度强调框剪比是片面的。

（5）本章提出了两种合理评估外框刚度贡献的实用方法，一种为直接贡献率计算法，一种为二阶平动周期增量间接评估法。在地震作用下，通过规范要求的外框柱承载能力调整并采用提出的两种方法进行刚度评估，可实现更加合理的框架-核心筒结构双重防线设计。

（6）针对外框防线的承载能力设计，提出一种基于伪弹塑性分析的新方法，给出了具体设计流程，并通过案例证明了方法的有效性。

参考文献

［1］ International Code Council. International Building Code（IBC 2000）［S］. Falls Church，VA，2000.

［2］ American Society of Civil Engineers（ASCE）. ASCE7-16 Minimum Design Loads and Associated Criteria for Buildings and Other Structures［S］.Reston Virginia，American Society of Civil Engineers，2017.

［3］ International Conference of Building Officials. UBC-1997 Uniform building code［S］. Whittier，CA，1997.

［4］ 中华人民共和国住房和城乡建设部.JGJ3—2010 高层建筑混凝土结构技术规程［S］.北京：中国建筑工业出版社,2011.

［5］ 中华人民共和国住房和城乡建设部.GB 50011—2010 建筑抗震设计规范［S］.北京：中国建筑工业出版社,2016.

［6］ 中华人民共和国住房和城乡建设部.GB 55002—2021 建筑与市政工程抗震通用规范［S］.北京：中国建筑工业出版社,2021.

［7］ 中华人民共和国住房和城乡建设部.超限高层建筑工程抗震设防专项审查技术要点［Z］.北京：中华人民共和国住房和城乡建设部,2015.

［8］ 安东亚,周德源,李亚明.框架-核心筒结构双重抗震防线研究综述［J］.结构工程师,2015,31(1)：191-199.

［9］ 陈才华.高层建筑框架-核心筒结构双重体系的刚度匹配研究［D］.中国建筑科学研究院,2020.

［10］ 钱稼茹,魏勇,蔡益燕,等.钢框架-混凝土核心筒结构框架地震设计剪力标准值研究［J］.建筑结构,2008,38(3)：1-5.

［11］ 缪志伟,叶列平,吴耀辉,等.框架-核心筒高层混合结构抗震性能评价及破坏模式分析［J］.建筑结构,2009,39(4)：1-6.

［12］ 曹倩,汪洋,赵宏.复杂高层结构体系二道防线的探讨［J］.建造结构,2011,41(增刊)：331-335.

［13］ 安东亚.框架-核心筒结构外框地震剪力比例系数影响规律探讨［R］.第十届中日建筑结构技术交流会.南京：中日建筑结构技术交流会,2013.

［14］ 陆新征,顾栋炼,周建龙,等.改变框架-核心筒结构剪力调整策略对其抗震性能影响的研究［J］.工程力学,2019,36(1)：183-191/215.

［15］ 谢昭波,解琳琳,林元庆,等.典型框架-核心筒单重与双重抗侧力体系的抗震性能与剪力分担研究［J］.工程力学,2019,36(10)：40-49.

［16］ Heidebrecht，A C，Stafford Smith，B. Approximate analysis of tall wall-frame structures［J］. Journal of Structural Division，1973，99(2)：199-221.

［17］ Coull A，Khachatoorian H. Analysis of laterally loaded wall-frame structures［J］. Journal of Structure Engineering，1984，110(6)：1396-1399.

[18] 沈蒲生. 高层建筑结构设计. 北京：中国建筑工业出版社，2011.

[19] Zalka K A. A simple method for the deflection analysis of tall wall-frame building structures under horizontal load. The Structural Design of Tall and Special Buildings，2009，18(3)：291 – 311.

[20] Chitty L. LXXVIII. On the cantilever composed of a number of parallel beams interconnected by cross bars. The London，Edinburgh，and Dublin Philosophical Magazine and Journal of Science，1947，38(285)：685 – 699.

[21] Chitty L，Wan W Y. Tall building structures under wind load. In Proceedings of the 7th International Congress for Applied Mechanics，London，1948：254 – 268.

[22] Rosman R. Beitrag zur statischen Berechnung waagerecht belasteter Querwände bei Hochbauten，Der Bauingenieur. 1960，4：133 – 141.

[23] Mac Leod I A. Shear wall-frame interaction：A design aid. Portland Cement Association，1970.

[24] Despeyroux J. Analyse statique et dynamique des contraventments par consoles.//Annales de l'Institut Technique du Bâtiment et des Travaux Publics. 1972 (290)：399 – 409.

[25] Smith B S，Kuster M，Hoenderkamp J C D. A generalized approach to the deflection analysis of braced frame，rigid frame，and coupled wall structures. Canadian Journal of Civil Engineering，1981，8(2)：230 – 240.

[26] Hoenderkamp J C D，Stafford Smith B. Simplified analysis of symmetric tall building structures subject to lateral loads.//Proceedings of the Third International Conference on Tall Buildings. Hong Kong，Guangzhou. 1984：28 – 36.

[27] Coull A. Analysis for structural design. In：Tall Buildings：2000 and Beyond. Council on Tall Buildings and Urban Habitat：Chicago，IL，1990：1031 – 1047.

[28] Smith B S，Coull A. Tall building structures：analysis and design. University of Texas Press，1991：213 – 282 and 372 – 387.

[29] Danay A，Gluck J，Gellert M. A generalized continuum method for dynamic analysis of asymmetric tall buildings. Earthquake Engineering & Structural Dynamics，1975，4(2)：179 – 203.

[30] Rosman R. Buckling and vibrations of spatial building structures. Engineering Structures，1981，3(4)：194 – 202.

[31] Rutenberg A. Approximate natural frequencies for coupled shear walls. Earthquake Engineering & Structural Dynamics，1975，4(1)：95 – 100.

[32] Kollár L P. Buckling analysis of coupled shear walls by the multi-layer sandwich model. Acta technica Academiae scientiarum hungaricae，1986，99(3 – 4)：317 – 332.

[33] Hegedus I，Kollár L P. Application of the sandwich theory in the stability analysis of structures. Structural stability in engineering practice，1999：187 – 241.

[34] Zalka K A. Global structural analysis of buildings. CRC Press，2002.

[35] Potzta G，Kollar L P. Analysis of building structures by replacement sandwich beams. International Journal of Solids and Structures，2003，40(3)：535 – 553.

[36] 徐培福，肖从真，李建辉.高层建筑结构自振周期与结构高度关系及合理范围研究[J].土木工程学报，2014，47(2)：1 – 11.

[37] 包联进,钱鹏,童骏,等.深湾汇云中心 T1 塔楼结构设计[J].建筑结构,2017,47(12)：41-47.

[38] 周建龙,安东亚.基于力学概念的超高层结构设计相关问题探讨[J].建筑结构,2021,51(17)：67-77,84.

[39] 安东亚,徐自然,包联进.某 500 m 级巨型框架-核心筒结构超强地震作用抗震性能分析[J].建筑结构,2020,50(18)：84-90.

[40] 安东亚.基于"伪弹塑性"分析的双重抗震防线设计方法[J].建筑结构,2015,45(23)：46-52.

[41] 安东亚,汪大绥,李承铭,等.一种框架-核心筒结构体系的双重抗震防线设计方法：201510130244.6[P].2017-04-19.

超高层建筑结构地震作用输入与响应

第 6 章

核心筒偏置超高层结构地震响应规律

6.1 概述

超高层结构采用框架-核心筒结构时,经常由于建筑功能的需要,核心筒会出现偏置现象,由此引起结构在地震作用下的扭转效应[1-5]。关于偏心结构地震反应的传统理论研究无法全面揭示芯筒偏置高层结构的受力机理[6]。本章通过简化力学模型,推导由于核心筒偏置导致的地震作用下的扭转效应,研究影响扭转效应的相关因素及规律,并提出合理的设计应对措施。

6.2 力学模型及假定

假定超高层结构为均匀悬臂杆,弯曲变形为主,质量和刚度沿高度均匀分布,总高为 H,正方形平面,边长为 a,核心筒偏置距离为 d,因偏移导致的刚度偏心矩为 e,偏心率为 γ。平面简图如图 6-1。

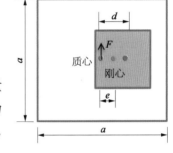

图 6-1 平面简图

6.3 理论推导

6.3.1 扭转位移比的理论推导

结构的扭转效应最终宏观表现为扭转位移比的大小,因此位移比是判断实际扭转大小的重要指标。若水平地震力为 F,地震作用因偏心引起的扭矩为 T,则有:

$$T = Fe = F\gamma a \tag{6-1}$$

结构在地震作用下的变形分解为平动变形和绕刚心的扭转变形,则平动变形为:

$$u = \frac{FH^3}{3EI} \tag{6-2}$$

扭转角为：

$$\varphi = \frac{TH}{GI_P} = \frac{F\gamma a H}{GI_P} \tag{6-3}$$

其中，I 为惯性矩，I_P 为极惯性矩，E 为弹性模量，G 为剪切模量，且有：

$$G = \frac{E}{2(1+\nu)} \approx 0.4E \tag{6-4}$$

由扭转引起的平面远端平动位移为：

$$u_1 = \varphi\left(\frac{a}{2} + \gamma a\right) = \frac{Fa^2(0.5+\gamma)\gamma H}{GI_P} \tag{6-5}$$

由扭转引起的平面近端平动位移为：

$$u_2 = \varphi\left(\frac{a}{2} - \gamma a\right) = -\frac{Fa^2(0.5-\gamma)\gamma H}{GI_P} \tag{6-6}$$

楼层平均位移为：

$$\bar{u} = u + \frac{1}{2}(u_1 + u_2) = \frac{FH^3}{3EI} + \frac{Fa^2\gamma^2 H}{GI_P} \tag{6-7}$$

楼层最大位移为：

$$u_{max} = u + u_1 = \frac{FH^3}{3EI} + \frac{Fa^2(0.5+\gamma)\gamma H}{GI_P} \tag{6-8}$$

平扭位移比为：

$$\zeta = \frac{u_{max}}{\bar{u}} = \frac{1 + \dfrac{3EI}{GI_P} \Big/ \left(\dfrac{H}{a}\right)^2 \cdot (0.5\gamma + \gamma^2)}{1 + \dfrac{3EI}{GI_P} \Big/ \left(\dfrac{H}{a}\right)^2 \cdot \gamma^2} \tag{6-9}$$

将式(6-4)代入式(6-9)得：

$$\zeta = \frac{1 + 7.5\dfrac{I}{I_P} \Big/ \left(\dfrac{H}{a}\right)^2 \cdot (0.5\gamma + \gamma^2)}{1 + 7.5\dfrac{I}{I_P} \Big/ \left(\dfrac{H}{a}\right)^2 \cdot \gamma^2} \tag{6-10}$$

假定外框柱的截面面积之和为 A_c，核心筒的截面面积为 A_w，方便起见近似假定刚心与形心重合，则有：

$$(d - a\gamma)A_w = a\gamma A_c \tag{6-11}$$

由式(6-11)得：

$$d = \frac{A_w + A_c}{A_w} a\gamma \qquad (6-12)$$

则核心筒形心与整体刚心的距离为 $\frac{A_c}{A_w} a\gamma$。

对于正方形平面，可近似假定 $\frac{I}{I_P} \approx \frac{1}{2}$，此假定有助于理论表达式的推导，且不会从本质上影响相关规律性，将其带入式(6-10)，得：

$$\zeta = \frac{1 + 3.75(0.5\gamma + \gamma^2)\big/\left(\frac{H}{a}\right)^2}{1 + 3.75\gamma^2\big/\left(\frac{H}{a}\right)^2} \qquad (6-13)$$

定义核心筒相对于平面边长的偏移率为 $\eta_1 = \frac{d}{a}$，核心筒的截面面积比(芯筒面积率)为 $\eta_2 = \frac{A_w}{A_w + A_c}$，同时定义结构的高宽比为 $\lambda = \frac{H}{a}$。

根据式(6-12)得：

$$\gamma = \frac{d}{a}\frac{A_w}{A_w + A_c} = \eta_1\eta_2 \qquad (6-14)$$

将式(6-14)及 $\lambda = \frac{H}{a}$ 带入式(6-13)，整理得：

$$\zeta = 1 + \frac{1.875\eta_1\eta_2}{\lambda^2 + 3.75\eta_1^2\eta_2^2} \qquad (6-15)$$

式(6-15)表示的是整体结构的扭转位移比，实质上是结构顶部楼层的扭转位移比，这对结构最不利楼层的扭转判断并不具有显著参考价值。为了对整体结构不同楼层位移比的变化情况进行全面判断，重新对上述过程进行推导，此时引入悬臂构件在集中荷载下的挠曲函数：

$$y = \frac{FH^3(3-x)x^2}{6EI} \qquad (6-16)$$

任意楼层处的转角为：

$$\varphi = \frac{THx}{GI_P} = \frac{F\gamma a H x}{GI_P} \qquad (6-17)$$

其中，x 为楼层所在高度与结构总高度的比值，$0 < x \leqslant 1$。

将式(6-16)与式(6-17)引入前述推导过程，重新推导后，得到扭转位移比的表达式为：

$$\zeta = 1 + \frac{1.875\eta_1\eta_2}{\dfrac{(3-x)x}{2}\lambda^2 + 3.75\eta_1^2\eta_2^2} \qquad (6-18)$$

式(6-18)是各楼层扭转位移比的通用表达式,当 $x = 1$ 时,该式可退化为式(6-15)的形式,表示顶层扭转位移比。

6.3.2 扭转周期比的理论分析

扭转周期比是判断结构在地震中是否易于发生扭转的另外一个重要指标,因此讨论核心筒偏置导致扭转周期比的变化也是一个重要内容。在前述基本力学模型的基础上,假定核心筒仅在 X 向产生偏置,如图 6-1 所示。

1) 平动周期的变化

水平地震作用下可将高层结构视作悬臂构件,但与实腹悬臂构件有一定差别,最主要在于在外框柱与核心筒位置相对集中,在楼层平面内两者不符合平截面假定,因此两者的侧向刚度不能按照实腹构件的单一截面模量进行计算,而是更适合采用两者刚度叠加求和的方式计算。在这个原则下,当核心筒在 X 向发生偏置后,X 向的侧向刚度将不会有显著变化,因此 X 向的周期也不会发生大的变化。Y 向因为没有偏置,所以 Y 向平动刚度也不发生变化,但不同的是沿 Y 向运动时刚心和质心出现了偏移,此时 Y 向平动为主的振型将伴随一定的扭转。这种带有一定扭转的平动周期是变长还是变短,需要做进一步分析。

结构的周期是由刚度和质量共同决定的,假定 Y 向平动刚度为 K,总质量为 M,未偏置结构的 Y 向平动周期为:

$$T = 2\pi\sqrt{\frac{M}{K}} \qquad (6-19)$$

核心筒向右发生偏置后,Y 向刚度沿 X 向分布发生变化,质心处的刚度变小。因此实际 Y 向带有一定扭转的周期可能会增加。在计算该周期时,应采用质心处的"等效刚度"——K',该刚度可由质心位移反算。

$$T' = 2\pi\sqrt{\frac{M}{K'}} \qquad (6-20)$$

质心平动位移为:

$$u' = u + \varphi e = \frac{FH^3}{3EI} + \frac{F\gamma^2 a^2 H}{GI_P} \qquad (6-21)$$

有效刚度与初始刚度的之比为:

$$\frac{K}{K'} = \frac{u'}{u} = 1 + \frac{3.75\eta_1^2\eta_2^2}{\lambda^2} \qquad (6-22)$$

Y 向平动周期的相对变化为：

$$\frac{T'}{T} = \sqrt{\frac{K}{K'}} = \sqrt{1 + \frac{3.75\eta_1^2\eta_2^2}{\lambda^2}} > 1.0 \qquad (6-23)$$

式（6-22）是用顶部位移进行表征的刚度比，考虑不同楼层的位移比并不相同，芯筒偏置引起的下部楼层质心位移增大的比例更大，因此实际平动周期增大的比例将比式（6-23）的计算结果更大，此处不再进行定量推导。

2）扭转周期的变化

考虑转动惯量基本不变的情况下，扭转周期的变化将主要取决于扭转刚度的改变。在前述基本假定下，核心筒在 X 向发生偏置后，绕 X 轴的惯性矩 I_x 将不发生改变，沿 Y 轴的惯性矩的两个组成部分均发生变化，根据移轴公式，两者均呈增大趋势，总的惯性矩为：

$$I'_y = I_y + A_c e^2 + A_w (d-e)^2 \qquad (6-24)$$

极惯性矩为：

$$I'_p = I_x + I_y + A_c e^2 + A_w (d-e)^2 = 2I + A_c e^2 + A_w (d-e)^2 \qquad (6-25)$$

扭转周期为：

$$T_\theta = 2\pi\sqrt{\frac{J}{K_\theta}} \qquad (6-26)$$

核心筒偏置后的周期相对变化为：

$$\frac{T'_\theta}{T_\theta} = \sqrt{\frac{K_\theta}{K'_\theta}} = \sqrt{\frac{GI_p/H}{GI'_p/H}} = \sqrt{\frac{I_p}{I'_p}} = \sqrt{\frac{2I}{2I + A_c e^2 + A_w (d-e)^2}} < 1.0$$

$$(6-27)$$

由式（6-27）可知，当核心筒出现偏置后，相对原对称结构，扭转刚度变大，扭转周期将变短，又由式（6-23）可知垂直于偏置方向的平动周期变长，因此最终的扭转周期比 $\frac{T'_\theta}{T'}$ 将变小。

笔者曾对高层结构扭转位移比与周期比的统一理论进行过研究[7]，结论表明：扭转位移比和偏心率及周期比的平方分别成正比，偏心率越大、扭转周期比越大，扭转位移比越大，具体如式（6-28）：

$$\zeta = 1 + 2\gamma \cdot \left(\frac{T_\theta}{T}\right)^2 \qquad (6-28)$$

式（6-28）表明，在恒定偏心率下，周期比越大，结构越容易发生扭转，反之周期比越小，则越不容易扭转。但对于核心筒偏置的情况，显然偏置后扭转周期比降低，但同时偏置导致偏心率增大，最终使得由式（6-28）所计算的扭转位移比是增大的。

6.3.3　核心筒偏置引起的外框柱剪力的相对增量

假定外框柱共有 n 根,对于偏置结构,扭矩与其引起的柱平均剪力的关系为:

$$T_\mathrm{C} = nV_\mathrm{T}\,\frac{a}{2}\gamma_\mathrm{m} \tag{6-29}$$

式中,T_C 为由外框柱分担的扭矩,V_T 为外框柱因扭矩引起的平均剪力,γ_m 为剪力不均匀系数,a 为结构平面边长。

又有

$$T_\mathrm{C} = T\lambda_\mathrm{T} = Fe\lambda_\mathrm{T} \tag{6-30}$$

式中,T 为因偏置引起的总扭矩,λ_T 为外框扭矩分担比例。

由式(6-29)、(6-30)得:

$$V_\mathrm{T} = \frac{2Fe\lambda_\mathrm{T}}{na\gamma_\mathrm{m}} = \frac{2F\lambda_\mathrm{T}\gamma}{n\gamma_\mathrm{m}} \tag{6-31}$$

无偏置结构由水平力引起的柱剪力为(假定和扭矩引起的剪力具有相同的不均匀系数):

$$V_\mathrm{F} = \frac{F\lambda_\mathrm{V}}{n\gamma_\mathrm{m}} \tag{6-32}$$

式中,λ_V 为水平荷载作用下外框剪力分担比例(沿高度发生变化)。

由式(6-31)、(6-32)相除得到芯筒偏置引起的外框柱剪力的相对增量为:

$$\frac{V_\mathrm{T}}{V_\mathrm{F}} = 2\gamma\,\frac{\lambda_\mathrm{T}}{\lambda_\mathrm{V}} \tag{6-33}$$

又由于 $\gamma = \eta_1\eta_2$(前述推导结论),若定义 $\eta_3 = \dfrac{\lambda_\mathrm{T}}{\lambda_\mathrm{V}}$,则(6-33)式可写为:

$$\frac{V_\mathrm{T}}{V_\mathrm{F}} = 2\eta_1\eta_2\eta_3 \tag{6-34}$$

式中,η_1 为芯筒偏置率;η_2 为芯筒面积率;η_3 为外框扭剪比,即扭矩分担比例与水平作用剪力分担比例的比值,该系数较难进一步显式表达。通常沿结构高度方向,剪力和扭矩的分担比例均逐渐增加,前者的增加速度更快,因此该系数沿高度一般逐渐降低。

对式(6-34)讨论如下:

(1)当偏置方案确定的情况下,通常底层外框柱剪力增大的比例较高,且沿高度逐渐降低。这与扭转位移比沿高度的分布规律是一致的。

(2)当芯筒大小和相对面积一定的情况下,如假定 $\eta_2 = 0.5$ 时,扭转引起的外框柱剪力的相对增量仅与偏置率和高度变化系数有关($\eta_1\eta_3$),一般在底层增量比例与偏置率在一个量级上,可能存在 10% 甚至更高的增加量。

6.4 影响因素及相关规律分析

由式(6-18)可知,结构在地震作用下的扭转位移比仅与四个参数有关:核心筒的相对偏移率、芯筒面积率、结构的高宽比以及所考察楼层的相对位置。对四个参数进行规律性分析,相关曲线见图 6-2~图 6-5,主要有以下几点规律特征。

1)随着核心筒的偏移率的增大,扭转效应逐渐增加。

2)高宽比越大,相同偏置率引起的扭转效应越弱,当高宽比大于 4 以后,芯筒偏置引起的总体扭转效应将比较微弱。因此当结构高度较大时,通常偏置引起的扭转并不明显;当结构高度不大时,如 100 m 以下的结构,应严格控制偏移量。

3)当核心筒出现偏置时,导致扭转不利的楼层主要出现在下部五分之一高度,随着楼层高度的增加,扭转效应逐渐减弱。

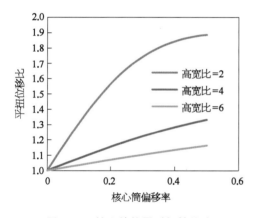

图 6-2 核心筒偏置对扭转位移
比的影响曲线

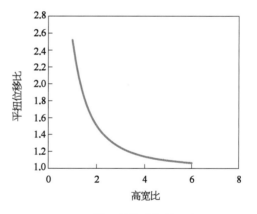

图 6-3 核心筒偏置扭转位移比
受高宽比的影响曲线

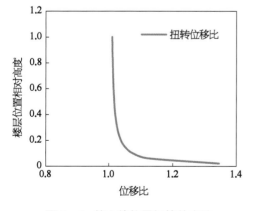

图 6-4 核心筒偏置扭转效应随
高度的变化曲线

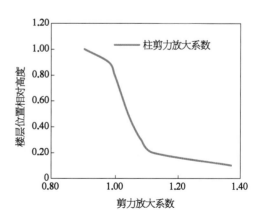

图 6-5 核心筒偏置柱剪力增大
随高度变化曲线

(核心筒偏移率=15%,面积率=61%)

4）底部楼层外框柱剪力增大的比例较高，且沿高度逐渐降低。与扭转位移比沿高度的分布规律一致。

5）外框柱剪力增大比例在底层与芯筒偏置率在同一量级。

6.5　工程案例

6.5.1　研究对象及动力特性

研究对象的相关信息如下（图 6-6、图 6-7、表 6-1）：

- 结构总高度 202.5 m，楼层数 45 层，标准层高 4.5 m；
- 楼层平面尺寸 54 m×54 m，结构高宽比 3.75；
- 核心筒尺寸 24 m×24 m，核心筒高高宽比 8.44；

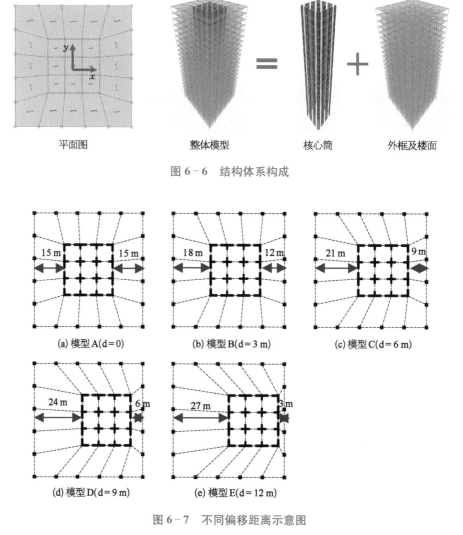

平面图　　　　整体模型　　　　核心筒　　　外框及楼面

图 6-6　结构体系构成

(a) 模型 A(d=0)　　　(b) 模型 B(d=3 m)　　　(c) 模型 C(d=6 m)

(d) 模型 D(d=9 m)　　　(e) 模型 E(d=12 m)

图 6-7　不同偏移距离示意图

- 结构体系为框架-核心筒结构,内钢筋混凝土核心筒,外框为钢框架;
- 外框柱与核心筒之间为铰接连接;
- 结构平面及核心筒大小不变,核心筒沿 X 轴逐渐向外偏移;
- 结构分析时考虑竖向荷载及地震荷载作用(7 度,0.1g);
- 将核心筒偏置后的高层建筑与未做偏置的高层建筑进行对比分析;
- 核心筒的偏置程度:核心筒中心偏置距离(d)与相向方向结构宽度(a)的比值;
- 核心筒偏心率 γ:结构楼面偏心矩(e)与结构宽度(a)的比值。

表 6-1 核心筒偏置模型参数

项　　目	模型 A	模型 B	模型 C	模型 D	模型 E
偏置距离/m	0	3	6	9	12
偏置程度	0	6%	11%	17%	22%
偏心率	0	3.5%	7.0%	10.5%	14.0%

根据表 6-2～表 6-6 可知,随着 d 增加,Y 向平动周期和扭转成分略有增加,X 向平动周期基本不变;另外随着 d 增加,抗扭刚度增加,扭转周期变小。与前述理论推导结论一致。

表 6-2 基本周期-模型 A,未偏置

模型 A	周期	X 向	Y 向	Z 向
T1	4.52	0	64.0%	0
T2	4.51	64.0%	0	0
T3	3.06	0	0	75.6%
T3/T1	0.68	—	—	—

表 6-3 基本周期-模型 B(偏置程度 6%)

模型 B	周期	X 向	Y 向	Z 向
T1	4.53	0	63.7%	0.5%
T2	4.51	64.0%	0	0
T3	3.06	0	0.3%	75.1%
T3/T1	0.68	—	—	—

表 6-4　基本周期-模型 C(偏置程度 11%)

模型 C	周期	X 向	Y 向	Z 向
T1	4.58	0	62.9%	1.8%
T2	4.51	64.0%	0	0
T3	3.06	0	1.0	73.6%
T3/T1	0.67	—	—	—

表 6-5　基本周期-模型 D(偏置程度 17%)

模型 D	周期	X 向	Y 向	Z 向
T1	4.67	0	62.1%	3.5%
T2	4.53	64.0%	0	0
T3	2.99	0	1.9%	71.7%
T3/T1	0.64	—	—	—

表 6-6　基本周期-模型 E(偏置程度 22%)

模型 E	周期	X 向	Y 向	Z 向
T1	4.76	0	61.1%	5.5%
T2	4.53	64.0%	0	0
T3	2.96	0	2.9%	69.5%
T3/T1	0.62	—	—	—

6.5.2　竖向荷载作用下结构的受力特点

1) 竖向荷载(D+L)作用下楼层倾覆力矩

由于楼层上部结构的竖向荷载合力的作用点与本楼层竖向构件中和轴不重合而引起整体倾覆力矩(所有竖构件对楼层中和轴取矩之和),随着核心筒偏置程度的增加,结构在竖向荷载作用下的倾覆力矩逐渐增大,楼层从上而下,倾覆力矩逐渐增大,在竖向构件截面突变处,倾覆力矩出现突变(表 6-7、图 6-8、图 6-9)。

2) 竖向荷载(D+L)作用下结构顶点位移

结构的顶点位移,随偏置程度的增大而增大;最大顶点位移/总高度为 1/1 985,数值较小(表 6-8、图 6-10)。

表 6-7　竖向荷载底部倾覆弯矩对比表

模　型	A	B	C	D	E
偏置程度	0	6％	11％	17％	22％
倾覆力矩/(MN·m)	0.00	2.27	4.55	8.72	10.84

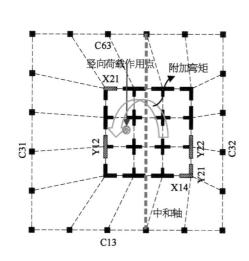

图 6-8　竖向荷载下倾覆弯矩示意图

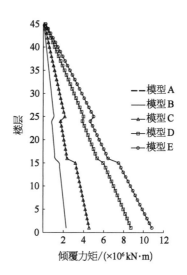

图 6-9　竖向荷载下楼层
倾覆弯矩曲线

表 6-8　竖向荷载下顶部位移对比表

模　型	A	B	C	D	E
偏置程度	0	6％	11％	17％	22％
顶点位移/mm	0	25	51	76	102
顶点位移/总高度	0	1/8 100	1/3 970	1/2 664	1/1 985

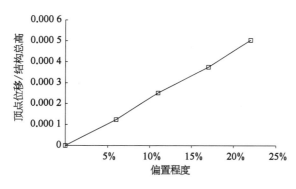

图 6-10　竖向荷载下顶部位移随偏置程度变化曲线

3）竖向荷载（D+L）作用下层间位移角

层间位移角基本随偏置程度的增大而增大,随楼层高度增加而增加;最大层间位移角为 1/1 220,与水平荷载作用下的层间位移角相比,数值较小（表 6-9、图 6-11）。

表 6-9　竖向荷载下层间位移角对比表

模　型	A	B	C	D	E
偏置程度	0	6%	11%	17%	22%
最大层间位移角	—	1/4 902	1/2 445	1/1 626	1/1 220

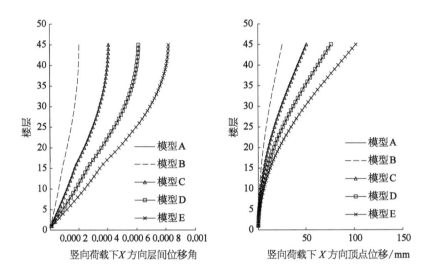

图 6-11　竖向荷载下楼层位移及位移角随偏置程度变化曲线

6.5.3　水平地震作用下结构的受力特点

1）整体指标

水平荷载作用下,大多数结构整体指标随着偏置程度的增大变化不大（表 6-10）。

表 6-10　水平荷载下结构整体指标对比

项　目	方向	A	B	C	D	E
基底剪力/kN	X	17 594	17 582	17 583	17 764	17 733
	Y	17 584	17 127	16 482	16 392	16 013
基底倾覆力矩/(MN·m)	X	2 090	2 090	2 090	2 102	2 101
	Y	2 089	2 074	2 037	2 001	1 948

项　目	方向	A	B	C	D	E
最小剪重比	X	1.29%	1.28%	1.28%	1.29%	1.28%
	Y	1.28%	1.25%	1.20%	1.19%	1.16%
刚重比	X	2.38	2.35	2.36	2.34	2.34
	Y	2.38	2.34	2.32	2.28	2.23
顶点水平位移/mm	X	121	121	121	122	122
	Y	121	121	121	120	119
顶点位移/总高度	X	1/1 674	1/1 674	1/1 674	1/1 660	1/1 660
	Y	1/1 674	1/1 674	1/1 674	1/1 688	1/1 702
层间位移角	X	1/1 279	1/1 279	1/1 279	1/1 272	1/1 272
	Y	1/1 277	1/1 190	1/1 116	1/1 046	1/991

2）水平荷载作用下的楼层扭矩

随着偏置程度的增大,水平荷载作用下的结构楼层扭矩显著增大(图 6-12、图 6-13)。

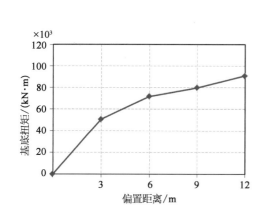

图 6-12　底部扭矩随偏置程度变化曲线

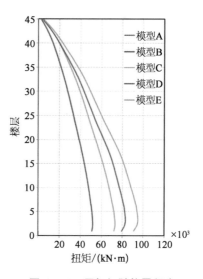

图 6-13　层扭矩随偏置程度
对比曲线

结构上部,框架承担大部分的扭矩;结构下部,核心筒承担大部分剪力;上部增大框架、下部增大核心筒抗扭刚度对增加结构整体抗扭刚度更有效(图 6-14)。

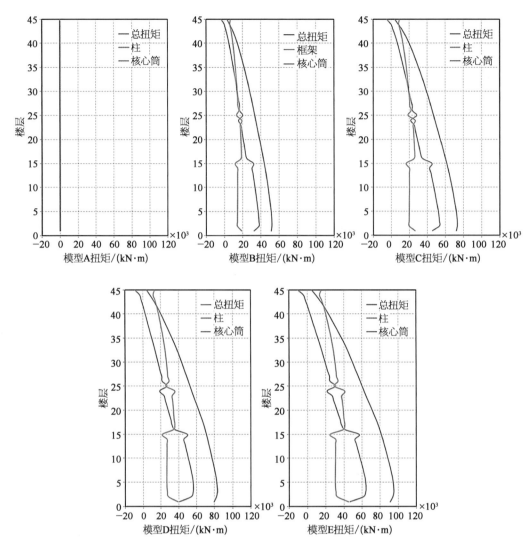

图 6‑14　不同模型外框柱和核心筒扭矩分担对比曲线

3）扭转位移比

随着偏置程度的增大，结构在受到垂直于偏置方向的水平荷载作用时，其扭转位移比显著增大，且下部 1/5 高度范围内增加幅度较为明显，随楼层增加，扭转位移比逐渐降低，与前述理论研究结论一致（表 6‑11、图 6‑15、图 6‑16）。

表 6‑11　扭转位移比对比表

模型	A	B	C	D	E
X 向	1.19	1.19	1.19	1.18	1.18
Y 向	1.19	1.33	1.48	1.60	1.71

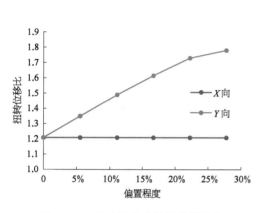

图 6-15　最大转位移比随芯筒偏移
距离变化曲线

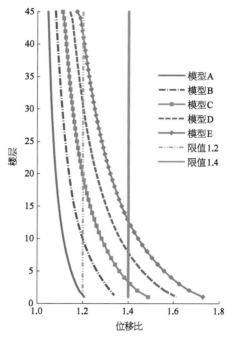

图 6-16　不同偏移距离下楼层扭转
位移比对比曲线

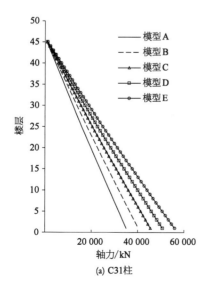 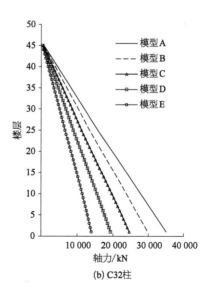

6.5.4　构件受力特点

1) 竖向荷载(D+L)作用下柱轴力

核心筒偏置产生向左的倾覆弯矩,随偏置程度增加,中和轴左侧柱轴压力逐渐增大,右侧逐渐减小;底层柱轴压力较不偏置最大增加 60%,其中柱受荷面积增加导致轴力增加的比例约为 50%,可通过设置中柱改善。附加弯矩仅会使得柱轴力增加 12%,由此产生的附加应力比约为 0.06,影响不明显(图 6-17)。

(a) C31柱

(b) C32柱

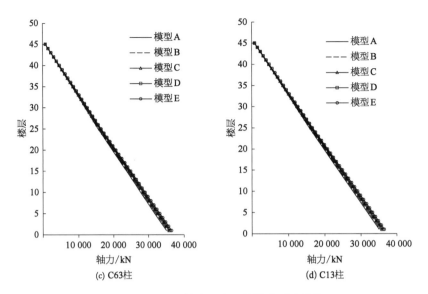

(c) C63柱　　　　　　　　　　(d) C13柱

图 6‑17　不同偏移距离下柱轴力对比曲线

2）竖向荷载（D＋L）作用下墙轴力

核心筒偏置产生向左的倾覆弯矩，随偏置程度增加，中和轴左侧墙肢轴压力逐渐增大，右侧逐渐减小；底层墙肢轴压力最大增加 31％，其中由于墙肢受荷面积增加导致轴力增加的比例约为 13％，可通过设置中柱来减少墙肢受荷面积。

附加弯矩仅会使得墙轴力增加 18％，由此产生的附加轴压比约为 0.10（图 6‑18）。

3）水平荷载作用下柱剪力

随着偏置程度的增加，水平荷载作用下，由于扭转产生的附加剪力，左侧外框柱的剪力增大，右侧减小；底层柱剪力最大增加 85％，但附加剪力引起的弯矩产生的应力比为 0.01，影响很小（图 6‑19）。

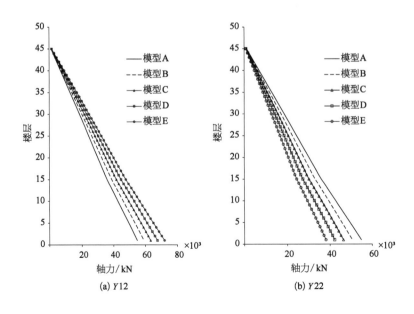

(a) Y12　　　　　　　　　　　(b) Y22

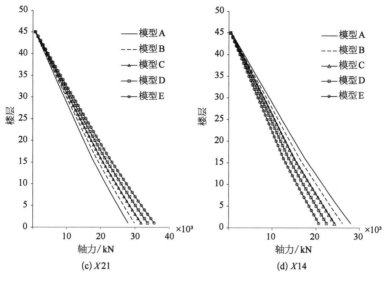

图 6‑18 不同偏移距离下墙轴力对比曲线

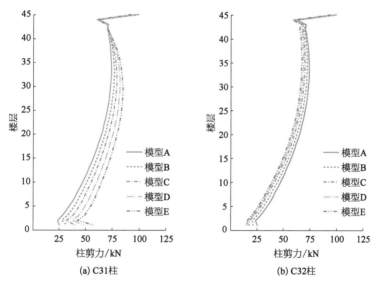

图 6‑19 不同偏移距离下柱剪力对比曲线

4）水平荷载作用下墙肢剪力

水平荷载作用下墙肢剪力规律如下（图 6‑20）：

● 由于偏置引起的扭矩的影响，左侧墙肢剪力增大，右侧墙肢剪力减小；

● 墙肢剪力最大增加 16%，附加剪力产生的减压比约为 0.03，影响很小。

5）水平荷载作用下墙肢拉应力

水平荷载作用下墙肢拉应力规律如下（图 6‑21）：

● 中震不屈服组合作用下的墙肢最大拉应力随着偏置程度增加逐渐增大，E 模型最大拉应力为 3.76 MPa；

● 当设防烈度的提高，墙肢拉应力将明显增大，需重点关注。

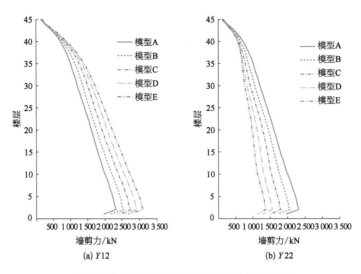

(a) $Y12$ 　　　　　　　　　　　　　　(b) $Y22$

图 6‑20　不同偏移距离下墙剪力对比曲线

超高层建筑结构地震作用输入与响应

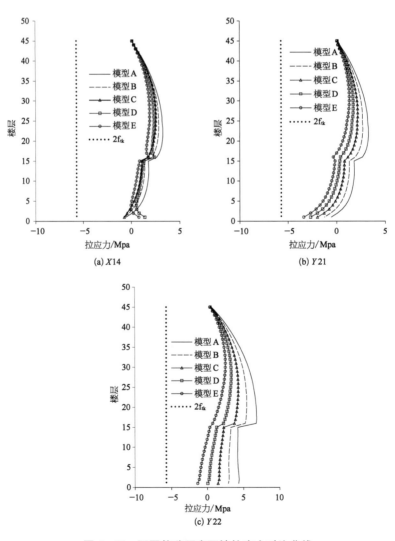

(a) $X14$ 　　　　　　　　　　　　　　(b) $Y21$

(c) $Y22$

图 6‑21　不同偏移距离下墙拉应力对比曲线

6.6 芯筒偏置对大震性能的影响

本节通过一个工程案例研究核心筒偏置对结构在罕遇地震下性能的影响。工程概况如下(图6-22、图6-23):

● 长春某连体高层结构,两塔楼左右基本对称,均为24层,高93 m,17~19层通过连体刚性连接;

● 塔楼的平面尺寸为:60.75 m×24.75 m,长宽比为2.45;

● 由于建筑功能的需求,塔楼的核心筒在两个方向均存在偏置,导致刚度中心与质量中心存在较大偏差;

● X向偏心距离为4.85 m,相应的偏心率为0.08;Y向偏心距离为5.96 m,相应的偏心率为0.24。

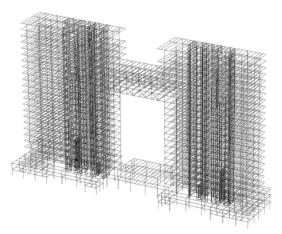

图6-22 结构三维模型

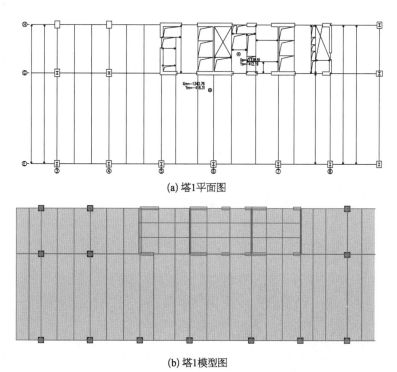

(a) 塔1平面图

(b) 塔1模型图

图6-23 塔1结构平面

1) 小震轴压比

核心筒剪力墙采用C60~C50混凝土,塔楼墙肢的轴压比不大于0.6,与连体相连墙肢在连体及上下层的轴压比不超过0.5,剪力墙轴压比沿高度逐渐减小,且均小于限值。两侧墙体轴压比不均匀,外侧墙较低,地震作用下受拉的可能性较大(图6-24、图6-25)。

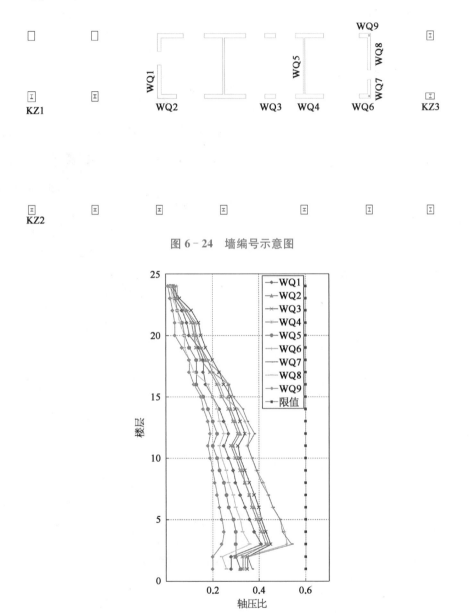

图6-24 墙编号示意图

图6-25 墙轴压比曲线

2) 中震组合墙肢名义拉应力

中震组合墙肢名义拉应力规律如下(图6-26、图6-27、表6-12):

● 核心筒墙肢考虑型钢共同作用最大名义拉应力发生在WQ3底层角部,为4.4MPa<$2f_{tk}=2.85\times2=5.7$,型钢最大应力为77 MPa,亦满足承载力要求;

● 外侧墙拉应力明显大于内侧墙。

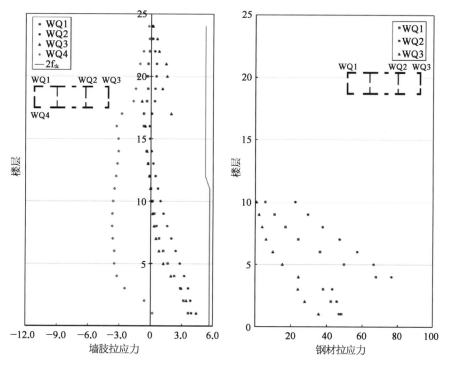

图 6-26　墙体中震名义拉应力

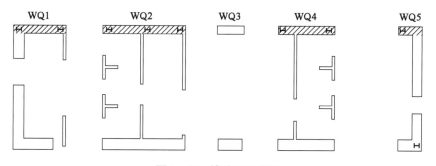

图 6-27　墙编号示意图

表 6-12　墙体受拉最高层数

墙　　　肢	WQ1	WQ2	WQ3	WQ4	WQ5
受拉最高层数	16	24	10	24	22

针对北侧墙体受拉,采取如下措施:

(1) 按中震弹性设计;

(2) 底部加强区竖向分布钢筋取 0.6%,加强区以上取 0.4%;

(3) 北侧墙肢两端设置型钢,含钢率由 4% 过渡至 2%;

(4) 多遇地震作用下,WQ1~5 最大裂缝控制小于 0.1 mm。

3) 大震性能

结构在 X、Y 两个方向平均层间位移角均满足规范 1/100 的限值要求（图 6-28、图 6-29、表 6-13、表 6-14）。

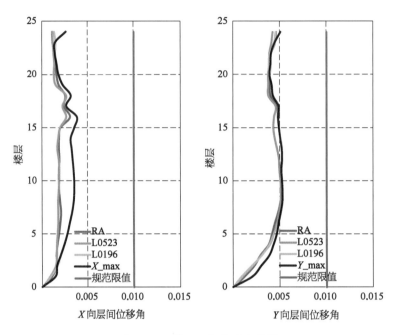

图 6-28　塔 1 层间位移角曲线

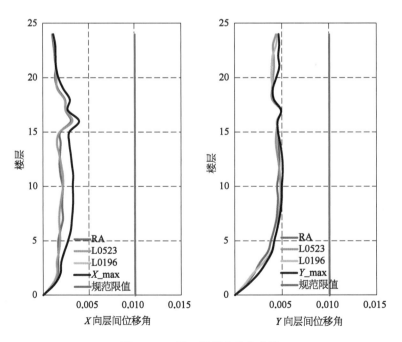

图 6-29　塔 2 层间位移角曲线

超高层建筑结构地震作用输入与响应

表 6-13 塔 1 层间位移角

主方向	地震波组	位移角	层　号
X	RA	1/333	16
	L0523	1/387	16
	L0196	1/262	16
	最大值	1/262	16
Y	RA	1/191	13
	L0523	1/196	9
	L0196	1/188	9
	最大值	1/188	9

表 6-14 塔 2 层间位移角

主方向	地震波组	位移角	层　号
X	RA	1/335	16
	L0523	1/317	16
	L0196	1/254	16
	最大值	1/254	16
Y	RA	1/203	17
	L0523	1/206	17
	L0196	1/197	12
	最大值	1/197	12

由图 6-30 可知,顶部位移出现 Y 向负向偏离平衡位置。

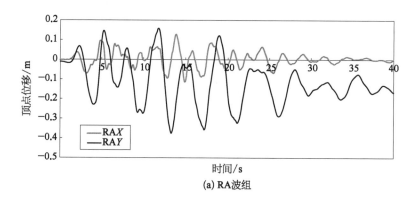

(a) RA波组

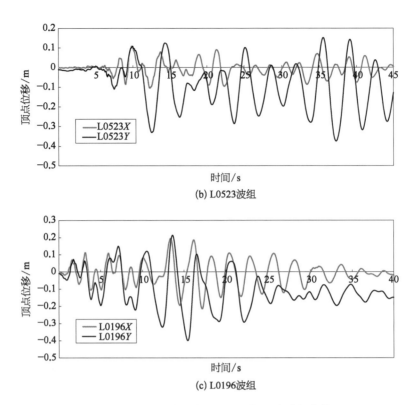

(b) L0523波组

(c) L0196波组

图 6-30　不同地震波作用下顶部位移时程曲线

核心筒北侧墙体(WX1)发生严重的受拉破坏(图 6-31)。

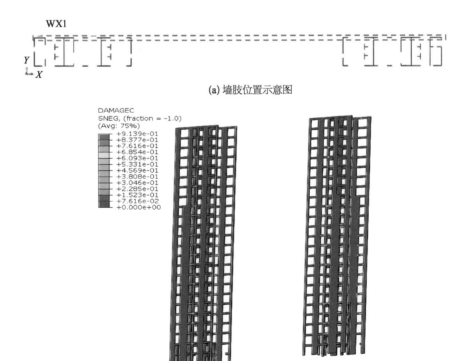

(a) 墙肢位置示意图

(b) 受压损伤

超高层建筑结构地震作用输入与响应

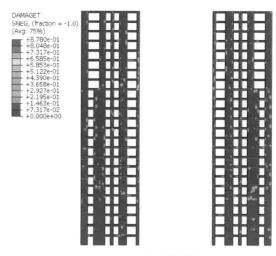

(c) 受拉损伤

图 6‑31 X 方向(WX1)剪力墙损伤

针对 WX1 墙体的加强措施包括(图 6‑32):

(1) 将 1~6 层 WX1 墙体厚度从 600 mm 增加至 800 mm;

(2) 在 1~3 层 WX1 墙体内添加 25 mm 厚钢板;

(3) 在 WX1 墙体内添加 18 处型钢暗柱。

图 6‑32 型钢位置(红点表示)

对增加型钢的方案进行优化,共对比以下五种方案:

(1) 工况 1:型钢布置位置为 1~18 层,截面为 1 400×400×50×50 mm;

(2) 工况 2:型钢布置位置为 1~18 层,截面为 1 400×400×30×30 mm;

(3) 工况 3:型钢布置位置为 1~10 层,截面为 1 400×400×50×50 mm;

(4) 工况 4:型钢布置位置为 1~10 层,截面为 1 400×400×30×30 mm;

(5) "不加厚"工况:在工况 4 的基础上,将底部三层 WX1 墙体厚度恢复到 600 mm;

(6) "仅型钢"工况:在"不加厚"工况基础上,取消底部三层墙体中钢板。

对比分析结果,有如下特征(图 6‑33、图 6‑34):

(1) 对结构进行加强后,可以有效地减小 Y 向负向位移,增加正向位移;

(2) 在工况 4 基础上,增加型钢尺寸型钢布置高度,对顶点位移影响不大;

(3) "不加厚"和"仅型钢"工况,结构的位移趋势与工况 4 的结果差异不大;

(4) 所增加的 10 层型钢对结构的性能改善程度最大;

(5) 增加墙体厚度,添加暗柱,墙体混凝土的受拉损伤面积会有所扩展,而底部墙体受拉损伤程度降低明显。

基于对建筑功能、经济性以及施工难度的考虑，最终将采取墙体内增设型钢的方案，增加型钢的高度建议为 10 层，截面建议为 $1\,400 \times 400 \times 30 \times 30$ mm。

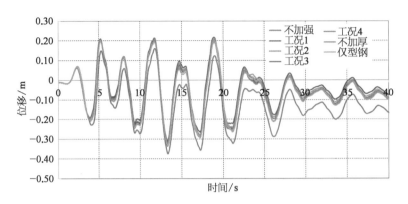

图 6‑33　不同方案顶点位移时程曲线对比

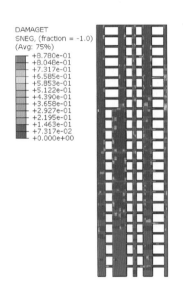
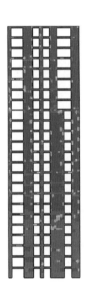

(a) 原始模型

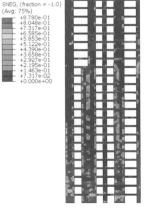
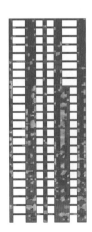

(b) 工况1

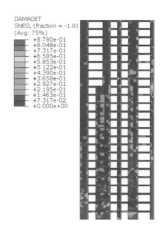

(c) 工况2

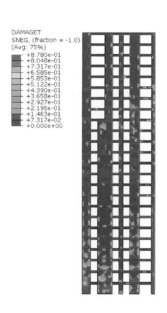

(d) 工况3

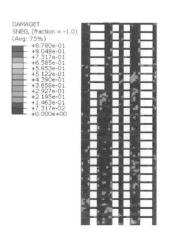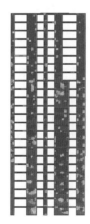

(e) 工况4

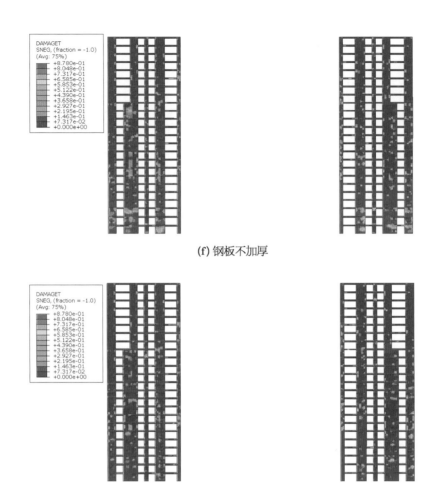

(f) 钢板不加厚

(g) 仅型钢工况

图 6‑34　不同加固方案核心筒墙体损伤对比

总结如下：

（1）由于核心筒存在偏置，所分担的荷载差别较大，靠近边缘一侧的墙体承担竖向荷载较少，边侧墙体在重力荷载代表值下的轴压比较低，地震作用下非常容易受拉，当拉力较大时可能出现严重破坏，导致结构的整体侧向振动出现不对称，侧倾的风险加大；

（2）对于上述不利情况，增加墙体厚度的做法效果不佳，增加配筋（型钢或钢板）的效果较为明显；

（3）可尝试增设伸臂改变倾覆力矩在核心筒与框架之间的分配，尽量降低外侧墙体拉力。

6.7　设计对策

1）第一类："结构层面"对策（表 6‑15）

表 6 – 15　结构层面设计对策

核心筒偏置结构存在的问题	设 计 对 策
水平荷载作用下,结构扭转效应较大	1. 调节楼层刚心与质心的位置 （1）相对核心筒偏置的另一侧外围框架柱间设置支撑/剪力墙（消/减） （2）适当降低偏置筒体一侧框架的刚度（减） 2. 增加结构抗扭刚度（抗）

2）第二类："构件层面"对策（表 6 – 16）

表 6 – 16　构件层面设计对策

序号	扭转体形结构存在的问题	设 计 对 策
1	中震作用下,墙肢可能产生较大拉应力	设置型钢等措施,提高核心筒剪力墙墙肢抗拉强度
2	水平荷载下外框梁柱受到附加弯矩	提高框架梁柱的抗弯强度
3	水平荷载下外框梁柱受到附加剪力	提高框架梁柱的抗剪强度
4	水平荷载下核心筒剪力墙受到附加剪力	提高核心筒剪力墙抗剪强度,（增大剪力墙厚度或增设钢板剪力墙）

3）不同措施的效果论证

（1）在偏置筒体另一侧框架设置支撑,能显著减少因筒体偏置引起的扭转效应（图 6 – 35、表 6 – 17、图 6 – 36）。

（2）在外框架设置环带桁架并不能明显减小扭转效应,却可以增强扭转刚度（图 6 – 37、表 6 – 18、图 6 – 38）。

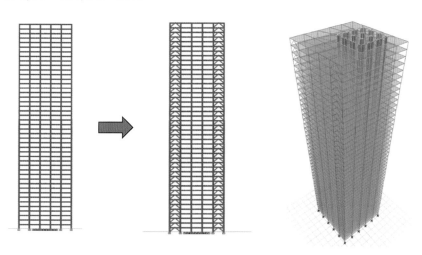

图 6 – 35　外框增加支撑对比模型

表 6-17　外框增加支撑周期对比

模型 E	周期/s	X 向	Y 向	Z 向
T1	4.76	0	61.1%	5.5%
T2	4.53	64.0%	0	0
T3	2.96	0	2.9%	69.5%
T3/T1	0.62	—	—	—
模型 E-1	周期/s	X 向	Y 向	Z 向
T1	4.55	0	62.4%	3.1%
T2	4.52	64.0%	0	0
T3	2.88	0	1.6%	70.9%
T3/T1	0.63	—	—	—

超高层建筑结构地震作用输入与响应

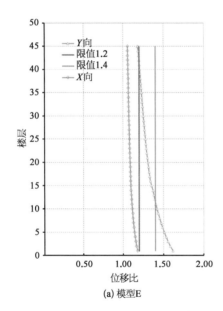

(a) 模型 E

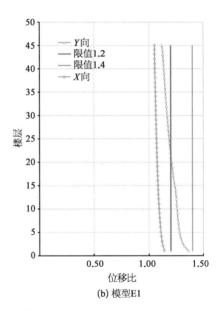

(b) 模型 E1

图 6-36　外框增加支撑扭转位移对比曲线

表 6-18　外框增加环带桁架周期对比

模型 E	周期/s	X 向	Y 向	Z 向
T1	4.76	0	61.1%	5.5%
T2	4.53	64.0%	0	0
T3	2.96	0	2.9%	69.5%
T3/T1	0.62	—	—	—

模型 E-2	周期/s	X 向	Y 向	Z 向
T1	4.48	0	62.2%	4.9%
T2	4.27	64.7%	0	0
T3	2.81	0	2.5%	70.9%
T3/T1	0.63	—	—	—

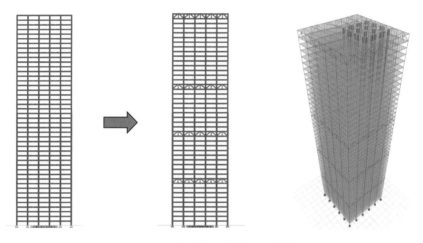

图 6-37　外框增加环带桁架对比模型

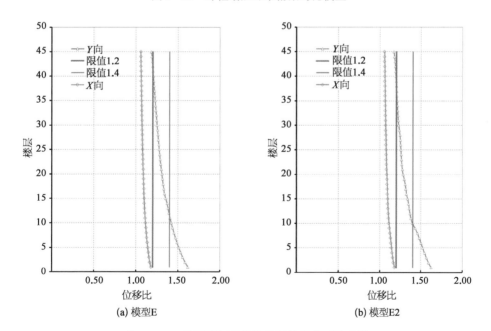

图 6-38　外框增加环带桁架扭转位移对比曲线

（3）增大外框架的刚度不能有效减弱扭转效应（图 6-39、表 6-19、图 6-40）。

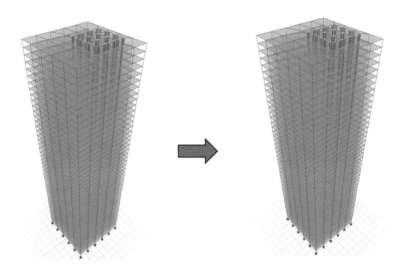

图 6-39 增大外框梁对比模型

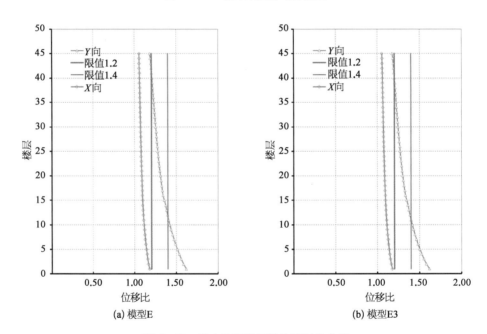

(a) 模型E　　　　　　　　　　　　(b) 模型E3

图 6-40 增大外框梁扭转位移对比曲线

表 6-19 增大外框梁周期对比

模型 E	周期/s	X 向	Y 向	Z 向
T1	4.76	0	61.1%	5.5%
T2	4.53	64.0%	0	0
T3	2.96	0	2.9%	69.5%
T3/T1	0.62	—	—	—

模型 E-3	周期/s	X 向	Y 向	Z 向
T1	4.73	0	61.3%	5.3%
T2	4.50	64.1%	0	0
T3	2.95	0	2.8%	69.8%
T3/T1	0.62	—	—	—

6.8　本章小结

（1）核心筒偏置结构在竖向荷载作用下，由于上部结构竖向荷载作用点与楼层中和轴不重合，将导致楼层受到附加倾覆弯矩作用，结构产生一定的整体弯曲变形，对应位置的柱与墙肢轴力也会有一些增加，总体影响不大。

（2）在竖向荷载作用下，远离偏置方向的墙柱轴力增加主要是由于受荷面积增加引起的，可通过设置中柱等措施得到改善。

（3）核心筒的偏置将导致刚心与质心的偏心率增大，在垂直于偏心的方向，质心所在位置处的有效平动刚度降低，平动周期增大，并伴随一定扭转；同时整体扭转刚度增大，扭转周期变短，扭转周期比降低。

（4）芯筒偏置导致的偏心率增加和周期比降低对结构最终扭转效应产生的影响是不同的，前者使得扭转效应增加，后者使得扭转效应降低，综合两种因素，结构的最终扭转效应呈增大趋势。

（5）在水平荷载作用下，结构扭转位移比明显提高，并使核心筒墙肢与外框柱的所受剪力有一定量的增加；偏置结构与不偏置结构相比，结构周期、剪重比、刚重比、地震层间位移角等常规整体指标变化不明显。

（6）在水平荷载作用下，随着偏置程度的增加，靠近边缘一侧的墙肢承担竖向荷载较少，地震作用下非常容易受拉，当拉力较大时可能出现严重破坏，需重点关注。

（7）高宽比越大，相同偏置率引起的扭转效应越弱，当高宽比大于 4 以后，芯筒偏置引起的总体扭转效应将比较微弱。因此当结构高宽比较大时，通常偏置引起的扭转并不明显；当结构高宽比不大时，如小于 2 的结构，应严格控制偏移量。

（8）当核心筒出现偏置时，导致扭转不利的楼层将主要出现在下部五分之一高度，随着楼层高度的增加，扭转效应逐渐减弱。

（9）从结构和构件两个层面提出了针对核心筒偏置不利的一系列设计应对措施。

参考文献

［1］　杨枫.北外滩白玉兰广场酒店塔楼超高层结构设计[J].结构工程师,2013,29(6)：1-6.

［2］　奚彩亚,臧妲,杨志强.广州贸易中心结构设计[J].广东土木与建筑,2018,25(4)：14-16,21.

［3］　朱兴刚.厦门国际银行大厦结构设计[J].建筑结构,2001,31(10)：63-65.

［4］　李金生,肖德周.青岛华润中心写字楼超限结构设计[J].广东土木与建筑,2013,20(5)：3-6.

［5］　冯中伟,杨现东,王立维.成都百货大楼结构设计[J].建筑结构,2010,40(9)：87-90.

［6］　王耀伟,黄宗明.影响偏心结构地震反应的因素综述[J].防灾减灾工程学报,2004,24(1)：112-116.

［7］　华东建筑设计研究院有限公司.超高层多塔连体结构多维震(振)动形态及控制关键技术[R]. 上海：华东建筑设计研究院有限公司,2018.

超高层建筑结构地震作用输入与响应

第 7 章

矩形平面超高层结构扭转响应规律

7.1 概述

《建筑抗震设计规范》(GB 50011—2010)的 3.5.3 条第 3 款规定[1]：结构在两个主轴方向的动力特性宜相近。实际工程中，当结构平面为矩形或椭圆形时，往往出现两个主轴方向的振动周期有一定差异，即两向抗侧刚度差别较大。关于两个方向动力特性差别较大会带来的不利影响，3.5.3 条的条文说明解释为："考虑到有些建筑结构，横向抗侧力构件(如墙体)很多而纵向很少，在强烈地震中往往由于纵向的破坏导致整体倒塌，2001 规范增加了结构两个主轴方向动力特性(周期和振型)相近的抗震概念。"由上述解释可知，这一规定主要是为了避免结构存在一个方向的抗震能力不足，在一些板式住宅剪力墙结构中经常出现这种情况，纵向由于开窗和采光需要，完整的墙体较少。本质上并非由于两个方向刚度有差异会导致不利，而是出于对结构整体刚度和承载能力大小的考虑，并且是为了防止"纵向偏弱"。当两个方向的刚度都能较好满足要求，仅仅由于建筑平面在一个方向较长导致两向平动刚度有差别时，尤其是当"长向较刚"时，是否也需要按照这一条进行控制规范中并无明确说明。另外，一般认为狭长平面易导致抗震不利，为此，《高层建筑混凝土结构技术规程》(JGJ3—2010)中对结构平面的长宽比做了相关规定[2]。当结构平面长宽比较大时，经常导致两个方向刚度差别大，此时平面大长宽比和大的动力特性差异性两种效应的耦联将对结构的扭转产生什么样的影响尚不明确。

无论控制结构的两向刚度接近还是避免出现狭长平面，本质上都是在控制结构两个主轴方向抗侧刚度使其之间具有合理的匹配性。从结构受力的合理性来说，两个方向均匀无疑是最有利的，反之带来的不利后果有两个：一是一个方向太弱使得另外一个方向的能力无法充分发挥，二是不合理的匹配易导致扭转不利。第一个方面的不利是显而易见的，无须进行过多研究。第二个方面涉及的扭转问题，其机理本身就比较复杂，除了规范[1-2]中的相关规定外，不少学者也针对如何合理计算和控制结构的扭转开展过一系列的研究。方鄂华等[3]结合中美规范讨论了扭转位移比的控制限值及改善扭转效应的措施，钱稼茹等[4]探讨了采用 CQC 法计算扭转位移比时可能存在的问题，提出采用多种方法计算判断结构的扭转效应。魏琏等[5]指出单一控制扭转周期比存在的问题,控制结构扭转周期比并未能直接控制楼层和其竖向构件在水平地震作用下的扭转角及扭矩。李英民等[6]建议在有效控制扭转位移比的前提下取消扭转耦联周期比限制。周建龙等[7-8]研究了扭转位移比与周期比的相关性,并对核心筒偏置高层结构的扭转规律进行系统分析。在上述对扭转问题的已有研究中尚未看到对结构不同主轴平动刚度差异性以及平面长宽比的耦联关系影响的研究,而这一影响的相关机理正是解决其核心问题的理论基础。

两个主轴方向平面尺寸差别较大的情况除在多层框架结构或高层板式剪力墙住宅结构中较常出现外,塔式超高层结构当平面为矩形或椭圆形时,其两向尺寸也可能差别比较大,如深圳京基金融中心(矩形平面,98 层,高 441.8 m),在 38 层以上平面两个主轴方向的尺寸比例达到 1.9[9];天津津塔(椭圆平面,75 层,336.9 m),平面长短轴之比为 1.7[10]。在超限高层结构的抗震审查中,经常遇到结构两个方向的平动周期"宜相近",而设计中经常较难实现,即使最终做到也不一定经济合理。基于此,有必要对如何合理控制超高层结构两个平面主轴方向的相对平动刚度开展深入研究。

本章通过简化力学模型研究超高层结构平面两个主轴方向动力特性差异及平面长宽比对地震扭转效应的耦合影响机理,从理论上探讨最优刚度控制策略。在此基础上,对部分已有超高层结构的动力特性和地震扭转效应进行统计分析,并通过一个实际工程案例的有限元分析结果验证理论分析结果,从而为合理确定超高层结构方案、科学提升结构抗震性能提供参考。

7.2 两向平动周期差异及长宽比对扭转效应耦合影响理论推导

7.2.1 基本概念

通常认为扭转位移比是结构在地震作用下扭转效应的重要评估指标,因此在研究相关参数对结构扭转效应的影响规律时,可直接研究这些参数对扭转位移比的影响[7-8]。文中主要研究两个参数的影响,即平动周期比与平面长宽比,通过简化模型的力学推导,建立相关表达式,并进行相关参数分析,得到相应的影响规律。之所以没有将扭转周期比作为一个确定的影响参数,是由于扭转周期比与其他两个待研究参数之间并非独立,基于问题的解决需要,在整个推导过程中已经隐含了对该参数的考虑,只是没有显式表达。文献[8]中对扭转周期比对扭转效应的影响已经给出了单独的表达形式,此处不再赘述。

7.2.2 力学模型与理论推导

为便于理论分析,将实际工程存在的结构刚度中心 X_s 与质量中心 X_m 的不一致假定为"刚心对中、质心偏心",如此假定并不会影响所研究扭转效应的本质。基于这个原则,建立如下简化力学模型:

结构平面的两个水平尺寸分别为 a、b，且假定 $a \leqslant b$，抗侧力构件简化为四个相同的角柱，考虑两个方向（X、Y 向）刚度存在差异，假设每个柱在两个水平向的抗侧刚度分别为 K_a 和 K_b，质心和刚心的偏离距离为 e，并假定楼板为刚性。简化模型平面见图 7-1。

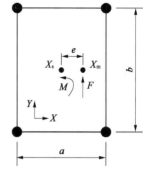

为方便公式推导，定义以下变量：

扭转位移比 ξ；

偏心率 γ，$\gamma = \dfrac{e}{a}$；

平面长宽比 η_1，$\eta_1 = \dfrac{b}{a}$；

沿平面长向的第 1 平动周期 T_1；

沿平面短向的第 1 平动周期 T_2；

两个方向平动周期比 η_2，$\eta_2 = T_1 / T_2$。

图 7-1　平面简图

假定地震作用为 F，作用方向为长轴方向（Y 向），相应的扭矩为 M，即：

$$M = Fe = Fa\gamma \tag{7-1}$$

令长轴方向（Y 向）地震作用下的平动位移为 u，则有：

$$u = \frac{F}{4K_b} \tag{7-2}$$

定义结构的扭转刚度为 K_θ，则：

$$K_\theta = \left[\left(\frac{1}{2}a \right)^2 K_b + \left(\frac{1}{2}b \right)^2 K_a \right] \times 4 = a^2 K_a \left(\frac{K_b}{K_a} + \frac{b^2}{a^2} \right) = K_a a^2 \left(\eta_1^2 + \frac{1}{\eta_2^2} \right) \tag{7-3}$$

结构平面的扭转角度为：

$$\theta = \frac{M}{K_\theta} = \frac{Fa\gamma}{K_a a^2 \left(\eta_1^2 + \dfrac{1}{\eta_2^2} \right)} \tag{7-4}$$

一侧柱子的最终位移为：

$$u_y = u + \theta \cdot \frac{a}{2} = \frac{F}{4K_b} + \frac{Fa\gamma}{K_a a^2 \left(\eta_1^2 + \dfrac{1}{\eta_2^2} \right)} \cdot \frac{a}{2} = \frac{F}{4K_b} + \frac{F\gamma}{2K_a \left(\eta_1^2 + \dfrac{1}{\eta_2^2} \right)} \tag{7-5}$$

扭转位移比为：

$$\xi_y = \frac{u_y}{u} = 1 + \frac{2\gamma}{\left(\eta_1^2 + \dfrac{1}{\eta_2^2} \right)} \cdot \frac{K_b}{K_a} = \frac{2\gamma}{\left(\eta_1^2 + \dfrac{1}{\eta_2^2} \right)} \cdot \frac{1}{\eta_2^2} + 1 \tag{7-6}$$

进一步化简得：

$$\xi_y = 1 + \frac{2\gamma}{(1 + \eta_1^2 \eta_2^2)} \tag{7-7}$$

同理，可以得到沿短轴方向地震作用下的扭转位移比为：

$$\xi_x = 1 + \frac{2\gamma}{\left(1 + \dfrac{1}{\eta_1^2 \eta_2^2}\right)} \tag{7-8}$$

最终的扭转位移比应取两个方向结果的包络值为：

$$\xi = \max\left\{1 + \frac{2\gamma}{(1 + \eta_1^2 \eta_2^2)},\ 1 + \frac{2\gamma}{\left(1 + \dfrac{1}{\eta_1^2 \eta_2^2}\right)}\right\} \tag{7-9}$$

由式(7-7)~式(7-9)知，扭转位移比与三个参数相关，即偏心率、长宽比、两个方向平动周期比。式(7-9)的表达形式简洁，且具有显著的数学对称性，从中可以判断，通过控制相关参数可以获得扭转位移比 ξ 最小值：当偏心率 γ 一定，$\eta_1 \eta_2$ 为1.0时，ξ 值最小。

以上计算式的推导是基于一种简化力学模型，适用于平面内刚度较为均匀的一般结构。对于超高层结构经常采用的框架-核心筒体系，尽管核心筒和外框柱的侧向变形存在差异，但由于水平构件和楼板的存在，可认为在平面内大致满足水平变形协调和平截面假定，采用式(7-9)进行近似规律分析是可行的。

7.3 扭转效应影响因素参数分析

对前述式(7-7)~式(7-9)进行参数化分析，分别从两个角度进行研究：① 固定平动周期比 η_2 研究平面长宽比 η_1 对扭转位移比 ξ 的影响，相关曲线见图7-2~图7-4；② 固定平面长宽比 η_1 研究平动周期比 η_2 对扭转位移比 ξ 的影响，相关曲线见图7-5~图7-6。图7-2、图7-3中实线均为地震沿结构平面的长向（Y 向）作用，虚线均表示地震沿平面的短向（X 向）作用。图7-4为考虑两个方向扭转位移比的包络值时的相关影响曲线，用来评估刚度差异对两个方向扭转的综合影响（图中给出的为长边方向刚度较大的情况）。经分析主要规律如下：

（1）结构平面为矩形时，当地震作用方向为 Y 向时，长宽比越大，扭转位移比越小；当地震作用方向为 X 向时，长宽比越大，扭转位移比越大；即地震沿 X 向作用时扭转效应较大。

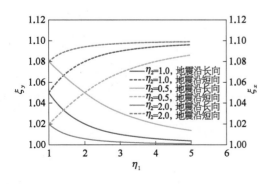

图7-2　扭转位移比-长宽比相关曲线（$\gamma=5\%$）

（2）对于图7-2、图7-3中三条虚线，当短向刚度较大（周期较短）时为图中蓝线，相对于红线扭转效应增加；当短向刚度较小（周期较长）时为图中绿线，相对于红线扭转效应降低。

（3）根据图7-4，对于一般的矩形平面结构，当两个方向的相对刚度确定后，根据不同的情况，长宽比对结构扭转效应的影响具有非一致性，即并非所有情况下长宽比较大时总是扭转效应较大。

（4）图7-5、图7-6中分别给出长宽比 η_1 一定时，两个方向扭转位移比以及包络位移比与平动周期比的相关曲线，不难看出，当长宽比 $\eta_1 > 1.0$ 时，平动周期比在取小于 1.0 的某个数值时两个方向的扭转位移比包络值可以达到最小值，即存在一个最优的周期比，此时 $\eta_1 \eta_2 = 1.0$。宏观来看，这一最优周期比存在于结构沿平面长向刚度大于短向刚度的某个数值，而并非规范[1]中要求的两个方向"动力特性基本一致"。

（5）对于正方形平面结构，当平动周期比为 1.0 时，扭转效应最小，而两个方向的刚度不一致时将带来扭转效应增大，这点与传统认识一致。

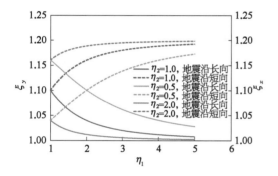

图7-3 扭转位移比-长宽比相关曲线（$\gamma = 10\%$）

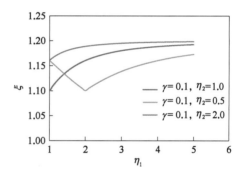

图7-4 两方向扭转位移比包络值-长宽比相关曲线

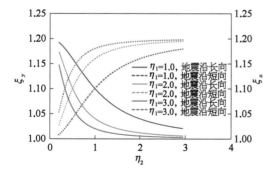

图7-5 扭转位移比-平动周期比相关曲线（$\gamma = 10\%$）

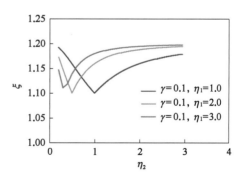

图7-6 两方向扭转位移比包络值-平动周期比相关曲线

7.4 部分超高层结构动力特性与扭转效应数据统计分析

7.4.1 基本数据说明

对已有超高层项目的动力特性数据进行统计分析，将有助于对本文所研究问题和基本规律的进一步认识。徐培福等[11]研究了我国现有高层建筑结构自振周期分布规律特征，共统计了 414 栋高层建筑，并拟合了自振周期的合理取值区间，对于在方案阶段判断结构的刚度大小具有较好的指导作用。但该研究仅统计了结构弱轴方向的前三阶平动周期，即发生在一个主轴方向的平动周期，未对扭转效应及有关影响参数进行统计。文中选择 59 个来自国内 19 个城市的超高层工程案例，高度 H 区间为 100～584 m，地区分布如表 7-1，高度区间分布如图 7-7。每个工程的数据包括项目地点、结构高度、平面长宽比、前三阶自然周期（两个主轴方向的第一平动周期 T_1、T_2 和一个扭转周期 T_3）、扭转周期比（扭转周期与第一平动周期之比 T_3/T_1）、平动周期比（强轴第一平动周期与弱轴第一平动周期之比 T_2/T_1）以及地震作用下最大扭转位移比（两个主轴方向扭转位移比的包络值），详细数据见表 7-2。

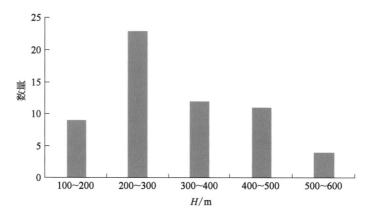

图 7-7 统计项目的高度区间分布图

表 7-1 统计项目数量的城市分布

编　号	城　市	数　量
1	北　京	1
2	成　都	1
3	大　连	2
4	杭　州	3

编 号	城 市	数 量
5	合 肥	4
6	济 南	2
7	昆 明	3
8	南 昌	1
9	南 京	8
10	上 海	9
11	深 圳	5
12	苏 州	3
13	天 津	4
14	温 州	1
15	武 汉	5
16	乌鲁木齐	1
17	长 沙	3
18	郑 州	1
19	重 庆	2

表 7-2 部分超高层结构动力特性与扭转响应数据表

序号	项目	结构高度 H/m	平面长宽比 η_1	T_1/s	T_2/s	T_3/s	T_3/T_1	T_2/T_1	扭转位移比 ξ
1	上海某工程	100	1.06	2.47	2.31	2.10	0.850	0.935	1.270
2	上海某工程	120	1.30	2.63	2.53	2.12	0.810	0.962	1.340
3	上海某工程	126	1.00	3.19	2.70	1.85	0.580	0.846	1.420
4	天津某工程	136	1.10	2.59	2.34	2.03	0.780	0.903	1.360
5	上海某工程	138	1.00	3.36	3.22	2.12	0.631	0.958	1.440
6	南京某工程	150	1.00	3.56	3.42	2.98	0.835	0.960	1.210
7	济南某工程	195	1.22	4.51	4.35	3.53	0.780	0.965	1.370
8	杭州某工程	196	1.00	5.60	4.78	4.64	0.828	0.852	1.320

序号	项目	结构高度 H/m	平面长宽比 η_1	T_1/s	T_2/s	T_3/s	T_3/T_1	T_2/T_1	扭转位移比 ξ
9	杭州某工程	198	1.01	5.46	4.79	3.69	0.680	0.877	1.200
10	北京某工程	216	1.00	6.35	5.99	5.21	0.820	0.943	1.150
11	昆明某工程	219	1.00	4.02	3.78	2.12	0.530	0.940	1.140
12	天津某工程	227	1.60	5.15	3.84	2.84	0.550	0.746	1.380
13	上海某工程	228	1.25	5.87	5.67	4.61	0.780	0.966	1.290
14	大连某工程	241	1.00	5.64	5.58	2.80	0.500	0.989	1.370
15	新疆某工程	245	1.00	6.20	6.15	3.80	0.620	0.992	1.160
16	深圳某工程	263	1.00	5.82	5.77	3.51	0.600	0.991	1.180
17	武汉某工程	277	1.00	7.44	6.67	4.88	0.660	0.897	1.310
18	温州某工程	281	1.40	5.28	4.58	3.46	0.655	0.867	1.300
19	苏州某工程	281	1.10	6.93	5.84	2.35	0.330	0.843	1.460
20	合肥某工程	282	1.00	6.95	6.25	4.30	0.620	0.899	1.230
21	杭州某工程	282	1.20	7.06	5.67	4.61	0.650	0.803	1.190
22	深圳某工程	283	1.00	6.52	6.14	5.28	0.810	0.942	1.320
23	上海某工程	284	1.26	6.95	5.44	4.18	0.601	0.782	1.310
24	上海某工程	285	1.00	6.39	6.26	5.23	0.820	0.980	1.290
25	南京某工程	286	1.00	6.79	6.50	3.72	0.480	0.957	1.440
26	郑州某工程	288	1.00	6.37	6.31	4.89	0.770	0.991	1.180
27	南昌某工程	289	1.00	5.54	5.47	1.89	0.340	0.987	—
28	深圳某工程	289	1.00	6.59	6.40	3.99	0.610	0.971	1.220
29	上海某工程	298	1.00	7.16	7.03	4.12	0.580	0.981	1.190
30	上海某工程	298	1.00	7.24	7.14	4.29	0.590	0.987	1.160
31	昆明某工程	300	1.00	7.82	7.80	6.03	0.770	0.997	1.410
32	南京某工程	300	1.00	6.75	6.57	3.23	0.480	0.973	1.200
33	合肥某工程	311	1.00	7.18	6.88	4.06	0.570	0.958	1.190
34	长沙某工程	315	1.06	6.30	6.00	3.48	0.550	0.952	1.190

超高层建筑结构地震作用输入与响应

序号	项目	结构高度 H/m	平面长宽比 η_1	T_1/s	T_2/s	T_3/s	T_3/T_1	T_2/T_1	扭转位移比 ξ
35	重庆某工程	319	1.00	6.77	6.54	4.06	0.600	0.966	1.160
36	深圳某工程	335	1.00	7.05	6.80	4.17	0.591	0.965	1.100
37	苏州某工程	344	1.38	7.34	4.77	2.91	0.410	0.650	1.160
38	南京某工程	349	1.00	7.83	7.69	2.98	0.380	0.982	1.080
39	南京某工程	365	1.00	8.44	8.37	5.31	0.630	0.992	—
40	南京某工程	368	1.00	6.84	6.52	5.84	0.854	0.953	1.440
41	武汉某工程	371	1.00	7.73	7.33	3.06	0.396	0.948	1.160
42	长沙某工程	373	1.00	7.71	7.57	5.52	0.716	0.981	1.320
43	昆明某工程	382	1.00	5.85	5.79	3.10	0.530	0.990	1.110
44	深圳某工程	394	1.00	7.30	6.90	5.10	0.700	0.945	1.080
45	武汉某工程	405	1.00	8.61	8.33	5.33	0.629	0.967	1.170
46	南京某工程	416	1.06	8.07	7.50	4.65	0.580	0.929	1.380
47	大连某工程	420	1.00	6.85	6.61	3.68	0.540	0.965	1.100
48	济南某工程	428	1.00	8.62	8.51	3.41	0.390	0.987	1.160
49	重庆某工程	430	1.00	8.73	8.55	3.88	0.440	0.979	1.240
50	长沙某工程	440	1.00	7.55	7.17	3.52	0.470	0.950	1.180
51	天津某工程	443	1.00	8.30	8.02	3.65	0.440	0.966	—
52	成都某工程	452	1.00	8.49	8.46	5.52	0.650	0.996	1.300
53	武汉某工程	475	1.00	8.62	8.53	4.80	0.550	0.990	1.160
54	南京某工程	478	1.00	8.38	8.23	4.71	0.560	0.982	1.110
55	苏州某工程	487	1.00	8.95	8.91	4.01	0.450	0.996	1.130
56	合肥某工程	504	1.00	8.97	8.88	6.33	0.710	0.990	1.340
57	合肥某工程	556	1.00	9.50	9.44	4.49	0.473	0.994	1.180
58	武汉某工程	575	1.00	8.44	8.40	4.49	0.530	0.995	1.100
59	天津某工程	584	1.00	9.06	8.97	3.46	0.382	0.990	1.050

注：表中工程包括已经建成、在建或通过抗震审查三类，部分项目高度在后期可能有所调整。

7.4.2 扭转周期比与高度的关系

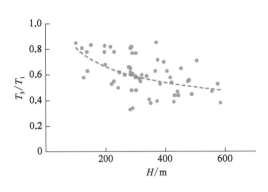

图 7-8 扭转周期比与结构高度关系图

通常扭转周期比是判断结构相对扭转刚度(扭转刚度与平动刚度之比)强弱的重要指标,图7-8中给出扭转周期比与结构高度关系,不难看出,对于超高层结构,随高度增大,扭转周期比逐渐降低,说明结构的相对扭转刚度逐渐增大(实际上是由于平动刚度降低更快所致),即高度越大的结构扭转周期比越容易满足要求,符合悬臂柱式高层塔楼结构的基本受力特征。

7.4.3 平面长宽比及两向平动周期的关系

图 7-9 中给出所有统计项目平面长宽比的分布,由于本次研究对象主要为塔式超高层结构(高度较大的板式住宅结构非本次研究重点,部分住宅结构数据点已被剔除),超高层结构的平面多数为正方形,少数为矩形或椭圆形,统计样本的最大长宽比为1.6。图 7-10 中给出两个方向平动周期比值与平面长宽比的关系,不难看出两者大致呈线性关系。说明建筑平面两个方向的相对尺寸是影响两个方向平动刚度的重要原因之一。

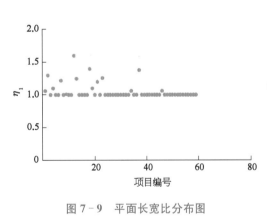

图 7-9 平面长宽比分布图

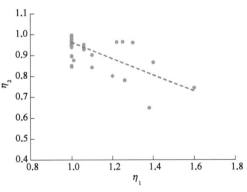

图 7-10 平动周期比与平面长宽比关系图

7.4.4 扭转效应

图 7-11～图 7-14 中给出了以两主轴方向扭转位移比包络值 ξ(其最大值发生在某一特定楼层)表达的扭转效应相关参数影响规律。对于单个建筑,扭转位移比有时较难反映其整体结构特性,一些局部因素如楼板开洞等会产生较大影响,但当数据样本较大时,其与相关参数之间的相互关系总体会趋于稳定,特别是在理论与概念分析中更具参考意义。

扭转周期比 T_3/T_1 通常控制的是扭转刚度,而最终的扭转效应体现在扭转位移比上,扭转位移比除了与扭转周期比相关,还受偏心率等因素的影响[8],仅从两者关系的统计规律来看,随着扭转周期比的增大,扭转位移比有总体略微增大的趋势,但数据点较为离散,分布的区间范围较宽(图7-11),说明还有其他因素对其产生了较大的影响,这与文献[5,6]中的基本观点是一致的。

图7-12、图7-13为扭转位移比与平面长宽比以及平动周期比的关系图,由于正方形平面的结构数量较多,矩形或椭圆形相对较少,因此数据点的密度并不均匀,但总体上呈近似线性关系,图7-12为线性增加,图7-13为线性降低。为了给基于耦合影响理论研究提供数据参考,可将平面长宽比与平动周期比的乘积 $\eta_1\eta_2$ 作为一个参数,考察其与扭转位移比 ξ 的相互关系,如图7-14所示,从图中可初步判断,$\eta_1\eta_2$ 偏大或偏小时对扭转效应都有不利影响倾向,而 $\eta_1\eta_2$ 在中间区段即1.0左右时对结构是有利的。这与第1、2节中基于理论的分析结论是一致的。

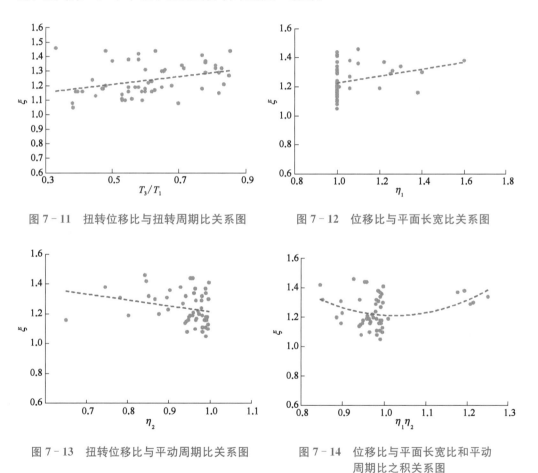

图7-11 扭转位移比与扭转周期比关系图

图7-12 位移比与平面长宽比关系图

图7-13 扭转位移比与平动周期比关系图

图7-14 位移比与平面长宽比和平动
周期比之积关系图

7.5 工程案例

鉴于第7.4节中统计的样本数量有限,尤其矩形平面结构案例偏少,数据反映出的规律性相对偏弱,本节中以一个矩形平面的实际超高层项目为例,通过方案调整,进行不同情况下详细的有限元对比分析,进一步验证本文的理论分析结论。项目的基本信息如下:某办公楼,地面以上62层、高262.10 m,采用钢筋混凝土框架-核心筒结构体系(第40层设环带桁架加强层,并沿平面短向布置一道伸臂)。基本抗震设防烈度为7度,设计地震分组为第一组,设计基本地震加速度为0.10g,Ⅱ类场地。结构三维模型和标准层平面见图7-15、图7-16。平面呈矩形,结构平面长和宽分别为66.0 m和40.2 m,长宽比为1.642。除顶部一层出屋面小塔楼外,其他楼层平面尺寸从下到上保持不变。

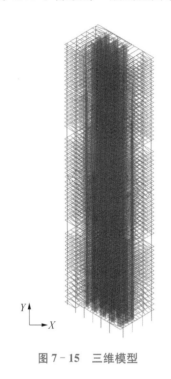

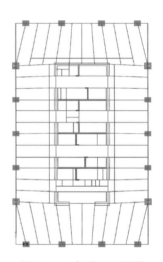

图7-15　三维模型　　　　　　　图7-16　标准层平面图

由于本结构平面长宽比较大,原设计两个方向的刚度存在一定的差异,短轴方向侧向刚度较长轴方向的小,两个方向的平动周期分别为6.543 s和5.653 s。尽管如此,原设计的各项指标均能较好满足规范的要求(模型一)。为了研究需要,现对结构进行两次调整,不同程度增大 X 向(短轴)刚度。第一次调整通过在49层和29层沿 X 向增设两道伸臂(模型二),使得 X 向刚度有所增大,但仍未达到 Y 向刚度;第二次调整为在第一次调整的基础上适当增加 X 向框架梁刚度并调整部分柱截面(模型三),最终使得两个主轴方向的刚度基本一致。不同方案两个方向的平动周期见表7-3。

针对上述3个模型,分别在 ETBAS 程序中进行多遇地震作用反应谱分析,考虑5%的偶然偏心,计算得到结构在地震作用下的扭转位移比,同时采用本文推导的简化理论公式进行计算。两者的对比数据见表7-3。图7-17中给出了扭转位移比与两个方向平动周期比的相关对比曲线。从数据分析可见,该案例的有限元分析和理论分析基本规律一致,即当结构的平面长宽比较大并且长向刚度也较大时,在满足规范各项指标的情况下,无须刻意增大短轴刚度,使其与长轴刚度相当,两个方向刚度一致时反而对地震扭转效应更为不利。本例分析结果进一步验证了本文的理论分析结论。

表 7 - 3　扭转位移比对比数据

模　型	T_1/s	T_2/s	η_2	备　注	$u_{\min}/\mathrm{mm}$	$u_{\max}/\mathrm{mm}$	ξ_e	ξ
模型 1	6.543	5.653	0.864	长轴较刚	215	230	1.034	1.033
模型 2	6.047	5.591	0.925	长轴较刚	183	202	1.049	1.069
模型 3	5.834	5.793	0.993	刚度一致	173	193	1.055	1.073

注:$u_{\min}$、$u_{\max}$ 分别为平面两端最小和最大水平位移;ξ_e 为有限元分析得到的扭转位移比。

另外,从构件的受力来看,以底层柱剪力为例,当增大 X 向刚度后,剪力值明显增大(图 7 - 18)。由于调整结构时增大了虚线框内的柱截面,其承受的地震剪力增加幅度较为显著,达到 30% 以上,而没有改变截面的柱剪力也增大 8% 左右。这种增大可认为是整体刚度增大和扭转效应增加的综合原因所致。对于本项目,在结构整体指标满足要求的前提下,这种增大一个方向刚度追求两向动力特性基本一致的做法是不合理的。

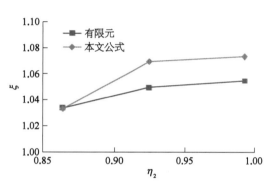

图 7 - 17　扭转位移比对比曲线

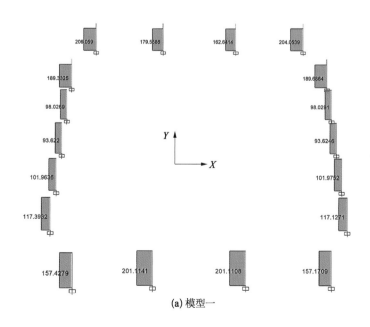

(a) 模型一

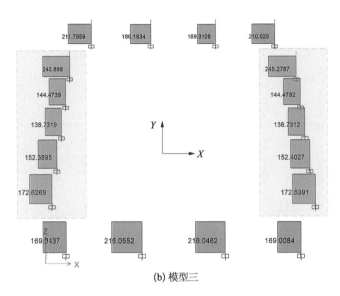

(b) 模型三

图 7 - 18　底层柱剪力对比图

因此,是否控制结构刚度使得两向动力特性基本一致,如何控制其比值,可参考前文研究结论并结合实际情况具体分析,如通过性能化分析补充论证,可避免因盲目调整导致结构成本增加并且出现对抗震更为不利的后果。

7.6　本章小结

通过部分超高层结构动力特性数据统计分析、理论推导和工程案例研究,讨论了一种常见情况下结构方案控制的基本策略,即结构平面两个主轴方向尺寸存在较大差异时如何合理控制两向抗侧刚度,使得整体结构在地震作用下的扭转效应最小。指出规范相关条款在实际执行中存在的问题,提出一种新的观点:控制两个平动方向动力特性存在一定差异性在某些情况下是更有利的。具体研究结论如下。

(1)两个主轴方向动力特性相近,主要是基于控制弱轴方向的绝对刚度和承载力不要太小,避免导致地震中提前破坏,而非从两向刚度差异大可能导致的扭转不利出发考虑。

(2)当结构平面两个主轴方向尺寸差异较大时,通常会导致地震沿短边方向作用时扭转效应较大,沿长边作用时扭转效应较小。而两个方向的刚度差异性使得最终的包络扭转效应变化存在两种不同的情况。

(3)两个方向刚度有一定差异且长向抗侧刚度大于短向刚度时,理论上对两个方向的最大扭转效应有改善作用,最优平动周期比与长宽比的乘积为 1.0。应避免出现短向抗侧刚度大于长向抗侧刚度的不利情况。

(4)仅对正方形平面结构,两个方向刚度不一致时会增大扭转效应。

参考文献

[1] 建筑抗震设计规范：GB 50011—2010[S].北京：中国建筑工业出版社,2016.

[2] 高层建筑混凝土结构技术规程：JGJ3—2010[S].北京：中国建筑工业出版社,2011.

[3] 方鄂华,程懋堃.关于规程中对扭转不规则控制方法的讨论[J].建筑结构,2005,35(11)：12-15.

[4] 钱稼茹,姜鋆.判别结构扭转不规则的位移比计算方法探讨[J].建筑结构,2006,36(12)：79-81.

[5] 魏琏,王森,韦承基.高层建筑平动周期及扭转周期比的控制问题[J].建筑结构,2014,44(6)：1-3.

[6] 李英民,韩军,刘建伟.建筑结构抗震设计扭转周期比控制指标研究[J].建筑结构学报,2009,30(6)：77-85.

[7] 周建龙,钱鹏,包联进,等.核心筒偏置高层建筑结构受力性能分析[J].建筑结构,2019,49(13)：1-6.

[8] 周建龙,安东亚.基于力学概念的超高层结构设计相关问题探讨[J].建筑结构,2021,51(17)：67-77.

[9] 雷强,刘冠亚,侯胜利.深圳京基金融中心超限高层结构初步设计[J].建筑结构,2011,41(增刊1)：346-351.

[10] 汪大绥,陆道渊,黄良,等.天津津塔结构设计[J].建筑结构学报,2009,30(6)：1-7.

[11] 徐培福,肖从真,李建辉.高层建筑结构自振周期与结构高度关系及合理范围研究[J].土木工程学报,2014,47(2)：1-11.

第 8 章

地震波沿超高层结构竖向传播响应规律

8.1 概述

　　高层结构高度较大时,地震波沿结构竖向的传播效应可能较为明显,这一问题以往较少被提及。近年行业内有部分专家学者对此问题开始加以关注,出现了一些讨论[1,2],甚至在工程设计中被提到一定的高度,并提出修正的考虑方法。从工程层面讲,波动效应究竟会给结构带来哪些不利,现有的计算理论和分析方法是否能合理反映这种效应,结构设计中需要如何应对? 这些问题似乎并不清晰,本章将结合基本理论、计算分析以及振动台试验对上述相关问题进行探讨,以提高设计人员对这一问题的全面认识。

8.2 波动理论研究

　　将超高层结构近似为悬臂弯曲杆,根据材料力学中的梁弯曲的简化理论,等截面梁自由振动微分方程可表示为:

$$EI\ \frac{\partial^4 y}{\partial x^4} = -\rho A\ \frac{\partial^2 y}{\partial t^2} \tag{8-1}$$

式中, E 为弹性模量; I 为截面惯性矩; ρ 为密度; A 为截面积。

　　对式(8-1)进行分离变量,可令

$$y(x,\ t) = Y(x)\cos \omega t \tag{8-2}$$

　　将式(8-2)带入式(8-1),得:

$$EI\ \frac{\partial^4}{\partial x^4}Y(x)\cos \omega t + \rho A\ \frac{\partial^2}{\partial x^2}Y(x)\cos \omega t = 0 \tag{8-3}$$

　　进一步整理得:

$$EI\ \frac{\partial^4}{\partial x^4}Y(x)\cos \omega t - \rho A\omega^2\ \frac{\partial^2}{\partial x^2}Y(x)\cos \omega t = 0 \tag{8-4}$$

令

$$\lambda^4 = \frac{\rho A \omega^2}{EI} \tag{8-5}$$

将式(8-5)代入式(8-4),得:

$$\frac{d^4}{dx^4} Y(x) - \lambda^4 Y(x) = 0 \tag{8-6}$$

式(8-6)的通解为:

$$Y(x) = C_1 \sin \lambda x + C_2 \cos \lambda x + C_3 \sh \lambda x + C_4 \ch \lambda x \tag{8-7}$$

根据悬臂梁的边界条件: $Y(0) = Y'(0) = 0$, $Y''(l) = Y'''(l) = 0$
特征方程为:

$$\cos \lambda l \cdot \ch \lambda l + 1 = 0 \tag{8-8}$$

适合式(8-8)的 λl 有无穷多个,其值分别为:

$$u_1 = \lambda_1 l = 1.875$$
$$u_2 = \lambda_2 l = 1.694$$
$$\cdots\cdots$$
$$u_i = \lambda_i l = (i-0.5)\pi \tag{8-9}$$

代入式(8-5)可得悬臂梁的各阶自振圆频率为:

$$\omega_i = \frac{u_i^{\,2}}{l^2} \sqrt{\frac{EI}{\rho A}} \tag{8-10}$$

由式(8-7)可知,第 i 振型的振动波长为 $\dfrac{2\pi}{\lambda_i}$。

则第 i 振型的传播速度有以下两种表达形式:

$$v_i = \frac{2\pi}{\lambda_i T_i} = \frac{2\pi l}{u_i T_i} \tag{8-11}$$

$$v_i = \frac{2\pi}{\lambda_i} \cdot \frac{\omega_i}{2\pi} = \frac{\omega_i}{\lambda_i} = \frac{u_i}{l} \sqrt{\frac{EI}{\rho A}} \tag{8-12}$$

由(8-10)得:

$$\frac{T_1}{T_i} = \frac{\omega_i}{\omega_1} = \frac{u_i^2}{u_1^2} \tag{8-13}$$

进一步得:

$$u_i = u_1 \sqrt{\frac{T_1}{T_i}} \tag{8-14}$$

将式(8-14)代入(8-11),得:

$$v_i = \frac{2\pi l}{u_1\sqrt{T_1 T_i}} = \frac{3.34l}{\sqrt{T_1 T_i}} \tag{8-15}$$

对于高层建筑,假设其高度为 l,地震波从底部传到顶部的时滞为:

$$\Delta t_i = \frac{\sqrt{T_1 T_i}}{3.34} \tag{8-16}$$

由式(8-15)和式(8-16)可知,地震波在高层建筑中的传播速度从宏观上看与两个因素有关,即建筑的总高度与自振周期,且各振型均以各自的速度向上传播,其振型越高,波速越大。时间滞后程度则仅与自振周期相关,与结构总高度没有关系。

当以基本振型传播时,其波速为 $v_1 = \frac{3.34l}{T_1}$,时滞为 $\Delta t_1 = \frac{T_1}{3.34}$。

后面需要重点研究的是目前的计算程序能否合理反映这种滞后响应。

8.3 简化数值案例分析

8.3.1 悬臂柱底部敲击振动激励

在 ETABS 中建立均匀悬臂杆模型,高度 500 m,自振周期 10 s,为基本模型一;在此基础上调整模型刚度,放大 10 倍,得到模型二,其一阶自振周期为 3.3 s;另外建立模型三,高度 200 m,调整其刚度,使其一阶自振周期仍为 10 s。

在基底施加瞬时加速度,模拟重锤敲击,进行动力时程分析(模态叠加法),观察加速度沿高度的传播情况。

由图 8-1 和表 8-1 可知,在从基底进行敲击时,波在结构中并不会以基本振型的形状向上传播,而是以较高振型传播。软件计算的时滞结果与理论分析结果基本一致,两者得到相互印证。

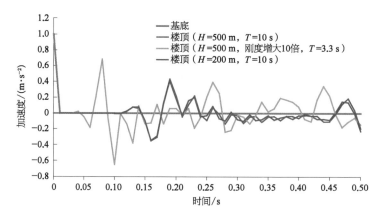

图 8-1 加速度时程对比曲线

表 8-1   不同模型波动计算结果对比表格

模 型	结构高度/m	基本周期/s	波动周期/s	时滞(软件计算)/s	时滞(理论计算)/s
模型 1	500	10	0.045	0.19	0.20
模型 2	500	3.3	0.03	0.08	0.094
模型 3	200	10	0.034 5	0.19	0.189

8.3.2   悬臂柱底部简谐波激励

为进一步验证地震波在高层结构中的传播特征,采取简谐波从底部进行激励,输入一个周期的简谐波。计算工况如下。

工况 1:结构基本周期 $T1=10$ s,激励周期 1 s。

工况 2:结构基本周期 $T1=100$ s,激励周期 1 s。

工况 3:结构基本周期 $T1=100$ s,激励周期 2 s。

基底与顶部加速度对比曲线见图 8-2,不难看出,在简谐波激励下,高层结构顶部的振动响应首先表现出高阶响应,随时间振动周期逐渐增大,即高阶振型的波速较大,

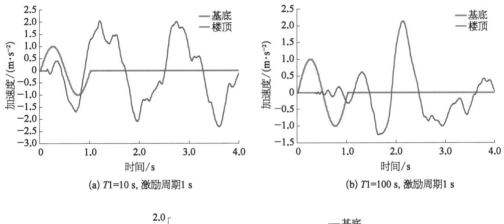

(a) $T1=10$ s,激励周期1 s   (b) $T1=100$ s,激励周期1 s

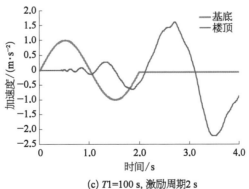

(c) $T1=100$ s,激励周期2 s

图 8-2   基底与顶部加速度对比曲线

首先传到结构的顶部,随后是低阶振型按次序逐渐向上传播,与本文理论结论相符合。不同工况下顶部的滞后情况见表8-2,软件计算结果与理论计算值基本符合。

表8-2 不同工况波动计算结果对比表格

工　况	基本周期/s	波动周期/s	时滞(软件计算)/s	时滞(理论计算)/s
工况1	10	0.87	0.95	0.88
工况2	100	0.60	2.14	2.31
工况3	100	0.95	2.74	2.91

8.3.3 激励的不同输入方式对比

地震时程分析中的地震输入方式分为整体输入和基底输入两种方式。整体输入为在结构底部施加约束,地震加速度施加在全部结构杆件和质量上,后者则放开底部约束,在约束端施加加速度激励。有部分学者指出,为反映地震波在高层结构中的波动效应,必须采用基底输入方式进行计算。从结构动力方程来看,两种施加方式对结构的响应来说应该是一致的,其差别仅在于整体输入结构的响应加速度为相对加速度,基底输入结构的响应加速度为绝对加速度。构件的内力响应两者没有区别。那么从地震波的传导效应来看,是否有区别呢?本部分在 Abaqus 中建立两个完全一样的悬臂杆模型(参数同第8.3.2节的工况2),如图8-3所示,左边模型的地震激励为整体输入,右边为基底输入,同时计算两个模型的响应(直接积分法),某时刻两个模型的变形形状如图8-4所示。

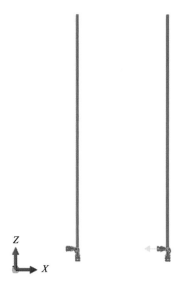

图8-3 两个相同的悬臂杆模型

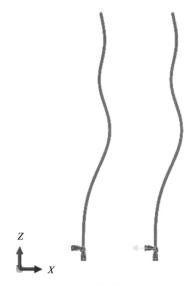

图8-4 不同地震输入方式下的变形形状

不同输入方式下,结构的响应对比曲线见图8-5。基底输入时,顶部绝对加速度相对底部有明显的时间滞后,如图8-5(a);整体输入时,基底绝对加速度恒为0,顶部加速度为相对加速度,若需得到绝对加速度,则需要在相对加速度上叠加输入的加速度值,如图8-5(b),从不同输入方法的顶部加速度来看,两者完全一致,同样可以反映时间的滞后现象,如图8-5(c)。并且地震力完全一样,如图8-5(d)。

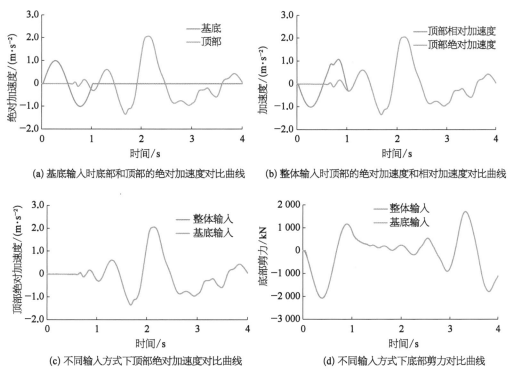

(a) 基底输入时底部和顶部的绝对加速度对比曲线　　(b) 整体输入时顶部的绝对加速度和相对加速度对比曲线

(c) 不同输入方式下顶部绝对加速度对比曲线　　(d) 不同输入方式下底部剪力对比曲线

图8-5　结构响应对比曲线

8.3.4　不同自由度集中楼层质量模型对比

为验证采用楼层集中质量模型带来的影响,特做如下对比工作。以8.3.2节的工况二为基本模型(100层,分布质量模型),构造同样为100层的集中质量模型,即将材料密度设为0,将各层质量施加在楼层位置,保证基本周期不变,同样构造不同自由度数量(不同楼层数量)的模型,在所有模型基本后期不变的情况下,输入正弦激励波,比较各模型顶部加速度时程曲线与输入激励曲线,如图8-6所示。

不难看出,当采用100层模型时,无论分布质量还是集中质量,顶部加速度曲线重合,时间滞后一样;当自由度数量逐渐减小时,加速度峰值逐渐大小逐渐减小,但峰值出现的时间基本不变,说明时间滞后基本没有改变,仅当采用单自由度模型时,出现一定的误差。由此说明,集中楼层质量模型同样可以反映地震波在结构中的传播效应,即"两个楼层之间的杆件质量为0,波速无穷大,所有楼层振动相位一致"的说法与实际情况并不相符,集中楼层质量的假定并不影响地震波的传播。

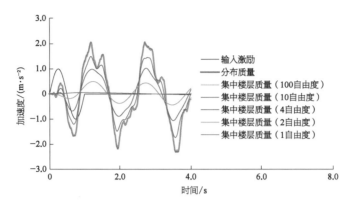

图 8-6 输入激励与不同模型顶部加速度对比曲线

8.3.5 悬臂柱实际地震激励

对悬臂柱模型（高 500 m，基本周期 9.77 s）输入实际地震波 S0032，提取不同高度处的加速度曲线，如图 8-7 所示，顶部的时间滞后约为 1.3 s，波速约 384 m/s。

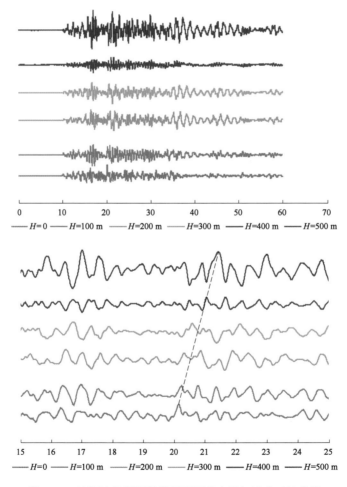

图 8-7 地震波作用下悬臂柱不同高度处加速度对比曲线

8.4 实际工程案例振动台试验对比研究

8.4.1 工程简介

合肥某超高层塔楼[3]地上 119 层,地下 5 层,建筑高度 588 m,结构高度 555.6 m。基础埋深为 −30.8 m,相对建筑高度约为 1/18。塔楼结构主要采用"巨型框架＋核心筒＋伸臂桁架"的结构体系。核心筒位于平面中心,无偏置,采用钢筋混凝土剪力墙。巨型框架由巨型型钢混凝土柱和环带桁架组成,八根巨柱位于结构平面的四侧,每侧为 2 根。环带桁架设置于设备层,共 7 道。为提高结构的整体抗侧刚度,在核心筒和巨型框架之间一共设置了 4 道伸臂桁架,同时也在巨型框架间设置了次框架。

2018 年 12 月在中国建研院完成模型振动台试验[4]。

8.4.2 振动台试验实测波动现象

本项目原型建筑高度 588 m,塔楼平面尺寸约 64 m×64 m,重力荷载代表值为 70.6 万吨。根据振动台尺寸,模型长度相似比(缩尺比例)为 1/42,根据上节所述的模型材料性能,材料弹模相似比 SE 为 1/3.35;根据振动台承载能力,确定质量密度相似比为 5.60(图 8-8)。通过以上确定的三个相似比,根据前述模型设计相似理论,可推导得到模型的其他相似关系如表 8-3 所示。其中,加速度放大系数为 2.24,本项目属于配重不足的动力模型,具体相似关系详见表 8-3。

表 8-3 模型相似关系(模型/原型)

物 理 量	相似关系	物 理 量	相似关系
长 度	1/42	密 度	5.6
弹性模量	1/3.35	时 间	0.103 1
线位移	1/42	速 度	0.230 8
频 率	9.697	水平加速度	2.24
应 变	1.000	重力加速度	1.000 0
应 力	1/3.35	集中力	0.000 169 2

以 S0032 地震波为例,模型振动台试验实测不同楼层处的加速度曲线如图 8-9 所示,顶部的时间滞后约为 0.21 s,根据相似关系,反算到原型结构,时间滞后为 2.04 s,波动效应显著。

图 8-8 振动台模型图

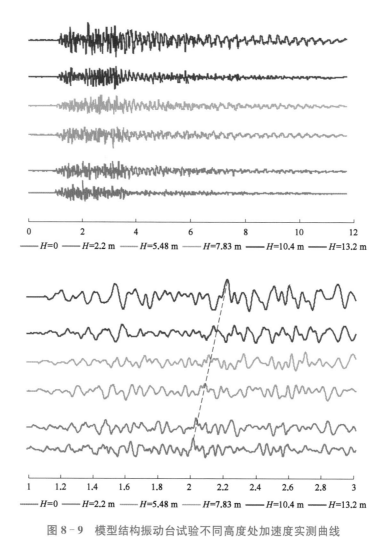

図 8-9 模型结构振动台试验不同高度处加速度实测曲线

8.4.3 软件计算分析波动现象对比

对原型结构(573.6 m,10.42 s)在 etabs 中输入同一条波进行时程计算(模态叠加法),基底与顶部的加速度时程对比曲线见下图,顶部位移滞后为 2.18 s,与试验结果几乎一致。说明采用目前的分析方法能够反映出地震波在高层结构中的传播效应。根据时间滞后,可得到地震波的传播速度为 263 m/s(图 8-10)。

另外,8.3.5 中悬臂柱高 500 m,基本周期 9.77 s,与实际结构相差不大,并且输入的是同一条波,计算得到的顶部时间滞后仅有 1.3 s,而实际结构计算值为 2.18 s。产生差别的主要原因在于简化悬臂柱模型是纯弯曲杆,假定了无穷大的剪切刚度,导致计算的传播速度偏大。而实际结构的剪切刚度并非无穷大,因此按照真实模型进行计算更为合理。实际结构的传播速度约为理想弯曲杆的 60%,该数值可供工程做参考。

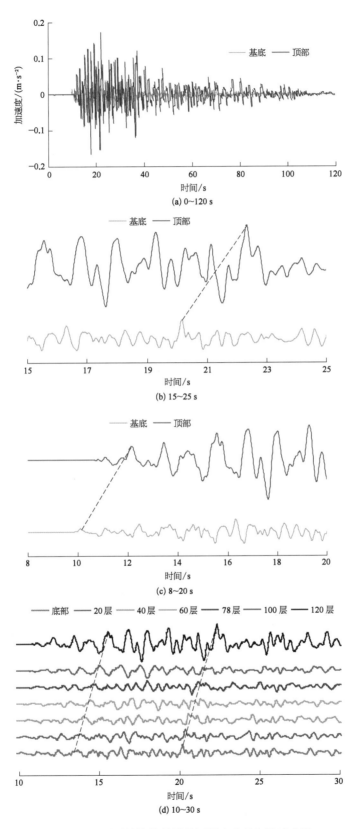

图 8 - 10 原型结构软件计算不同高度处加速度曲线

8.4.4 不同波的传播速度

在前述论证的基础上,进一步通过不同地震波的计算对比,了解传播速度的稳定性。仍然以前述实际模型为例,选择另外两条波 L0055 和 L952,其对比如图 8-11,可见不同地震波作用下,时滞后并不相同,L0055 和 L952 的楼顶加速度峰值出现分别滞后 2.01 s 和 1.56 s。

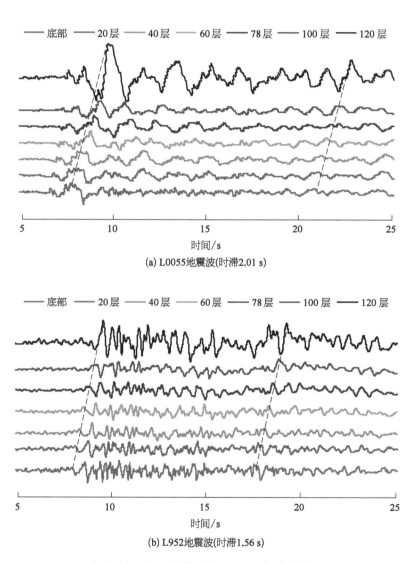

(a) L0055地震波(时滞2.01 s)

(b) L952地震波(时滞1.56 s)

图 8-11 不同地震波作用下楼层加速度曲线

进一步通过输入不同周期的正弦激励,加速度对比见图 8-12,当激励周期分别为 1 s、2 s、5 s 和 10 s 时,顶部的时滞分别为:1.91 s、2.49 s、2.68 s 和 2.85 s,随着激励周期的增加,结构的响应周期也在逐渐增加,传播速度逐渐降低,时滞增加。符合本文理论分析结论。

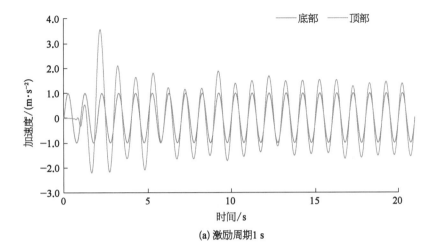

(a) 激励周期1 s

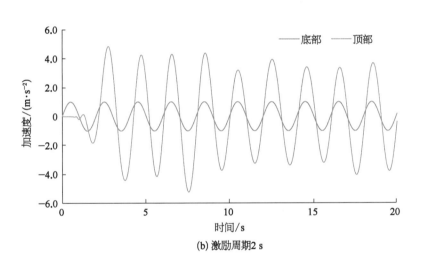

(b) 激励周期2 s

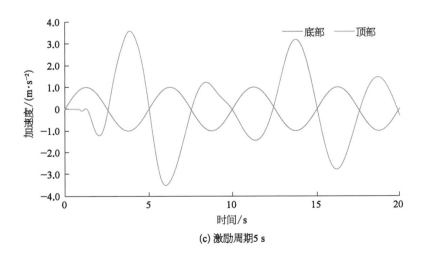

(c) 激励周期5 s

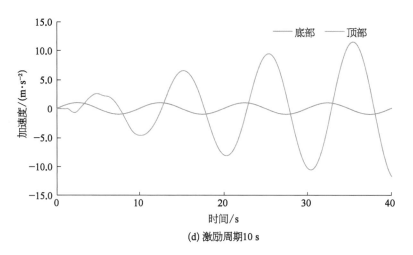

(d) 激励周期10 s

图 8-12　不同频率正弦激励下顶部与基底加速度对比曲线

8.4.5　正弦激励下的驻波现象

合肥某中心 T1 塔楼在前一节不同周期正弦激励下,每隔 10 层提取一个加速度时程曲线,绘制在一张图中,观察底部激励向上传递和顶部反射波叠加后的驻波现象。

由图 8-13 不难看出,在激励刚刚施加后的很短时间内,不同楼层的振动存在明显滞后现象。随着振动趋于稳定,整个结构沿高度出现明显的驻波现象,波节和波峰交替出现。且随着激励周期的增大,波长逐渐增大,激励周期 1 s 时,波长约 15～30 层,激励

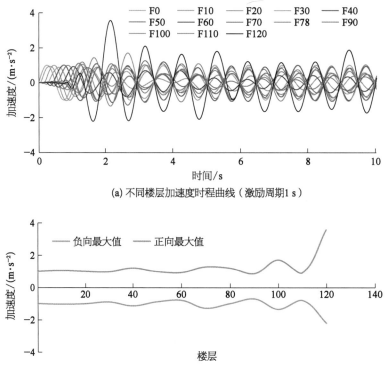

(a) 不同楼层加速度时程曲线（激励周期1 s）

(b) 不同楼层加速度包络值（激励周期1 s）

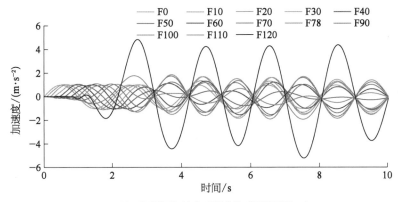

(c) 不同楼层加速度时程曲线（激励周期2 s）

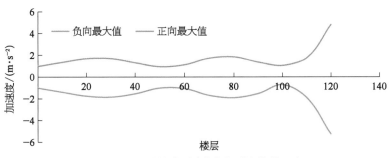

(d) 不同楼层加速度包络值（激励周期2 s）

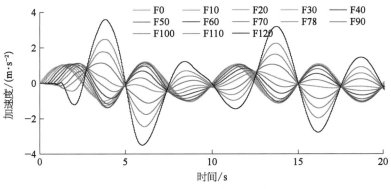

(e) 不同楼层加速度时程曲线（激励周期5 s）

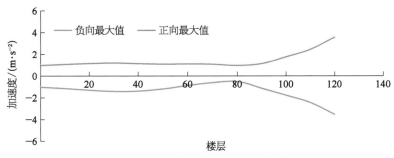

(f) 不同楼层加速度包络值（激励周期5 s）

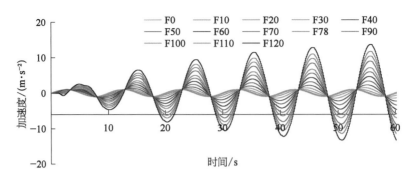

(g) 不同楼层加速度时程曲线（激励周期10 s）

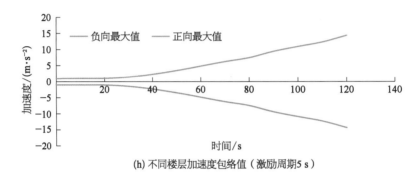

(h) 不同楼层加速度包络值（激励周期5 s）

图 8-13　不同周期激励下楼层加速度时程曲线及包络值

周期 2 s 时波长约 50 层，激励周期 5 s 时波长约 80 层，激励周期为 10 s 时，波长超过整个结构高度 120 层，符合基本的力学概念。

8.5　工程案例原型实测数据对比研究

8.5.1　工程简介

南加州大学的 Marija I. Todorovska 教授对中国昆明的一栋超高层结构进行了原型地震响应监测[5]，提供了地震沿竖向振动的传播数据。以下数据来自其报告中的内容。

昆明悦中心项目位于昆明市北京路与白云路交叉口，地上 47 层，地下 4 层，建筑高度 238 m。平面尺寸 70.8 m×29 m，采用钢筋混凝土剪力墙结构形式。桩基，基础埋深 50 m。建成后的图片见图 8-14，结构模型图见图 8-15。为了对建筑进行地震响应监测，在不同高度楼层上共布置了 132 个加速度传感器，具体分布楼层见图 8-16。

图 8-14 悦中心照片(图片来自网络)

图 8-15 结构三维模型图(图片来自文献[5])

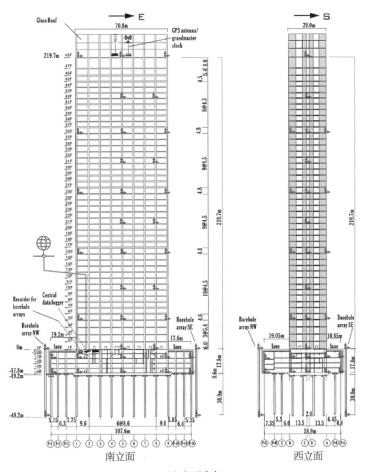

(a) 立面分布

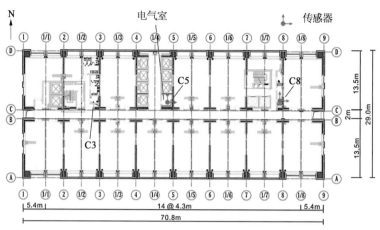

楼层：F1, F10, F21, F31, F41

(b) 典型平面分布

图 8‑16　加速度传感器分布图

8.5.2　实测数据与数值分析对比

结构的动力特性实测数据为：

南北方向（短轴）第一周期：3.57 s；

东西方向（长轴）第一周期：2.50 s；

扭转第一周期：2.56 s。

2021 年 6 月 10 日 19:46 分，云南双柏发生 5.1 级地震，C5 位置不同高度处传感器加速度响应滞后情况，可计算得到地震波沿结构竖向传播速度，见表 8‑4，同时根据数值计算获得的数据见表 8‑5，两者数值基本一致。不同高度楼层处的振动响应曲线见图 8‑17。

表 8‑4　实测数据（EW 方向）

传感器楼层位置	高度/m	距离/m	t_i/s	τ_i/s	$V_i/(m/s)$
F48‑C5	219.7	219.7	0.495	0.495	444
F1‑C5	0	17.8	0	0.03	593
B4‑C5	−17.8	31.9	−0.03	0.3	106
基　底	−49.7	—	−0.33	—	—

表 8‑5　数值计算数据（EW 方向）

计算取值位置	高度/m	距离/m	t_i/s	τ_i/s	$V_i/(m/s)$
F48 center	219.7	219.7	0.505	0.505	435
F1 center	0	17.8	0	0.028	636

计算取值位置	高度/m	距离/m	t_i/s	τ_i/s	$V_i/(\text{m/s})$
B4 center	−17.8	31.9	−0.028	0.317	101
−49.7 m center	−49.7	—	−0.345	—	—

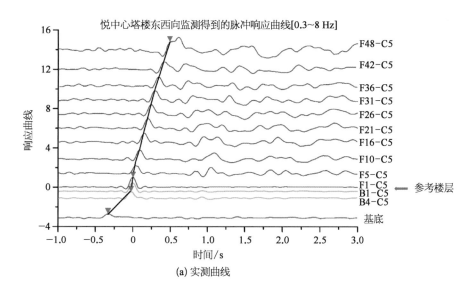

(a) 实测曲线

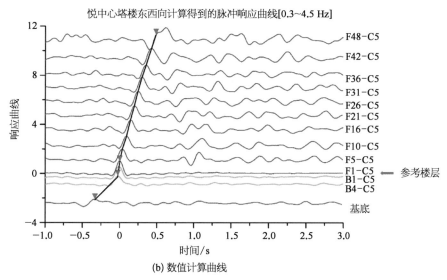

(b) 数值计算曲线

图 8-17　不同楼层处的实测与数值计算响应曲线

8.6　本章小结

对地震波在高层结构中的波动效应开展了理论、数值分析以及试验研究,总体结论如下：

（1）地震波在高层结构中存在波动效应，当高度较大时，波动效应较为显著。

（2）地震波在高层建筑中传播速度从宏观来看受两个因素影响，即结构的高度和自振周期，而顶部的时间滞后程度仅与自振周期相关。本文基于弯曲杆理论推导给出了具体的计算公式。

（3）同一个激励输入在高层结构中向上传播时，也可能具有不同的传播速度，具体和各阶自振周期对应，振型越高，传播速度越快，不同周期的波动依次传递。高振型到达顶部速度很快。

（4）波动和振动是同一个方程的不同表现形式，用目前的振动方程进行求解时，隐含自动考虑了波动效应。

（5）现有计算程序能够考虑地震波的波动效应，且采用整体输入和基底输入模式对波动效应的反映上没有差别。

（6）通过悬臂弯曲杆的数值测试，软件计算结果和理论计算结果基本一致。

（7）对一个实际高层项目进行模型振动台试验，实测波动效应数据，同时进行软件计算的对比，发现两者所得波动效应数据吻合较好。

（8）不同地震波在结构中的传播速度不同，具体和结构的响应振动周期相关，通常响应周期越长，传播速度越慢。

（9）采用纯弯曲简化模型时，可能会夸大地震波的传播速度，带来非保守结果。采用符合实际情况的精细化模型，所得结果较为合理。

综合以上认为，地震波在高层结构中存在波动效应，在合理使用现有软件、建模足够精细的情况下，能够合理反映波动效应带来的不利影响；无须在软件计算结果上再次叠加波动效应。

参考文献

［1］ 康艳博.地震作用下高层建筑结构波动特性研究［D］.中国建筑科学研究院，2020.

［2］ 康艳博，黄世敏，罗开海.高层建筑地震波动效应分析方法［J］.南京工业大学学报，2021，43（3）：311－317/336.

［3］ 安东亚，徐自然，包联进.某 500 m 级巨型框架-核心筒结构超强地震作用抗震性能分析［J］.建筑结构，2020，50（18）：84－90.

［4］ 建研科技股份有限公司.合肥宝能 T1 塔楼模拟地震振动台试验报告［R］.北京：建研科技股份有限公司，2019.

［5］ Marija I. Todorovska. Tongde Plaza Yue Center full-scale seismic observation site［R］. EER Inaugural Meeting & the first Symposium Editorial Board，Tianjin，2022.